Josef H. Reichholf:
Der schöpferische Impuls
Eine neue Sicht der Evolution

Deutscher
Taschenbuch
Verlag

dtv

Von Josef H. Reichholf sind
im Deutschen Taschenbuch Verlag erschienen:
Der Tropische Regenwald (11262)
Erfolgsprinzip Forbewegung (30320)
Das Rätsel der Menschwerdung (30341)

Ungekürzte Ausgabe
August 1994

Dieses Buch erschien zuerst 1992 als gebundene Ausgabe
in der Deutschen Verlags-Anstalt, Stuttgart
ISBN 3-421-02763-3
Umschlaggestaltung: Simone Fischer
Umschlagabbildung: Reed International Books Ltd. (Ammonit),
Ely Kish Studio (Dinosaurier)
Satz: Fotosatz Dorner GmbH, Aichwald
Druck und Bindung: C. H. Beck'sche Buchdruckerei, Nördlingen
Printed in Germany · ISBN 3-423-30423-5

Das Buch

Daß Darwin noch nicht alles wissen konnte, liegt auf der Hand; immerhin ist es schon über hundert Jahre her, daß er mit Mutation und Selektion zwei Grundmechanismen der Evolution entdeckte. Josef H. Reichholf hat vor dem Hintergrund aktueller Forschungsergebnisse neue Fragen gestellt: Wie konnten neue Stammeslinien auftauchen? Kommen Mutationen durch blinden Zufall zustande? Wie hat man sich das Wechselspiel zwischen Organismus und Umwelt vorzustellen: als das vielbeschworene Gleichgewicht der Natur? Keineswegs, denn dann hätte es keine Evolution gegeben! Damit kommt Reichholf zum Kern seiner neuen Sicht der Evolution: zum Ungleichgewicht von Überfluß und Mangel, die jeweils neue Formen und Artverzweigungen mit eigenen Strategien immer feiner abgestimmter Nutzung hervorbrachten. Der Autor ist nicht angetreten, die Darwinsche Evolutionstheorie zu widerlegen, er baut sie vielmehr in ein umfassenderes Szenario ein, in dem sich der Organismus als Partner der Gene erweist, als Schrittmacher des evolutionären Fortschritts. »Ein theoretisches Meisterwerk eines der besten Stilisten unter den deutschen Naturwissenschaftlern.« (Frankfurter Allgemeine Zeitung)

Der Autor

Josef H. Reichholf, am 17. April 1945 in Aigen am Inn geboren, ist Wissenschaftler an der Zoologischen Staatssammlung in München und lehrt Evolutionsbiologie, Tiergeographie und Ökologie. Er ist Mitglied verschiedener internationaler wissenschaftlicher Vereinigungen, unter anderem Vorstandsmitglied des deutschen World Wide Fund for Nature (WWF). Zahlreiche Veröffentlichungen, zuletzt ›Der Tropische Regenwald‹ (1990), ›Das Rätsel der Menschwerdung‹ (1990), ›Erfolgsprinzip Fortbewegung‹ (1992).

Inhalt

Dritter Teil
Fünf Kapitel über das Leben

Vorwort

Millionen verschiedenartige Tiere und Pflanzen leben auf der Erde. Und selbst unter den mehr als fünf Milliarden Menschen gleicht, von eineiigen Zwillingen abgesehen, keiner dem anderen völlig. Die ungeheure Fülle der Arten und die Vielfalt des Erscheinungsbilds innerhalb einer Art: Woher kommen sie?

Im Jahr 1859 gab Charles Darwin die erste schlüssige Antwort auf die Frage nach dem Ursprung der Arten. Er nannte die Kraft, die Altes vergehen und Neues entstehen läßt, natürliche Selektion. Sie ist zum zentralen Begriff der Evolutionsbiologie geworden. Unerbittlich und über viele Generationen hinweg unterzieht sie die zufälligen Variationen der Organismen dem Tauglichkeitstest des Überlebens und sortiert die Geeigneten, die Angepaßten, aus. Aus dem Wechselspiel von Zufall und natürlicher Auslese kommt – so die Lehrmeinung seit Darwin – der Fortschritt in der Evolution zustande. Wie alle Lebewesen verdanken auch wir Menschen der natürlichen Selektion unsere Existenz, auch die uns kennzeichnende Intelligenz. Das Darwinsche ›survival of the fittest‹, das Überleben des Tüchtigsten, was nicht den »Stärkeren« meint, wurde nicht zuletzt deswegen zum Dreh- und Angelpunkt der Evolutionstheorie, weil dieser Begriff so eingängig, überzeugend und perfekt mechanistisch ist. Er paßt zum Zeitalter der Technik, in dem unermüdlich an den Maschinen und Modellen weitergefeilt und weiterentwickelt wird. Und er paßt zur vielleicht größten Entdeckung des 20. Jahrhunderts, zur Entdeckung des genetischen Codes in der Erbsubstanz aller Lebewesen.

Evolution ist eine Tatsache und Darwins natürliche Selektion der, wie es bislang schien, einzige Mechanismus, welcher den äußerst komplexen Prozeß der Evolution zu erklären vermag. Betrachtet man jedoch all das, was man heute weiß und in vielen Details erforscht hat, so erfaßt dieser Mechanismus nur das Geschehen an der Oberfläche. Zwei Überlegungen mögen dies verdeutlichen.

Beginnen wir bei uns selbst: Sind es die äußerlichen Unterschiede in den Feinheiten der Gesichtsform oder den Nuancen der Hautfarbe, die das Wesen Mensch ausmachen? Feine und feinste Unterschiede im Äußeren offenbaren eine milliardenfache Vielfalt. Jeder kennt die Vielfalt der Fingerabdrücke. Doch sie bedeutet nichts für die Art Mensch. Mehr noch: Schimpansen sehen nicht gerade wie wir Menschen aus; auch ist ihre Leistungsfähigkeit ziemlich anders geartet. Dennoch trennt uns nur wenig mehr als ein Prozent Verschiedenartigkeit im Erbgut von diesen haarigen Vettern. Und das ist so, obwohl sich unsere Entwicklungslinien schon vor sieben Millionen Jahren getrennt haben. Nimmt man die gesamte Ahnenreihe der Primaten, so umfassen die sechzig Millionen Jahre ihrer Evolutionszeit nicht einmal das Zehnfache der Zeitspanne, die verstrichen ist, seit sich die Stammeslinien von Schimpansen und Mensch getrennt haben. Dennoch haben sich in diesen sechzig Jahrmillionen all die Verzweigungen vollzogen, die von eichhörnchenartigen Tupajas und Halbaffen bis zu Orang-Utan, Gorilla, Schimpanse und Mensch reichen. Wäre die Evolution ein langsamer und kontinuierlicher Prozeß gewesen, wie auch heute, Darwin folgend, noch angenommen wird, so würde sich der Unterschied zwischen dem heutigen Menschen und den Lebewesen zu Beginn der Primatenentwicklung, rechnet man zurück, auf allenfalls 12 Prozent belaufen. Das reichte für den Unterschied im Erbgut zwischen Pavian und Mensch.

Am Anfang der Primatenentwicklung stand dagegen eine Tierform, die sich äußerlich ungleich stärker unterscheidet: Sie sah dem heutigen Spitzhörnchen (Tupaja) ähnlich und war ganz offensichtlich mehr Maus als Affe. Kurz: Wir Menschen können unmöglich allein das Produkt des gemächlichen Wechselspiels von Mutation und Selektion sein. Der von den Erbänderungen, den Mutationen, verursachte Unterschied im Erbgut zu unseren nächsten Verwandten, den Schimpansen, ist einfach zu gering, um den immensen Abstand zu erklären, der uns ganz offensichtlich von ihnen trennt. Wenn wir aber im Erbgut noch so nahe beieinander liegen, müssen andere Kräfte als die das Erbgut differenzierende Selektion mit am Werk gewesen sein.

Nehmen wir nun eine weitere Überlegung hinzu: Jeder kennt eine Reihe verschiedener Arten der heimischen Singvögel. Die meisten lassen sich leicht voneinander unterscheiden. Grünfink, Buchfink, Stieglitz und Hänfling leben in unseren Gärten und am Rand von Siedlungen. Wer sich diese Arten einmal genauer angesehen hat, wird sie schnell unterscheiden können. Genauso verhält es sich mit Kohlmeisen und Blaumeisen, mit Drosseln, Grasmücken und vielen weiteren Singvögeln. Stellen wir uns nun vor, all diese Singvögel wären gerupft. Nur wirkliche Kenner könnten dann die Arten noch voneinander unterscheiden.

Gehen wir noch einen Schritt weiter, und stellen wir die Frage, ob die Unterschiede in Schnabelbau und Körpergröße etwas mit der Ernährung der Vögel zu tun haben. Ganz offensichtlich ja, aber längst nicht so viel, wie man aufgrund der verschiedenartigen Ernährungsweisen annehmen könnte. Denn der Grundbedarf besteht aus einem ziemlich einheitlichen »Brei« von Eiweißstoffen, Fetten und Kohlenhydraten mit etwas Ballaststoffen. Wie vielfältig sind dagegen die Schnabelformen und die Eigentümlichkeiten des Körperbaus angesichts der letztlich so gleichartigen Grunddiät!

Offenbar dienen all die verschiedenen Anpassungsformen im wesentlichen nur dazu, eine ziemlich gleichartige Ernährung sicherzustellen. Dieser Gedankengang läßt sich auch an einem anderen Merkmal der Vögel, an ihrem Federkleid, verfolgen. Im Aufbau des Gefieders sind sich alle Vögel gleich. Die von den Federn verdeckten, inneren Vorgänge im Vogelkörper verlaufen viel einheitlicher als das unterschiedliche Äußere vermuten läßt. Um den Stoffwechsel und seine Leistungen, den Energieumsatz oder andere Funktionen des Vogelkörpers zu erforschen, kann man genausogut Tauben wie Hühner, Wellensittiche wie Kanarienvögel heranziehen, obwohl diese Vögel zu ganz unterschiedlichen Ordnungen innerhalb der Klasse der Vögel gehören. Hier herrscht Konstanz, obwohl das äußere Erscheinungsbild von Gefieder, Schnabelformen oder Flügelform ganz klar Anpassungsprozesse erkennen läßt. Gilt, so muß man fragen, die modellierende Wirkung der natürlichen Selektion in gleicher Weise für das innere Funktionsgefüge des Vogelkörpers wie für das äußere Erscheinungsbild?

Die bunten Federn von Stieglitz oder Buchfink, der Hakenschnabel des Wellensittichs und der Kegelschnabel des Grünfinken werden in der Tat zu einer bloßen Äußerlichkeit, wenn man die Nahrungszusammensetzung dieser Vögel genauer betrachtet. Die Grundversorgung decken Pflanzensamen, und die verschiedenen Arten können ohne weiteres von den gleichen Samen leben. Es geht um ihren Gehalt an Fettstoffen, Stärke und Eiweiß, und es geht darum, ob die Nahrung genügend Brennwert enthält, um den energetisch aufwendigen Flug zu ermöglichen und die hohe Körpertemperatur von mehr als 40 Grad Celsius aufrechtzuerhalten. Die Finken und der Wellensittich stehen sich verwandtschaftlich ziemlich fern. Dennoch sind sie im Grunde genommen nur äußerlich unterschiedliche Versionen eines Anpassungstyps. Nur in Feinheiten weichen sie bei der Bewältigung der Umweltbedingungen voneinander ab. Die durch natürliche Selektion entstandenen Unterschiede betreffen die »äußere Hülle«, die äußere Anpassungsgestalt. Das innere Funktionsgefüge aber ist davon nicht betroffen. Lebensfähig hat all diese Vögel nicht die Form des Schnabels gemacht, sondern die richtige Ernährung. Um am Leben zu bleiben und als Arten zu überleben, müssen sie die benötigte, energiereiche Nahrung in ausreichender Menge beschaffen können.

Somit stellt sich die Frage, wie dann das zugrundeliegende Funktionsgefüge entstanden ist, das die Vögel so sehr von anderen Tierformen unterscheidet. Die Vorstellung vom allmählichen Fortschritt durch Selektion versagt gründlich, wenn wir eines der Hauptmerkmale betrachten: Vögel haben Federn. Haben Vögel Federn um zu fliegen? Läßt sich das Evolutionsgeschehen überhaupt mit Um-zu-Sätzen ergründen? Die Antwort ist ein klares Nein. Kein Anfangsstadium kann um die spätere Verwendbarkeit oder Brauchbarkeit des Endstadiums der Entwicklung wissen. Als sich etwas heranbildete, was später zum Fliegen taugte, war das Ziel noch nicht bekannt. Evolution kann nicht zielgerichtet sein. Daß das, was wir als Endergebnis kennen, ein Produkt ist, das wie der Endpunkt einer Entwicklung wirkt, hat nur mit unserer rückwärtsblikkenden Perspektive zu tun.

Die Organismen sind im Lauf der vielen Jahrmillionen »besser« geworden; es sei dahingestellt, ob es überhaupt einen objektiven Maßstab für die Höherentwicklung gibt. Dennoch lassen sich »Verbesserungen« ausmachen, auch wenn sich moderne Evolutionsbiologen um diese heikle Frage drücken oder sich um neue Ansätze bemühen. Stephen Jay Gould hat 1991 eine ganz andersartige Betrachtungsweise vorgeschlagen. Er weicht auf die Verkettung von Zufälligkeiten aus, die den Gang der Evolution begleiten. Damit meint er keineswegs Belanglosigkeiten, sondern das zufällige Zusammentreffen passender Ereignisse. Dafür verwendet er das Kunstwort »Kontingenz«. An die Stelle kontinuierlicher Höherentwicklung setzt er das Bild der Lotterie des Lebens: unwiederholbar und einzigartig im Ablauf, unvorhersagbar und eigentlich – alles in allem – höchst unwahrscheinlich. Der komplizierte Funktionszusammenhang von Vogelfeder und Vogelkörper als Treffer in einer Lotterie? Die richtige Zahl im richtigen Moment: Damit kann die Entstehung der Flugfähigkeit sicher nicht erklärt werden!

Das Darwinsche Modell der natürlichen Selektion, auch in der Gouldschen »Lotterie des Lebens« als der wirkmächtigste Faktor im Spiel, offenbart seine Erklärungsschwäche an zwei entscheidenden Punkten: Es liefert keine Begründung für das Wesen der Evolution, weil es nichts zum Ursprung neuer Stammeslinien und nichts zur Höherentwicklung anbieten kann. Gewiß, die graduellen Unterschiede besorgt die Selektion; sie bewirkt die Feineinstellung. Die Vielfalt der Vögel ist ihr Werk, nicht aber der Ursprung der Vögel. Es ist daher nach dem Organismus selbst zu fragen, da er an den einschneidenden Veränderungen offenbar weit mehr beteiligt ist, als es das Darwinsche Modell erkennen läßt. Zu Darwins Zeit waren die Mechanismen der Vererbung nicht bekannt, und das innere Funktionsgefüge der Organismen war nicht einmal ansatzweise erforscht.

Inzwischen hat die moderne Genetik unverzichtbare Grundlagen zur Erkenntnis des Evolutionsgeschehens geliefert. Aber sie konnte nur Teilantworten geben. Angesichts ihrer Triumphe wurde selbst in Biologenkreisen übersehen, daß die Erbinformation, das Genom, einen Partner hat und diesen auch unbedingt braucht: den Organismus. Die Fortschritte und die »großen Durchbrüche« im Prozeß der Entwicklung des Lebens beruhen weit stärker auf Veränderungen in der Leistung des Organismus als auf Änderungen des Erbguts. Der genetische Vergleich von Schimpanse und Mensch macht dies überdeutlich.

Das Rätsel der Durchbrüche neuer Stammeslinien hat die Genetik nicht lösen können. Evolutionsbiologen vollzogen daher verschiedene Ausweichmanöver. Sie hielten entweder zäh am Modell Darwins mit den vielen kleinen Schritten fest, die in sehr langen Zeiträumen abliefen, und mußten mit den fehlenden Fossilbelegen zurechtzukommen versuchen, oder sie wiesen die Beweislast von sich, indem sie solche Schwierigkeiten einfach bagatellisierten.

Die kritischen Stimmen zur Darwinschen Mutation und Selektion sind lauter geworden – nicht weil das Modell falsch ist, sondern weil es im Kern unbefriedigend geblieben ist, da es die wichtigsten Vorgänge nicht erklärt. Warum blieb das Leben nicht auf einfachste Formen beschränkt, wenn diese doch voll funktionsfähig waren? Warum verließen Organismen das Meer und eroberten das Land, obgleich es im Meer noch heute eine unabsehbare Fülle von Lebensformen und Lebensmöglichkeiten mit phantastischen Anpassungen gibt? Warum blieb es nicht bei den wechselwarmen Kriechtieren, von denen die Dinosaurier über den großen Zeitraum von hundert Millionen Jahren erfolgreich waren? Warum setzten sich Vögel und Säugetiere durch, die doch viel aufwendiger in den Bedürfnissen ihres Stoffwechsels als die Echsen sind?

Mit Darwin ist bis heute von der bestmöglichen Anpassung an die Umwelt die Rede. Sieht man jedoch genauer hin, muß auffallen, daß die

»Höherentwicklung« der Organismen darin bestand, sich von der Einbindung in die Umwelt zu lösen. Die Emanzipation vom Diktat der Umwelt kennzeichnet weit mehr die evolutionäre Entwicklung als die Anpassung an die Umwelt. Und ihr liegen Mechanismen zugrunde, die bisher nicht gesehen wurden.

Wir suchen gegenwärtig mehr denn je nach den Gleichgewichten in der Natur. Das Lebewesen, das sich am stärksten von der Natur gelöst hat, der Mensch, der nahezu überall leben kann, meint das Naturgesetz des Gleichgewichts entdeckt zu haben, um überleben zu können: eine seltsame Kapriole des menschlichen Geistes! Denn herrschte in der Natur allein das Gesetz des Gleichgewichts, hätte es den Menschen nie gegeben. Damit ist vorweggenommen, was dieses Buch zeigen will: Die Entwicklung des Lebens war bestimmt vom Ungleichgewicht, das Neues zeugte und den Fortschritt markierte. Gleichgewichte haben den Evolutionsprozeß abgebremst und dabei Raum für die Feinabstimmungen gegeben, wozu die Differenzierung der Arten gehört. Das wirklich Neue ist aber immer im Spannungsfeld des Ungleichgewichts entstanden. Ungleichgewichte durch Mangel oder Überschuß sind die entscheidenden Größen, die den Weg des Lebens und den Wandel der Organismen beeinflußten. Im kreativen Ungleichgewicht liegt der Schlüssel zum Verständnis der Evolution; damit werden viele grundlegende und seit Darwin ungelöste Fragen beantwortet.

Alle Lebewesen sind dynamische »Energiewandler«; sie funktionieren, weil sie sich *nicht* im Gleichgewicht mit ihrer Umwelt befinden. Das Erbgut kann allein als Information existieren, es braucht keinen Stoffwechsel. Der Organismus kann das nicht, denn er braucht das vom Stoffwechsel erzeugte Ungleichgewicht. Daraus schöpft das Leben seine Energie. Es ist aufschlußreich, Stoffwechsel und Erbgut getrennt voneinander zu betrachten und damit eine neue Sicht zu gewinnen, was eigentlich der Organismus und seine Funktionen an Erkenntnissen bieten, um eines der größten Rätsel zu lösen: das Rätsel der Entstehung des Lebens.

Mit diesem Buch gehe ich ein Wagnis ein, denn meine Schlußfolgerungen weichen stark von der herkömmlichen Sicht der Biologie ab. Ich wünsche mir, daß es zu einem besseren Verständnis der Evolution beiträgt und konstruktiv-kritische Diskussionen auslöst. Die Vorstellung von der Allgewalt der Gene prägt zu sehr die moderne Ergänzung der in ihren Grundzügen unbestrittenen Darwinschen Evolutionstheorie. Ich halte aber die Präzisierung der genetischen Mechanismen für unzureichend und biete meinerseits eine Ergänzung an, die dem Organismus wieder zu seiner Bedeutung verhilft. Die genbiologische Forschung ist präzis, aber einseitig, und sie hat auch in wissenschaftlichen Kreisen zu verschwommenen Vorstellungen von der Natur der Evolution geführt. Daher ist die Sorge vieler Menschen, daß die Gentechnologie mit etwas experimentiert, was längst nicht ausreichend erforscht ist, da sie über dem Detail das Ganze aus den Augen verloren hat, nur allzu verständlich.

Die Evolution ist der zentrale Begriff der modernen Biologie. Er liefert die Klammern für alle Detailerkenntnisse der isoliert und auf technologischem Höchstniveau arbeitenden Spezialdisziplinen. Nur in evolutionärer Sicht ergeben die Befunde und Zusammenhänge einen Sinn. Auch der Mensch ist in seiner Anfälligkeit und Unvollkommenheit ein Produkt der Evolution, nicht mehr und nicht weniger als die Millionen der Arten, die mit ihm auf der Erde leben. Die Kette des Lebendigen reicht vom Menschen und von allen anderen Lebewesen zurück bis zum fernen Ursprung des Lebens. Es ist eine ununterbrochene Kette.

Neue Fragen zu einem alten Thema

Wir Menschen machen keine Ausnahme: Untrennbar sind und bleiben wir mit allen Organismen verbunden. Jeder von uns hat eine Vergangenheit, die zurückreicht bis zum fernen Ursprung des Lebens. Es ist eine Kette – würde irgendwo ein Glied fehlen, wäre an einer beliebigen Stelle ein Zwischenstück ausgefallen, es gäbe uns nicht. Im Verlauf von rund viereinhalb Milliarden Jahren Entwicklungsgeschichte des Lebens gab es zwar sehr viele Neuerungen, aber nie einen wirklichen Neubeginn. Die vielfach verzweigten Linien der Lebewesen verknüpfen sich immer stärker miteinander, je weiter wir in der Erdgeschichte zurückgehen, bis sie am Ursprung in einer Wurzel zusammenlaufen.

Unsere Gattung, die Gattung Mensch (Homo), entstand vor etwa zwei Millionen Jahren. Fünf Jahrmillionen ist es her, seit sich die Stammeslinie, die zum Menschen führte, von der größeren Linie der Primaten abgezweigt hatte. Deren Geschichte reicht mindestens fünfzig Millionen Jahre zurück. Die Primaten lassen sich aus spitzmausähnlichen Säugetieren ableiten und diese wiederum aus Kriechtieren. Aufbau und Funktionsweise unseres Körpers bezeugen diese verwandtschaftlichen Beziehungen. Auch ohne genauere Kenntnis der Zeugnisse der Erdgeschichte, der Fossilfunde, führt uns der heutige Vergleich mit den anderen Organismen zum selben Ergebnis. Unser Körperbau stimmt in vielen Eigenschaften mit dem von Schimpanse, Gorilla und Orang-Utan überein. Wir bezeichnen sie als Menschenaffen. Die heute möglichen genauen Untersuchungen des Erbgutes bestätigen die seit langem angenommene, nun erwiesene nahe Verwandtschaft. Zu nur 1,2 Prozent unterscheidet sich das Erbmaterial des Schimpansen von dem des Menschen. Vom Gorilla trennt uns ein wenig mehr. Wir würden die 1,5 Prozent Verschiedenartigkeit für fast vernachlässigbar gering halten, wenn es sich um andere Organismen und nicht gerade um Mensch und Gorilla handeln würde. Unser großes Gehirn, die Fähigkeit, Farben zu sehen und mit den Händen greifen zu können, sowie zahlreiche andere Eigenschaften vereinen uns mit den Primaten, also mit allen übrigen Arten aus der Verwandtschaftsgruppe der Affen und Halbaffen.

Die innere Entwicklung des Nachwuchses in einer Gebärmutter und seine nachgeburtliche Ernährung mit Milch, die vom mütterlichen Körper produziert wird, haben wir mit den höheren Säugetieren gemeinsam. Die geregelt hohe Körpertemperatur, ein weiteres Merkmal der Säugetiere, entwickelten auch die Vögel, die zusammen mit den Säugern die beiden höchstentwickelten Gruppen der Wirbeltiere darstellen. Daß wir zu den Wirbeltieren gehören, geht ohne jeden Zweifel aus unserem Knochenskelett hervor. Also vereint uns dieses Merkmal auch mit den Fröschen und den Fischen und nicht nur mit den Kriechtieren, aus denen vor mehr als zweihundert Millionen Jahren die Stammeslinie der Säugetiere hervorgegangen ist.

Weitere Besonderheiten zeigen, daß wir über die Zugehörigkeit zu den Wirbeltieren hinaus mit Lebewesen verbunden sind, die im Meer leben und keinerlei Knochen oder Wirbel ausgebildet haben. Schließlich gehören wir dem Reich der Tiere an, weil uns vieles fehlt, was Pflanzen besitzen, aber wie diese müssen wir uns den Gruppen vielzelliger Organismen zurechnen, weil unser Körper aus Milliarden einzelner Zellen aufgebaut ist. Doch die Biologie kennt mittlerweile den Aufbau der Zelle so gut, daß sie eine andere, viel tiefer gehende Trennlinie zieht. Wir sind wie Pflanzen und viele einzellige Lebewesen aus Zellen aufgebaut, die einen abgekapselten Zellkern in sich tragen. In diesem Kern steckt das Erbmaterial.

Darüber hinaus enthält jede unserer Zellen auch verschiedene Miniatur-Organe, die stets ganz Bestimmtes leisten. Sie fehlen anderen Organismen wie etwa den Blaualgen (Cyanobakterien) und den Bakterien. Aber dennoch weisen diese noch sehr einfach gebauten Organismen Strukturen auf, die wir auch in unseren Zellen finden können.

Sogar bei den entferntesten aller Lebewesen, die sich strenggenommen gar nicht als richtige Lebewesen einstufen lassen, bei den Viren, sind Gemeinsamkeiten entdeckt worden. Sie verfügen über Erbmaterial, genauer über einen »genetischen Code«, der in Bau und Funktionsweise unserem eigenen in kleinen Abschnitten und in seinem Grundaufbau entspricht. Deshalb können Viren, wie die Grippeviren, auch einfach Zellen unserer Nasenschleimhaut oder andere Körperzellen dazu mißbrauchen, Kopien des eigenen Erbgutes herzustellen. Wir erkranken daran mehr oder weniger stark, weil die von den Viren in Beschlag genommenen Zellen ihre eigentlichen Funktionen nicht mehr oder zumindest nicht mehr voll erfüllen können.

Und schließlich besteht jedes Lebewesen aus den gleichen chemischen Bausteinen und Grundstoffen. An ihrer besonderen chemischen

Zusammensetzung läßt sich die unbelebte Natur, das Anorganische, von der lebendigen Natur, vom Organischen, trennen. Der Besitz eines genetischen Programms und der Aufbau aus organischen Stoffen, insbesondere aus Eiweißverbindungen, sind die beiden tragenden Säulen, die das Leben vom Unbelebten abheben.

Gäbe es die Fossilfunde nicht, müßten wir dennoch die Zusammengehörigkeit und den einheitlichen Ursprung aller Lebewesen annehmen. Aber es gibt sie; und es gibt sie in so großer Zahl, daß nahezu alle wesentlichen Entwicklungsschritte und Veränderungen klar dokumentiert sind. Die Entfaltung des Lebens aus einer gemeinsamen Wurzel, die Evolution, ist daher eine unbestreitbare Tatsache. Wer daran zweifelt, verschließt die Augen vor der Wirklichkeit. Ohne die Gemeinsamkeiten der Abkunft wären die an anderen Organismen erprobten oder von höchst andersartigen Lebewesen erzeugten Medikamente (Antibiotika zum Beispiel) medizinische Scharlatanerie, weil ihre Wirksamkeit nur rein zufällig sein könnte. Ohne Zusammenhang über den Stammbaum blieben Merkmale und Eigenschaften, die keine unmittelbare Funktion erfüllen oder für die es bessere Alternativen gäbe, Kuriositäten ohne Sinn. Und ohne Abstammung von gemeinsamen Vorfahren müßten wir Mängel und Unzulänglichkeiten als Konstruktionsfehler verstehen, wobei sich die Frage stellt, welcher Konstrukteur denn nun solch schwere Fehler gemacht haben könnte.

Zweifel an der Evolution sind längst genauso absurd wie der Glaube, daß die Erde eine Scheibe sei und daß sich die Sonne um die Erde dreht. Es war der beschränkte Horizont der eigenen Sicht und Betrachtungsweise, der den Menschen lange Zeit den falschen Eindruck von der Erde und Sonne vermittelt hatte. Ähnlich verhält es sich mit dem Gang der Evolution. Ein Menschenleben ist viel zu kurz, um die Vorgänge direkt erleben zu können. Was sich in Zehntausenden, Hunderttausenden oder in Millionen von Jahren vollzieht, entzieht sich unserer unmittelbaren Beobachtung. Wie das Blitzlicht immer nur einen kurzen Moment festhält, so können auch wir nur eine Momentaufnahme überblicken – und halten die Welt für etwas Bestehendes und Beständiges.

Schon die Vorstellung, daß Gebirge aufgefaltet worden sind, bereitet vielen Menschen Schwierigkeiten. Dennoch hat sich diese Auffaltung ereignet. Winzige, in der Zeit unmerkliche Veränderungen wachsen in Hunderttausenden und Millionen von Jahren zu Größenordnungen an, die das Aussehen der Kontinente und die Lage der Meere verändern. Der Blick zurück muß sich daher notwendigerweise des Zeitraffers bedienen. Dann kommt Bewegung, kommt Dynamik in die Vorgänge, die Werden und Vergehen verursachen. Wir kennen den gegenwärtigen Stand des evolutionären Dramas, in welchem sehr viele, die meisten Lebensformen wieder verschwunden sind.

Die Geschichte des Lebens, festgelegt in den Fossilien, zeugt davon. Doch die Überlebenden verbinden lückenlose Ketten, »Lebensstränge«, mit dem Anfang des Lebens. Keine Linie steht für sich allein. Irgendwann trifft sie, verfolgen wir sie zurück in die Vergangenheit, auf eine andere, von der sie sich abgespaltet hatte. Und diese zweigt wieder von einer anderen ab, und so fort. Je ferner die Gabelungen, um so unterschiedlicher sind die Lebensformen, welche die einzelnen Linien repräsentieren. Aus einer Wurzel, dem Ursprung des Lebens, gingen alle lebenden und ausgestorbenen Formen hervor.

Doch die Rückschau erweist sich als trügerisch. Sie glättet all die Gabelungen und Verzweigungen, verrät nichts von den zahlreichen Abzweigungen, die erfolglos waren und deren Ergebnisse ausgestorben sind, sondern täuscht geradlinige, »aufstrebende« Entwicklungen vor, an deren natürlichem Ende dann wir selbst unseren Platz an der Spitze dieses Baumes der Evolution wiederfinden. Die Wirklichkeit sieht anders aus: Nicht Geradlinigkeit in der Entwicklung ist die Regel, sondern Umwege und Abzweigungen bestimmen ihren Verlauf. Nicht der »Baum des Lebens« vermittelt ein passendes Bild, sondern eher ein buschartiges Gebilde.

Wir Menschen finden uns zwar, das ist ganz richtig, auf einem Spitzenplatz, aber alle anderen Arten auch, die am jeweiligen Ende ihres Astes »sitzen« und wie wir überlebt haben. Aus der bloßen Tatsache, daß wir und die anderen Arten noch am Leben sind, während viel mehr Arten, viel weiter gefächerte Anläufe der Evolution, nicht überlebt haben, geht keine Wertung hervor. Wir sind nicht »höher entwickelt« oder »weiter entwickelt«, weil wir überlebt haben. Kleinste Bakterien und Viren stehen uns in dieser Hinsicht nicht nach. Wenn später von »höherentwickelten Formen« die Rede sein wird, dann bezieht sich diese Einordnung auf Eigenschaften und Leistungen der betreffenden Organismen und nicht auf ihr bloßes Überleben.

Wir werden auch sehr vorsichtig mit der Rolle des Zufalls umzugehen haben. Vieles erscheint auf der Ebene der Arten höchst zufällig. Ob sie überleben oder nicht, welcher Vertreter einer Stammeslinie durchkommt und wer im evolutionären Geschehen zurückfällt und auf der Strecke bleibt, mag in der Tat wie ein Spiel des blinden Zufalls aussehen.

Doch was im kleinen zutrifft, muß nicht auch in den großen Entwicklungsschritten der Evolution so sein. Wir sind mit solchen Verhältnissen durchaus vertraut.

Nehmen wir als Beispiel das Eisen. Wenn wir seine Eigenschaften ermitteln und charakterisieren wollen, stört es überhaupt nicht, daß uns die Physik lehrt, Wege und Verhalten eines einzelnen Eisenatoms seien unbestimmbar und nicht vorherzusehen. Zufall herrscht in der Mikrowelt der Eisenatome.

Die Eigenschaften, die dieses Metall charakterisieren, entstehen erst aus dem Zusammenwirken von unzählbar großen Mengen von Eisenatomen. Wären wir so winzig wie eines dieser Atome, könnten wir unmöglich die Natur des Eisens erkennen. Ähnlich verhält es sich mit dem Zeitmaß des Menschenlebens im Verhältnis zur Evolution. Erst das richtige Zeitmaß, die geologische Zeit, vermittelt uns den Einstieg in das Geschehen, das den Weg des Lebens in der Erdgeschichte beeinflußte und bestimmte. Die Entdeckung der geologischen Zeit war die entscheidende Voraussetzung für die erste umfassende Interpretation des Evolutionsvorganges durch Charles Darwin vor mehr als 130 Jahren.

Stephen Jay Gould (1990) und Stephen Hawking (1988) haben dies in ihren ganz unterschiedlich ausgerichteten Büchern über das Problem der Zeit meisterhaft ausgeführt. Es steckt daher mehr als nur ein bildhafter Vergleich hinter dem Ausdruck des Zeitraffers. In der erdgeschichtlichen Skala von Jahrmillionen schrumpfen die Einzelvorgänge so stark zusammen, daß die großen, die grundlegenden Strömungen und Richtungswechsel sichtbar werden. Um sie geht es bei der Interpretation des Evolutionsprozesses. Der Ablauf als solcher ist zwar interessant genug, aber er vermittelt noch keine Erklärung.

Zur Feststellung, daß sich Evolution vollzogen hat, und zur Darwinschen Sicht, wie sie vonstatten gegangen ist, muß das Warum kommen. Ohne plausible Begründungen für die allgemeinen Abläufe und Entwicklungen bliebe Evolution ähnlich rätselhaft wie »das Leben an sich«. Evolutionsschritte, die wir mit Fug und Recht als Fortschritte verstehen, sänken ohne hinreichend klare Ursachen ins Beliebige und Zufällige zurück, während sich die vielen Um- und Irrwege der Evolution umgekehrt schwerlich als ziel- und zweckorientiert deuten lassen. In diesem Dilemma steckt die Evolutionsforschung. Sie kennt die Fakten, glaubt, mit der natürlichen Auslese den Mechanismus und mit dem Erbgut, dem Genom, den Träger des Evolutionsgeschehens zu kennen – und gerät sogleich in größte Schwierigkeiten, wenn pseudowissenschaftliche Dogmatiker die Evolution grundsätzlich ablehnen oder scharfsinnige Physiker den Mechanismus in Zweifel ziehen, weil so komplizierte, wohl abgestimmte Gebilde wie Augen oder Vogelflügel doch nicht durch Zufall zustande gekommen sein können. Andere finden schnell den Ausweg im Rückgriff auf geheimnisvolle, noch nicht entdeckte, übernatürliche Kräfte, allerdings ohne dafür auch nur einen einzigen konkreten Befund vorlegen zu können. In den letzten Jahren haben sich die Auseinandersetzungen wieder erheblich verstärkt, weil es trotz der zunehmenden Flut von Beweisen für die Evolution an einem überzeugenden Erklärungsmodell mangelt, das über die kleinen Schritte des Artenwandels hinausreicht und die großen Veränderungen verständlich macht.

Bei näherer Betrachtung drängt sich der Verdacht auf, daß die grandiosen Fortschritte in der Genetik die Forschungen zu einseitig auf das Genom und seine Rolle im Evolutionsprozeß gelenkt haben und daß dabei der andere Teil zu kurz gekommen ist, nämlich der Organismus mit seinen Leistungen und seiner Begrenztheit.

Um es in plakativer Kürze auszudrücken: Was nützt die beste Mutation im Erbgut, wenn sie nicht genutzt werden kann, weil der Organismus nicht in der Lage ist, die neue Information zu verwerten? Organismen sind nicht bloß marionettenhaft gesteuerte Vehikel der Gene, wie Richard Dawkins (1978) meint. Seine Sicht des »egoistischen Gens« erfaßt eben nur die eine Seite einer Partnerschaft, der in diesem Buch auf den Grund gegangen werden soll. Eine Evolutionstheorie, die sich im wesentlichen nur auf die Informationsträger bezieht, ist unvollständig, wie ein Organismus unvollständig und nicht funktionsfähig wäre, wenn er nur aus Erbgut bestünde. Viren sind eben aus diesem Grunde keine richtigen Lebewesen.

Bei jener höchst einseitigen Betrachtung des Erbgutes blieb auch die Wechselwirkung mit der Umwelt so gut wie unbeachtet, weil sie über die bloße Erbänderung, die Mutation, nicht erfaßt werden kann. Die Umwelt ist weitaus mehr und ungleich bedeutsamer als ein simples Netzwerk, das untaugliche Mutation durchfallen läßt und taugliche zurückhält. Schon Darwin hat dies ganz klar erkannt und mit seiner Vorstellung vom Überleben des Tauglichsten (survival of the fittest) nicht jene gemeint, die allen Widrigkeiten zum Trotz selbst überlebten, sondern vielmehr solche, die, verglichen mit den anderen, die meisten Nachkommen in die nächsten Generationen als Überlebende einbringen konnten.

Doch welche Generation zählt? Die nächste, die übernächste, beide zusammen oder noch mehr? Im Endeffekt zählt nichts anderes als das

Überleben der Anpassungslinie bis auf den heutigen Tag – und darüber hinaus. Darwinsches Überleben des Tauglichsten, kurz Fitneß genannt, drückt sich somit viel besser im Nicht-Aussterben als im Überleben selbst aus.

Die Schwierigkeit wird vollends deutlich, wenn wir uns Menschen selbst betrachten. Sind die Tauglichsten jene Menschengruppen in den Ländern der sogenannten Dritten Welt, die höchste Vermehrungsraten erreichen und zweifellos mehr Nachkommen in die nächste oder in die übernächste Generation schicken als die Angehörigen der Wohlstandsstaaten mit ihrer niedrigen Geburtenrate? Oder sind unsere Darmparasiten »fiter« als ihre Träger, weil sie sich millionenfach vermehren? Warum suchen ernst zu nehmende Biologen immer wieder nach Ausweichlösungen, um das Prinzip des genetischen Egoismus der modernen Soziobiologie zu umgehen oder zu überwinden? Drückt sich hier möglicherweise ein Unbehagen aus, das sich mit dem absoluten Primat der Genetik nicht abfinden will? Kurz, innerhalb der Biologie wie auch in der Auseinandersetzung mit anderen Denk- und Sichtweisen des Lebens werden immer wieder Schwächen in der Evolutionstherorie deutlich, die nicht abgeleugnet werden können. Sie betreffen, um das nochmals mit Nachdruck zu betonen, die Erklärung der Ursachen, also die Kausalität der Evolution, und nicht die Tatsache, daß Evolution Wirklichkeit ist und stattgefunden hat.

Die Schwächen der Erklärungsmodelle zur Evolution sind behebbar. Dazu stehen neue Fakten und tiefgreifende Erkenntnisse aus allen Bereichen der Naturwissenschaften zur Verfügung. Die Evolutionstheorie selbst macht genau das durch, was sie zu beschreiben und zu erklären versucht: Evolution der Evolutionstheorie!

Mein Entwurf zur Evolution steht nicht im Widerspruch zu Darwin und zu der darauf aufbauenden »modernen Synthese«. Er schließt sie ein und erweitert die Sicht. Er zeigt die Möglichkeiten und die Zwänge auf, welche die Grenzen für das Spiel des Zufalls viel enger abstecken, als bislang zumeist angenommen wurde. Seine Beteiligung am Fortgang der Evolution wird dadurch fragwürdig. Doch das neue Modell wird nicht Vorherbestimmung an die Stelle des Zufalls setzen. Klare Ursachen bedeuten keineswegs auch ein klares Ziel. Das werden die Szenarios zeigen, die für wesentliche Abläufe der Evolution in diesem Buch entworfen werden.

Gewiß, es gibt noch längst nicht für alle Entwicklungsschritte beweiskräftige Forschungsergebnisse. An manchen Punkten wird es nötig sein, biologisch vernünftige Annahmen zu machen, die noch durch genauere Untersuchungen abgesichert werden müssen. Von solchen plausiblen Annahmen, den Hypothesen, geht der Fortschritt der naturwissenschaftlichen Forschung aus. Sie sind keine wilden Spekulationen und keine Ausweichmanöver – wie der Rückzug auf geheimnisvolle Kräfte. Vielmehr sollen sie dazu verhelfen, den knochentrockenen Fakten jene Lebendigkeit zu verleihen, die moderne Evolutionsforschung so spannend macht. Wer nur nach Fakten und Details sucht, ist mit den verfügbaren Lehrbüchern der Evolutionsbiologie bestens bedient. Hier soll es vielmehr um Zusammenhänge und Hintergründe gehen.

Erster Teil

Elf Kapitel aus der Geschichte des Lebens

1. Die Zeugen des Anfangs: Eisen und Schwefel

Stellen wir den Anfang des Lebens zurück bis zum Schluß des Buches. Er ist der schwierigste Teil des Unterfangens, den Weg des Lebens nachzuzeichnen. Die Forschung verfügt erst über wenige Hinweise. Aber sie verdichten sich zu der Annahme, daß der Übergang vom unbelebten Zustand zum Leben ohne geheimnisvolle äußere Einwirkung ganz im Rahmen der bekannten Naturgesetzlichkeiten stattgefunden hat. Es liegt an den immensen Unterschieden in den Verhältnissen, die vor vier Milliarden Jahren im Vergleich zur Gegenwart geherrscht hatten, daß wir eine so scharfe Grenze zwischen Leben und Nicht-Leben zu ziehen pflegen. In unserer Welt voller Leben können wir uns den Zustand der Erde schwer vorstellen, bevor sich das Leben entfaltet hatte. Aber sie sind noch da, die Zeugen aus jener fernen Vergangenheit, in der die Natur noch nicht so »funktionierte« wie in der Gegenwart. Und es ist gar nicht einmal so schwer, diesen Zeugen der Urzeit nachzuspüren. Einige sind uns sogar ausgesprochen geläufig. Wir nutzen sie, oder sie benutzen uns, und das nicht selten auf eine ziemlich unangenehme oder gefährliche Art und Weise. Beginnen wir mit harmlosen Vertretern der frühen Lebewesen.

Im Frühjahr verfärben sich im nordöstlichen Alpenvorland stellenweise Gräben und Altwässer in den Flußtälern auffällig ockerrot, so als ob tankwagenweise Farbe ins Wasser gekippt worden wäre. Auch in Drainagen in der norddeutschen Tiefebene, in Moorgräben und an skandinavischen Seen läßt sich dieses Phänomen beobachten. Stets handelt es sich um stehende oder nur schwach durchströmte Kleingewässer, die diese Verfärbung ausbilden. Im Lauf des Sommers wird sie intensiver und dunkler. Sofern die Gewässer im Winter nicht zufrieren, bleibt sie erhalten und nimmt im Lauf der Jahre weiter zu. Zuerst verschwinden die im Bodenschlamm lebenden Kleintiere, dann sterben die Fische und schließlich gibt es in solchen verockerten Gewässern so gut wie gar kein Leben mehr. Verursacher sind ganz einfach gebaute Organismen, nämlich die sogenannten Eisenbakterien. Sie vermehren sich massenhaft und ersticken alles Leben in ihrem Einflußbereich.

Ihre Lebensenergie beziehen sie auf ganz ungewöhnliche Weise. Sie benutzen im Wasser gelöstes Eisen für ihren Stoffwechsel. Es gibt davon zwei Grundverbindungen mit Sauerstoff: das chemisch zweiwertige Eisen, bei welchem sich jeweils ein Eisenatom mit einem Sauerstoffatom verbunden hat (chemische Bezeichnung FeO), und das dreiwertige mit drei Sauerstoffatomen (O) an zwei Eisenatomen (Fe), das Fe_2O_3. Wichtig ist dabei, daß bei der Überführung des zweiwertigen Eisens in das dreiwertige (eine chemische Ausdrucksweise) Energie frei wird. Auf diese Energie kommt es an. Die Reaktion, welche die Eisenbakterien durchführen, sieht chemisch folgendermaßen aus:

$$2\,Fe^{++} + O + H_2O \rightarrow 2\,Fe^{+++} + 2\,OH^- + 135{,}6\text{ KJ Energie}$$

Bei entsprechenden Umweltbedingungen entwickelt sich Eisen(III)oxid (Fe_2O_3), das als ockerroter, schmieriger Belag ausfällt und in den schleimigen Köchern steckenbleibt, in denen sich die Eisenbakterien befinden. Die von jeder chemischen Reaktionseinheit (2 Mol Eisen II) freigesetzte Energie von 135,6 Kilojoule (KJ) versorgt die Eisenbakterien und ermöglicht ihnen das Leben.

Führt das Grundwasser ausreichende Mengen gelöstes, zweiwertiges Eisen mit sich, wachsen und gedeihen die Kolonien der Eisenbakterien. Sie überwuchern den Gewässergrund, kriechen langsam die Ufer hoch und breiten sich im Gewässer schließlich so stark aus, daß der darin gelöste Sauerstoff aufgebraucht wird. Ohne Sauerstoff können die anderen Organismen nicht mehr leben. Das Gewässer verödet. Es enthält nichts anderes mehr als die Eisenbakterien und Kolonien anderer Bakterien, die mit Schwefel arbeiten. Fäulnis breitet sich am Gewässergrund aus, bei der Schwefelwasserstoff (H_2S) entsteht. Dieser verbindet sich mit dem Eisenocker zu einer zähen, schmierig-schwarzen Masse. Durch den Menschen verursachte Umweltvergiftung könnte kaum nachhaltigere Wirkungen zeitigen.

In den Ockerschlämmen, die von Schwefeleisen durchsetzt sind, ist kein Leben mehr möglich. Sie sind zu einer Eisenfalle geworden. Gehen die Prozesse über lange Zeiträume weiter, über Millionen von Jahren etwa, dann setzt sich Eisenerz ab. Die lothringische Minette entstand auf diese Weise. Auch in Skandinavien gibt es Erzlager, die ihre Entstehung der Tätigkeit der Eisenbakterien verdanken. Ähnliche Vorgänge gibt es mit einem dem Eisen verwandten Metall, dem Mangan. Die bakterielle Ausscheidung von Erzen (als Metalloxide) ist weit verbreitet.

Aber da die Vorgänge in der Regel so langsam ablaufen, werden sie bis zum Essig. Andere zerlegen weiter. Vor allem die Bodenbakterien gehören zu jenen Gruppen, die organische Stoffe bis in die anorganischen Bauteile zerlegen. Dabei sorgen sie auch für deren Wiederverwendung.

Bei der Zerlegung der organischen Ausgangsstoffe wird Energie frei. Zu den ursprünglichsten Stufen gehört zweifellos die Gärung. Im Hauptvorgang erzeugt sie pro Einheit (Mol Glukose-Zucker) 198 KJ. Sie liegt damit in der Energieausbeute deutlich besser als die Eisenbakterien, die um ein Drittel weniger erzeugen.

Aber der Fortschritt mit einer Erhöhung des Wirkungsgrades um 46 Prozent hat einen Haken. Es muß organisches, zuckerhaltiges Material bereits vorhanden sein. Eisen war in ungleich größeren Mengen verfügbar. Gärungen dürften daher in der Frühzeit des Lebens auf der Erde eine weitaus geringere Rolle als die chemischen Synthesen gespielt haben, die von Eisen- oder von Schwefelbakterien ausgenutzt worden sind. Es gab natürlich auch noch keine komplexeren Organismen, die an Bakterien hätten »erkranken« können.

Wir müssen uns die Frühzeit des Lebens als ein mehr oder minder zusammenhangloses Nebeneinander von verschiedenartigen Bakterien vorstellen, die die verfügbaren Mineralstoffe nutzten, so weit dies möglich, das heißt mit Energiegewinn verbunden war. Den Erzlagern nach zu schließen, müssen die gegenwärtig so unauffälligen Eisenbakterien so massiv tätig gewesen sein, daß die Erde stellenweise ockerrot geworden war. Rotbraun, durchsetzt mit den gelben Flecken des Schwefels, und nicht grün sah die Erde aus, nachdem sich Bakterien ausgebreitet hatten.

Evolution betraf damals fast nur das Durchprobieren chemischer Abläufe. Die Bakterien, die so ganz verschiedenartige chemische Reaktionen durchführen, unterscheiden sich äußerlich voneinander fast gar nicht. Man erkennt sie an ihren Reaktionen, nicht an ihrem Aussehen. Doch eines ist für diesen Zustand festzuhalten: Mineralien standen im Zentrum der Aktivität der Lebewesen. Die einen, wie die Eisenbakterien, brauchten Eisen, andere Mangan, Kupfer, Magnesium oder andere metallische Grundstoffe. Das Magnesium sollte eine ganz besondere, ja herausragende Bedeutung erlangen. Aber auch ohne Eisen oder Kupfer könnten wir und die meisten anderen Organismen nicht leben. Unsere ferne Vergangenheit ist von den Metallen geprägt.

Der große Durchbruch, der die Geschichte der Erde in zwei Phasen ganz unterschiedlichen Aussehens und Verlaufes zerlegt, stand bevor, als der Planet Erde ungefähr die Hälfte seiner bisherigen zeitlichen Existenz erreicht hatte. Sie hatte sich vor gut 4,6 Milliarden Jahren im Sonnensystem gebildet. Vor zwei bis zweieinhalb Milliarden Jahren kam die Wende. Eine Substanz war gebildet worden, die fortan das Geschehen auf der Erdoberfläche in höchstem Maße beeinflußte, das Chlorophyll.

2. Das Feuer des Lebens: Sauerstoff

Leben gab es in den einfachsten Formen von Mikroben schon vor rund vier Milliarden Jahren. Die Hälfte dieser unvorstellbar langen Zeit verstrich, ohne daß sich allzuviel getan hatte. Im Gleichmaß der Jahrmillionen gab es kaum merkliche Veränderungen. Diese Feststellung will nicht so recht zu den vielfältigen Leistungen passen, die schon die frühen Lebensformen entwickelt hatten. Selbst wenn nichts weiter als die Tätigkeit der Eisenbakterien vorhanden gewesen wäre, so hätten sich diese Lebewesen doch mit ihrer Energiebilanz in ungleich stärkerem Maße durchsetzen und ausbreiten müssen, als sie es tatsächlich getan haben. Die Zeiträume hätten ausgereicht, um das ganze Weltmeer zu einer braunroten Suppe aus ausgeflocktem Eisen werden zu lassen.

Den Grund hierfür vermittelte die Formel zum Energiegewinn der Eisenbakterien. Die Reaktion benötigt Sauerstoff, und zwar ein Atom für je zwei Eisenatome. Sauerstoff war jedoch sehr knapp und in den Weiten der Ozeane so gut wie nicht vorhanden, denn die Lufthülle der noch jungen Erde, die Atmosphäre, enthielt keinen Sauerstoff. Sie war im wesentlichen aus Stickstoff, Methan und Wasserstoff sowie ein wenig Kohlendioxid und Edelgasen zusammengesetzt. Der Wasserstoff ging nach und nach verloren; er ist so leicht, daß er dem Schwerefeld der Erde entglitt und in den Weltraum sich verflüchtigte. Wasserdampf stellte einen wichtigen Anteil in der Gashülle der Erde.

Die extremen Temperaturgegensätze zwischen glühendheißen Tagen und außerordentlich kalten Nächten müssen eine unwetterdurchtoste Atmosphäre erzeugt haben, in der es fast ständig zu heftigen Gewittern kam. Die heutigen Zentren der Tropengewitter sind gewiß nur ein schwacher Abglanz jener Verhältnisse. Sie dürften etwa dem heutigen Zustand der Atmosphäre entsprochen haben, die auf der Venus vorhanden ist. Die zahllosen Blitze zündeten jedoch nicht. Es gab keinen Sauerstoff, der etwas hätte entzünden können. Nur wenn die Wucht der elektrischen Ladungen Wasser in seine Bestandteile zerlegte, konnte kurzzeitig Sauerstoff frei werden.

Die starke Strahlung aus dem Weltraum, insbesondere die Ultraviolettstrahlung, muß sicher auch Wasser in einem gewissen Umfang gespalten und Sauerstoff und Wasserstoff freigesetzt haben. Vielleicht kam auch aus dem Vulkanismus Sauerstoff hinzu, wie neuerdings russische Wissenschaftler annehmen (Towe 1990). Auch wenn Sauerstoff nicht völlig gefehlt haben mag, so ist er dennoch gewiß ein rares freies Element gewesen.

Die Eisenbakterien konnten daher, falls es sie oder ihre Vorläufer damals wirklich schon gegeben hat, mit den Mengen von Eisen gar nicht so viel anfangen. Den Gärungsbakterien muß es ähnlich ergangen sein. Organische Stoffe können sie nur spalten, wenn solche vorhanden sind. Das, was die energiereiche Strahlung in der Ursuppe des Ozeans vor allem in den obersten Schichten flacher Randmeere an Vorläufern der organischen Verbindungen aufgebaut hatte, kann auch nicht allzu reichlich ausgefallen sein. In nahezu demselben Maße, in dem die Strahlung solche Stoffe aufbaut, zerstört sie diese auch wieder – mit nur geringer Verzögerung. Nur an besonders günstigen und geschützten Stellen könnte es möglich gewesen sein, daß sich nach und nach energiereiche Stoffe angesammelt haben: nahe genug an der Quelle ihrer Entstehung, aber gut genug geschützt vor dem Zerfall, den die Ultraviolettstrahlung verursacht.

Doch solche Überlegungen sollen uns noch nicht zurück zum Anfang des Lebens führen, sondern darauf hinweisen, daß der Verzögerung zwischen Aufbau und Zerfall eine entscheidende Rolle zukommt. Würde es irgendeiner Substanz gelingen, weniger zerstörerische Energie als das Ultraviolettlicht einzufangen, könnte diese notwendige Verzögerung weiter hinausgezögert und das Ungleichgewicht in der chemischen Reaktion verstärkt werden.

Genau das leisten bestimmte Farbstoffe. Sie werden deshalb zu Farbstoffen, weil sie von der Gesamtheit des Lichtes, das auf sie trifft, nur einen mehr oder minder großen Teil zurückstrahlen, bestimmte Wellenlängen aber gleichsam verschlucken. Ihre Energie geht auf die Farbstoffträger über und bewirkt, daß sie nun »angeregter« reagieren können. Ein solcher Farbstoff befindet sich in unserem Blut.

Es ist dies das Hämoglobin; ein Eiweißstoff, der mit einer ringförmigen Bildung zusammenhängt, in welcher sich ein Eisenatom befindet. Der besonderen Struktur dieses Farbstoffes ist es zu verdanken, daß sich Sauerstoff daran anlagert und, nachdem er mit dem Blutstrom irgendwohin transportiert worden ist, leicht wieder abgegeben werden kann. Metallionen, wie Eisen und Kupfer, eignen sich dafür besonders gut, weil ihre reaktive Elektronenhülle den Austausch, vor allem die Abgabe, von Elektronen erleichtert. Eine solche Entwicklung hätte vor mehr als zwei Milliarden Jahren noch wenig gebracht. Sauerstoff war noch nicht in freiem Zustand vorhanden. Jedoch machte ein ähnlich gebauter Stoff fast genau das Gegenteil: Er hielt den Sauerstoff nicht fest, sondern setzte ihn frei.

Diese Eigenschaft tauchte vor gut zwei Milliarden Jahren auf, als ähnlich ringförmige Gebilde, wie wir sie vom roten Blutfarbstoff kennen, Magnesium einfingen und einbauten. Auch dieses Gebilde ist in der Lage, bestimmte Wellenlängen des Lichtes aufzunehmen und ihren Energiegehalt weiterzugeben. Durch jüngste Entdeckungen (Frese 1986) wissen wir, daß dieser Farbstoff, den wir Blattgrün oder Chlorophyll nennen, wie eine Antenne gebaut ist. Die »Chlorophyll-Antenne« fängt die »milden Wellenlängen« im Bereich von 700 Nanometern ein und überträgt ihre Energie über zahlreiche Zwischenstufen so dosiert, daß keine zu großen Energieimpulse auftreten. Wegen der Aufnahme bestimmter Wellenlängen des sichtbaren Lichtes erscheinen uns die Chlorophyllfarbstoffe grün und die Begleitfarbstoffe gelb.

Der Ablauf ist inzwischen so gut und bis in Einzelheiten analysiert, daß er längst Eingang in die Biologieschulbücher gefunden hat. Hier geht es nur um die Bilanz, und sie fällt außerordentlich gut aus. Pro Reaktionseinheit, nämlich pro Mol gebildeten Traubenzuckers, gewinnt diese Reaktion 2872 Kilojoule und damit über zehnmal mehr, als bei der Gärung der gleichen Grundstoffmenge zu erzielen ist. Mehr noch: Diese Energie läßt sich speichern. Sie wird nicht einfach frei, sondern zunächst festgehalten, bis sie weiterverwendet wird. An die Stelle der kurzen Verzögerungszeiten zwischen Aufbau und Zerfall, die bei der Ultraviolettstrahlung und ihrer Einwirkung auf Stoffe, die nur unter Einsatz von Energie zustande kommen, treten nun lange Zeiträume. Über die Wirkung des Farbstoffes Chlorophyll ist eine Energiefalle entstanden. Und sie fing an, immer wirksamer zu werden. Die Energiemenge reicht nun aus, um die Atome einer Stoffgruppe zusammenzubringen und zu verbinden, die ohne diese energetische Anregung nicht miteinander in Verbindung treten würden.

Der Kohlenstoff rückte ins Zentrum der Lebensprozesse. Von allen Elementen verfügt der Kohlenstoff über die meisten Möglichkeiten, Verbindungen einzugehen. Die vergleichsweise geringe Ausbeute an Energie, die bei der Umwandlung von Eisen des zweiwertigen Zustandes zum dreiwertigen frei wird, reicht dazu nicht aus. Erst die über zehnmal höhere Energieausbeute des lichtfangenden Farbstoffes stellt die geeigneten Bedingungen her. Die von ihr ermöglichte chemische Reaktion wurde zur »Grundgleichung des Lebens«: sechs Moleküle Kohlendioxid und sechs Moleküle Wasser werden mit Hilfe des Sonnenlichtes zu Zukker verbunden, der als Energiespeicher wirkt. Dabei entstehen aber auch sechs Moleküle Sauerstoff als Abfallprodukt.

$$6\,CO_2 + 6\,H_2O + \text{Lichtenergie} \rightarrow C_6H_{12}O_6 + 6\,O_2$$

Energiegewinn und Freisetzung von Sauerstoff sind die beiden entscheidenden Eigenschaften dieser chemischen Reaktion, die – weil sie mit Licht (Photonen) abläuft – Photosynthese genannt wird. Sie steht sozusagen am Anfang der Kohlenstoffchemie, die im wesentlichen Organische Chemie ist. Denn von dieser Grundreaktion hängen nahezu alle weiteren Reaktionen ab, bei denen organische Stoffe gebildet werden.

So großartig dieser chemische Durchbruch aus unserer Sicht anmutet, so verheerend muß er anfangs gewesen sein. Anfangs heißt hier im Zeitmaß der Erdgeschichte im Verlauf der vielen Jahrmillionen, die auf die Entwicklung der Photosynthese folgten. Denn der freiwerdende, sehr reaktive Sauerstoff ist für die ungeschützten Organismen ein schweres Gift. Ihre feinen Strukturen und komplizierten Bildungen aus organischen Stoffen werden davon verbrannt. Die gebändigte Rückreaktion ließ noch lange auf sich warten. Sie setzte zu viel Energie auf einmal frei, und zwar genau so viel, wie bei der Photosynthese eingefangen wird: 2872 KJ pro Mol Zucker (Glukose). Die Freisetzung dieser Energiemenge und ihre weitere Verwertung war die Herausforderung für die noch so wenig entwickelten Lebewesen in dieser Übergangszeit vor zwei Milliarden Jahren.

Selbst besonders stürmische Gärungsvorgänge erreichen nicht einmal ein Zehntel der Stärke der Atmung, wie die Rückreaktion in der Photosynthesegleichung genannt wird. Atmung ist kontrollierte Verbrennung von organischen Stoffen mit Sauerstoff. Bei den Gärungen ist Sauerstoff nicht beteiligt. Mit der Photosynthese hatten die Lebewesen, die darüber verfügen konnten, zwar die energetische Eigenständigkeit erreicht, aber auch das Feuer eingefangen, das sie nun selbst bedrohte. Sie waren in der Tat selbständig geworden, weil sie nicht mehr darauf angewiesen waren, anderweitig entstandene, energiereiche Stoffe zu verwerten. Sie stellten sich diese nun selbst aus energiearmen, anorganischen Grundstoffen her.

Dazu brauchen sie nichts weiter als Kohlendioxid und Wasser, wenn sie den besonderen Farbstoff besitzen, der das Sonnenlicht einfängt. Mit dieser Fähigkeit sind sie zu Selbsternährern oder, so der wissenschaftliche Ausdruck, autotroph geworden. Alle anderen, gleich ob sie schon damals existierten und von der Gärung lebten oder ob sie sich, wie die gesamte Tierwelt, viel später erst entwickelt haben und sich von den verfügbaren organischen Stoffen ernähren, sind von der Aufbauleistung dieser Autotrophen abhängig. Man nennt sie heterotrophe Organismen, weil sie ihre Grundversorgung nicht selbst herstellen, sondern von anderen beziehen müssen. Damit scheidet eine grundlegende chemische Eigenschaft das Reich der Selbstversorger, der Pflanzen, von allen übrigen Organismen. In der gerafften Rückschau müssen wir die heterotrophe Tierwelt noch übergehen, denn es dauerte noch etwa eineinhalb Milliarden Jahre bis sich das Tierleben entwickeln konnte. Die Ursache steckt gleichfalls in der Photosynthesegleichung. Sie geht vom Sauerstoff aus.

Es liegt an den chemischen Eigenschaften dieses Gases, daß es sich höchst reaktiv mit allen möglichen Stoffen, vor allem aber mit Metallen verbindet. Eisen verrostet unter Einwirkung von Sauerstoff. Das Verrosten ist nur der spezielle Vorgang beim Eisen und nichts Besonderes. Auch die anderen Metalle der Erdkruste, wie Mangan, Kupfer, Magnesium und Silizium, verbinden sich mit Sauerstoff, ohne daß sie sich in einem energetisch besonders angeregten Zustand befinden müssen. Nur die »edlen« Metalle, wie Gold, Platin oder Iridium, widerstehen dem Angriff des Sauerstoff weitestgehend.

Greifen wir die vier mengenmäßig bedeutendsten der Erdkruste heraus: Das Eisen verrostet, aus Silizium und Aluminium werden Tone (Alumosilikate) oder Quarz (SiO_2), und aus dem Kalzium über die Weiterreaktion des Oxids mit Kohlendioxid (und Wasser, das den »Kalk löscht«) wird Kalkstein (Calziumcarbonat $CaCO_3$). Kurz, fast die ganze Erdoberfläche mußte im weitesten Sinne »verrosten«. Daß dies nicht in kurzer Zeit möglich war, liegt auf der Hand. Daß es aber so lange dauerte, bis alles oxydiert war, was sich mit freiem Sauerstoff verbinden konnte, liegt an der Knappheit von Kohlendioxid. Denn die Photosynthese konnte nur gerade soviel Sauerstoff freisetzen, wie sie Kohlendioxid aufnahm.

Jedem Molekül verwerteten Kohlendioxids entspricht zwar rein rechnerisch ein Molekül Sauerstoff, aber davon geht ein Teil für die Atmung ab. Deshalb konnte die Freisetzung von Sauerstoff nur in dem Maß ablaufen, wie organische Stoffe, Biomasse, aufgebaut wurde. Die Sauerstoffmenge entspricht der gebildeten Menge an Biomasse. Wird davon unter Sauerstoffverbrauch ein Teil wieder zersetzt, vermindert sich die Sauerstoffbilanz entsprechend.

Kohlendioxid löst sich sehr gut im Wasser. Wir kennen das von Sprudel oder anderen kohlensäurehaltigen Getränken. Aber auch Kalzium hält sich gut im Wasser gelöst, wenn es mit Kohlensäure eine Verbindung eingehen kann. Diese chemisch Kalziumhydrogencarbonat (oder Kalziumbikarbonat) genannte Verbindung war die Hauptquelle von Kohlendioxid im Wasser des Weltmeeres. Zumindest sollten wir dies annehmen, denn die gleichen Reaktionen laufen auch in der Gegenwart ab. Ihr Ergebnis ist Kalk, der im Wasser ausgefällt wird, und zwar sogenannter biogener, das heißt von Organismen erzeugter Kalk.

Er wird frei, wenn die Organismen bei der Photosynthese dem Bikarbonat Kohlendioxid entziehen. Die ersten hierzu befähigten Organismen müssen ganz ähnlich wie die heute noch lebenden Blaugrünen Algen (Cyanobakterien), die meist nicht ganz richtig »Blaualgen« genannt werden, ausgesehen und funktioniert haben. Ihre Zeugnisse sind unübersehbar vorhanden. Sie formten die gewaltigsten Unterwassergebirge, die es gibt. Später, viel später wurden winzige Algen, die Zooxanthellen, in Korallentiere eingelagert, wo sie weiterhin ihren alten Lebenstätigkeiten folgten und Photosynthese mit Hilfe des aus Bikarbonat entnommenen Kohlendioxids betrieben. Die Kalkriffe der Korallen kamen dadurch zustande.

Ihre Leistungen scheinen in krassem Widerspruch zu ihrer Kleinheit und zu ihrem noch verhältnismäßig sehr einfachen Bau zu stehen. Blaualgen haben noch nicht einmal einen Zellkern. Abgesehen von der Fähigkeit zur Photosynthese entsprechen sie im wesentlichen den anderen Bakteriengruppen, zumal solchen, die wie die Eisenbakterien auf dem Wege chemischer Synthesen ihre Lebensenergie beziehen. Die ganze Gruppe solcher Bakterien wird chemo-autotrophe Bakterien genannt, weil sie über chemische Reaktionen unabhängig von organischen Grundstoffen sind. Die Cyanobakterien sind photo-autotroph. Ihre Unabhängigkeit verdanken sie der Entwicklung der Photosynthese.

Es liegt in erste Linie an der damit verbundenen Leistungsfähigkeit, daß sie es waren, die den chemo-autotrophen Bakterien den Rang abgelaufen haben (Hochachka und Somero 1984). Die größten von Eisenbakterien gebildeten Eisenlager reichen bei weitem nicht an die Gebilde heran, die Cyanobakterien und ihre Abkömmlinge als Kalkriffe aufgebaut haben. Ein Großteil der Alpen stellt solche Riffe dar. Erst viel später ist der abgelagerte Kalk durch Bewegungen und Kräfte der Erdkruste zusammengedrückt und zu Gebirgszügen aufgefaltet worden. Von den weit größeren Riffen aus jener fernen Zeit der Erdgeschichte, als die Photosynthese richtig in Schwung gekommen war, gibt es nur noch wenige Überreste. Die Kräfte der Abtragung haben den Kalk gelöst und ins Meer geschwemmt, wo er Rohmaterial für neue Aufbauleistungen kalkbildender Organismen abgibt.

Zurück zur Bilanz: Die Entwicklung der Photosynthese veränderte nachhaltig den Zustand der Erdoberfläche. Die gesteinsbildenden Metalle oxydierten und wurden dadurch erst richtig zu Gesteinen. Die revolutionäre Konsequenz war der Eintritt von Sauerstoff in die Atmosphäre. Bevor es so weit war und sich die ersten Spuren freien Sauerstoffs in der Lufthülle der Erde halten konnten, mußte aber nicht nur die Erdoberfläche oxydiert worden sein, sondern auch das Weltmeer mußte sich so weit mit Sauerstoff gefüllt haben, wie es der Löslichkeit dieses Gases im Wasser in Abhängigkeit von der Temperatur entspricht. In 4 °C kaltem Tiefenwasser lösen sich gut 14 Milligramm Sauerstoff pro Liter, bei einer Temperatur von 20 °C sind es noch knapp 9 Milligramm, und bei den höchsten Temperaturen in flachen, tropischen Randmeeren sinkt der Sauerstoffgehalt auf weniger als 7 Milligramm pro Liter. Meeresströmungen verfrachten nach und nach Sauerstoff, der oben in den durchlichteten Wasserschichten gebildet worden ist, in die Tiefe, aber ganz scheint es den Organismen nie gelungen zu sein, den Weltozean bis zur Sättigung mit Sauerstoff aufzufüllen.

Immer größere Anteile der Produktion, die nach wie vor nur im Meer stattfand, entwichen hingegen in die Atmosphäre. Ihre Gaszusammensetzung verschob sich entsprechend. Von den Gasen der Uratmosphäre waren im wesentlichen nur noch Stickstoff und Wasserdampf übriggeblieben. Ein paar Prozent nahm das Kohlendioxid ein. Methan hatte sich verflüchtigt. Es war von der Ultraviolettstrahlung zusammen mit Wasser gespalten worden. Der Kohlenstoff des Methans und der Sauerstoff aus dem Wasser verbanden sich zum Kohlendioxid, während der übriggebliebene Wasserstoff in den Weltraum entwich. Nun aber kam der Sauerstoff dazu. Die Unterwassergebirge und kilometerdicke Ablagerungen von Kalk entsprechen der gewaltigen Menge an Sauerstoff, die bei ihrer Bildung frei geworden ist. Er füllte nun die Atmosphäre auf.

Die meisten Befunde deuten darauf hin, daß der Anstieg nicht bei unseren gegenwärtigen knapp 21 Prozent Sauerstoff in der Atmosphäre haltgemacht hatte, sondern daß der Gehalt auf etwa 30 Prozent anstieg, bis das Kohlendioxid so knapp geworden war, daß die Leistung der Photosynthese drastisch zurückging (T-W-Fiennes 1976). Hätte es damals schon Lebewesen an Land gegeben, sie wären ohne jeden Zweifel von diesem Sauerstoff verbrannt worden. Ein ausreichender Schutz dagegen konnte im Meer entwickelt werden, weil im Wasser der Sauerstoffgehalt wegen der geringen Löslichkeit bei weitem nicht so stark ansteigen kann, daß eine den Verhältnissen in der Lufthülle vergleichbare Wirkung zustande käme.

Bevor Sauerstoff als Abfallprodukt wirkungsvoll zur Erzeugung höherer Leistungen eingesetzt werden konnte, mußten erst ausreichende Schutzvorrichtungen ausgebildet worden sein. Während hier die Entwicklungen noch liefen und verschiedene Varianten dem Überlebenstest unterzogen worden waren, erzeugte der Sauerstoff in der Lufthülle eine ganz andere Art von Schutz, der sich für die Organismen als ganz besonders bedeutsam erweisen sollte. Ohne diesen Schutz wären Lebewesen nie aufs Land gekommen.

Die Ultraviolettstrahlung zerlegt nämlich nicht nur Methan oder Wasser, sondern auch das aus zwei Atomen gebildete Sauerstoffmolekül. Die Einzelatome sind aber noch viel reaktionsfreudiger als das Molekül. Da nächst dem Stickstoff, dem sie nicht viel anhaben können, Sauerstoff am häufigsten vorkommt, verbinden sich die freien Sauerstoffatome mit Sauerstoffmolekülen zu einer neuen Form von Sauerstoff, die aus drei Atomen zusammengesetzt ist, zum Ozon. Dieses Ozon hat die Eigenschaft, die gefährliche Ultraviolettstrahlung aufzunehmen und in unschädliche Strahlung umzuwandeln. Die Ozonschicht, die sich in mehr als zehn Kilometer Höhe ausgebildet hat, gilt ganz zurecht als Schutzschild für die Lebewesen der Erde. Ohne sie wäre ein freies Leben an Land praktisch unmöglich. Die Strahlung würde die lebenden Zellen stark schädigen oder abtöten.

Mit dem Eindringen von gasförmigem Sauerstoff in die Lufthülle wurde also nicht nur deren Zusammensetzung verändert, sondern das Strahlungsklima neu gestaltet. Fortan unterlag die Erde nicht mehr dem vernichtenden Bombardement von Strahlung aus dem Weltall, sondern diese wurde auf ein erträgliches Maß zurückgedrängt. Das Fenster, das offen blieb, gehört vornehmlich dem lebensfördernden sichtbaren Licht.

Bis dieser Zustand erreicht wurde, war viel Zeit vergangen. Die Entwicklung der Photosynthese läßt sich mehr als zwei Milliarden Jahre zurückverfolgen. Fast zwei Milliarden Jahre dauerte es, bis sich die neuen Verhältnisse eingestellt hatten, bis die Erde eine Lufthülle mit Sauerstoff besaß und der davon abstammende Ozonschirm seine Wirkung entfalten konnte. Im Meer hatte sich viel ereignet, denn dort, geschützt durch die Wassermassen, war das Leben sicher genug gewesen.

Aber der Grundstoff für die Photosynthese, das Kohlendioxid, wurde immer knapper. Denn mit jedem Molekül Kohlendioxid, das zur Photosynthese herangezogen wurde, verschwand ein anderes, weil es bei der Bildung von Kalziumkarbonat beteiligt war und im Kalkstein festgelegt wurde. Vom Kohlenstoff selbst versanken immer größere Mengen in der Biomasse, zumindest so lange, bis die Metalle oxydiert waren und bis sich freier Sauerstoff ansammeln konnte. Er ist die Voraussetzung für die Gegenreaktion zur Photosynthese, für die Atmung.

Über vielleicht fast zwei Milliarden Jahre blieb die Bilanz zwischen Photosynthese und Atmung unausgeglichen. Deswegen, und nur deswegen, kam es überhaupt zur Ansammlung von Sauerstoff in der Lufthülle. Er war das Jahrmillionen anhaltende Überschußprodukt der Photosynthese. Aber mit diesem Überschuß verband sich zwangsläufig Mangel. Die Photosynthese allein macht das Leben nicht aus. Dazu gehören auch andere Grundstoffe, allen voran Mineralien. Sie wurden mit der Überschußproduktion »aufgebraucht« und in der Biomasse eingefangen. Wären sie, wäre das Kohlendioxid wie die lebenswichtigen Metalle unablässig zurückgekehrt zur Produktion der Cyanobakterien, hätte es wohl kaum einen weiteren Fortschritt in der Evolution gegeben. Denn mit der Palette der Bakterien waren die Grundleistungen von Auf- und Abbau abgedeckt. Die langen Zeitspannen ohne erkennbare Veränderungen zeugen von diesem Zustand. Die energetischen Möglichkeiten waren damals offenbar schon ausgereizt. Die Verhältnisse sind die gleichen geblieben. Die Photosynthese fängt nach wie vor die Energie ein. Nichts deutet darauf hin, daß sich ihr Wirkungsgrad im nachhinein erheblich verbessert hätte.

Bakterien, die von Gärung leben, gibt es gleichfalls überall dort, wo Gärungsvorgänge ablaufen können. Überall finden wir die Eisen- und die Schwefelbakterien und die ganze Gruppe der anderen, komplizierteren oder spezialisierteren Bakterien, aber die Erde ist keine Bakterienkultur geblieben. Die Evolution hat Formen hervorgebracht, die ohne Frage den Bakterien in vieler Hinsicht überlegen sind. Und vor allem hat das Leben das Festland erobert. Im Meer war die Wiege des Lebens; im Meer entwickelten sich die Lebewesen zu großer Formenmannigfaltigkeit, aber die nächsten großen Fortschritte wurden an Land erzielt. Das verdanken die Organismen allein der neuen »Energiequelle«, dem Sauerstoff.

3. Wie das Leben an Land kam

Im Meer gab es vor mehr als vierhundert Millionen Jahren schon eine Fülle von Tieren, darunter die kieferlosen Panzerfische und erste Kieferfische, eine Vielzahl von Armfüßern und andere, durch Fossilien reichhaltig belegte Organismen, als sich erstmals Pflanzen an Land ausbreiteten. Über drei Milliarden Jahre hatte das Leben als Ganzes schon hinter sich, und immer noch waren die Kontinente wüst und leer. Nur Blaualgen mögen da und dort an flachen Übergangszonen schleimige Beläge ausgebildet haben, die rasch austrockneten, wenn sie der Sonne ausgesetzt waren. Die starke Strahlung zerstörte ihre lichtempfindlichen Farbstoffe. Zu einer wirklich dauerhaften Besiedlung des Landes taugten diese Pflanzen noch nicht.

Wenn sich im Frühjahr an feuchten Stellen auf unbewachsenem Boden Gallertalgen der Gattung *Nostoc* entwickeln und nach kurzer Zeit wieder zusammenschrumpfen, weil es zu warm und zu trocken geworden ist, dann läßt sich an diesem kümmerlich erscheinenden Versuch eines ursprünglich wasserlebenden, mehrzelligen Organismus in groben Zügen nachvollziehen, wie schwer der Weg aufs Land gewesen sein muß. Die Gallertalge befindet sich in einem höchst labilen Zustand; daß sie dennoch überlebt hat und in der heutigen Form schon mehr als eine halbe Milliarde Jahre existieren soll, grenzt an ein Wunder. Kann sich aus dem zufälligen Überleben ähnlicher, recht einfach aufgebauter Pflanzenformen wirklich die ganze Mannigfaltigkeit und Leistungsfähigkeit des Pflanzenlebens an Land entwickelt haben? Für eine so entscheidende Phase in der Entfaltung des Lebens dürfte sicher für viele der bloße Zufall keine überzeugende Erklärung abgeben. Schieben wir daher den Zufall mit der gebotenen Skepsis beiseite und fragen wir uns, wofür denn der Weg aufs Land vorteilhaft gewesen sein könnte.

Dazu müssen wir zunächst noch etwas genauer Einblick in die Verhältnisse gewinnen, die vor etwa vierhundertfünfzig Millionen Jahren im Meer geherrscht hatten. Die Erdgeschichte hält hier eine Überraschung bereit. Schon vor sechshundertachtzig Millionen Jahren, also mehr als zweihundert Jahrmillionen vor dem »Landgang«, hatte es ein reich entwickeltes, vielfältiges Leben im Meer gegeben. Fossilien dieser wurmförmigen oder an Quallen und Seefedern erinnernden Lebewesen sind in Nordaustralien gefunden und nach ihrem Fundort Ediacara-Fauna genannt worden. Das Merkwürdige an dieser Fauna ist die Tatsache, daß viele ihrer Formen keiner der heute lebenden Gruppen zugeordnet werden können. Sie könnten aus einer ganz anderen Welt gekommen sein, so wenig Übereinstimmung läßt sich feststellen. Erst hundert Millionen Jahre später erscheinen urtümliche Vertreter der heutigen Tiergruppen. Dazwischen klafft eine Lücke.

Nun, die Ediacara-Fauna war schon von dieser Welt, aber sie wurde nahezu vollständig vernichtet. Eine große Katastrophe steht allem Anschein nach am Beginn der Entwicklung, die zu den heute lebenden Formen geführt hat. Die alte Vorstellung einer anhaltend gemächlichen Entwicklung, die langsam, aber stetig zu den immer komplexer gebauten Formen geführt hat, erhielt mit der Entdeckung der Ediacara-Fauna und ihrer Auswertung einen schweren Schlag. Der amerikanische Paläontologe und Evolutionsforscher Stephen Jay Gould (1991) geht davon aus, daß bei jener fernen Katastrophe rund 98 Prozent aller Lebensformen, die schon entwickelt waren, ausgelöscht worden sind. Was sich aber nicht mehr mit heute lebenden Arten vergleichen läßt, kann auch kaum rekonstruiert werden. Deshalb weiß man so gut wie nichts über die Lebensweise jener Arten.

Eines ist aber sicher: Es handelte sich bereits um verhältnismäßig komplexe, vielzellige Organismen. Also muß der bedeutsame Übergang von der einfachen einzelligen Lebensweise zu den komplexeren Organismen bereits vor der Entstehung der Ediacara-Fauna vollzogen worden sein. Für das Verständnis des Vorgangs der Evolution ist dieser Übergang vom einzelligen zum vielzelligen Leben höchst bedeutsam. Denn damals waren gleichsam die Weichen für die Entwicklung höheren Lebens gestellt worden. Eine Lebenswelt aus nur einzelligen Organismen oder solchen, die wie die Bakterien noch nicht einmal aus unserer Sicht komplette Zellen darstellen, wäre wohl vorstellbar. Drei Milliarden Jahre lang funktionierte diese »Welt«.

Woran kann es gelegen haben, daß sich in der letzten Jahrmilliarde der Zusammenschluß zu komplexeren Organismen ereignete? Warum machten sie das evolutionäre Rennen und nicht die altbewährten Bakterien und Einzeller? Die größten jemals von Lebewesen erzeugten Gebilde, ganze untermeerische Gebirge, hatten diese einfachen Organismen aufgebaut. In ihren Leistungen im Umgang mit Naturstoffen sind die

Bakterien und Einzeller nach wie vor unübertroffen. Sie können von Eisen oder Schwefel leben, mit oder ohne Sauerstoff zurechtkommen, und nicht einmal der modernen Kunststoffchemie ist es bisher gelungen, Stoffe herzustellen, die den Angriffen der Mikroben absolut widerstehen. Solcherart leistungsfähige Organismen, die sich durch einfache Teilung vermehren und in Stunden oder Tagen vervielfachen können, die potentiell unsterblich sind und die bis fast zur Siedehitze oder bei Minusgraden zu leben imstande sind, hätten nicht abgelöst werden müssen durch »höhere« Formen.

Nach dem Darwinschen Prinzip der Fitneß wäre den Bakterien und den anderen Mikroben gar nicht beizukommen. Sie haben viel höhere Vermehrungsleistungen als alle höherentwickelten Lebensformen. Was beim Übergang zum Leben an Land den Vermehrungsnachteil hätte ausgleichen können, nämlich das Fehlen von Konkurrenz, gilt für das Meer nicht. Dort gab es ein vielfältiges Mikrobenleben, als sich die ersten Vielzelligen entwickelten. Dieser große Sprung in der Evolution läßt sich mit der Darwinschen Fitneß allein nicht erklären.

Nehmen wir eine einzellige Blaualge als Beispiel. Mancher wird sie als Verursacher von sogenannten Wasserblüten kennen. Diese Cyanobakterien vermehren sich durch Teilung. Sobald genügend Baustoffe durch Photosynthese hergestellt sind, teilt sich die Zelle, und jede der beiden Tochterzellen lebt allein weiter. Nach wenigen Stunden sind sie wieder teilungsbereit – und so fort. Aus einer werden 2, aus 2 werden 4, aus diesen 8, 16, 32 . . ., die Massenvermehrung ist in Gang gekommen. Das Wasser des Teiches, in dem sich dies abspielt, verfärbt sich grün mit bläulichem Schimmer (daher die Bezeichnung Blaualgen). Bleiben dagegen, wie bei anderen Vertretern der Gruppe der Cyanobakterien, die Tochterzellen beisammen, so entstehen Ketten oder Fäden. Wieder andere Formen bilden flächige oder kugelige Gebilde aus. Sie entsprechen den drei grundsätzlich möglichen Wachstumsrichtungen, der Geraden, die zum Faden wird, der Fläche, die zum »Lager« und der dritten Dimension, den Raussen, die zur Kugel führen.

Durch eine Vielzahl von Verknüpfungen der verschiedenen Grundformen des Wachstums ohne Ablösung entstehen wundervolle Gebilde, die wie ein freies Spiel der Formen anmuten. Ihnen allen ist gemeinsam, daß sie eine Verminderung der Vermehrung erzeugen. Das ungezügelte, exponentielle Anwachsen wird um so stärker abgebremst, je komplexer die Gebilde werden. Wenn aber für die Fitneß die Nachkommenzahl, also die Vermehrungsrate, die entscheidende, den Evolutionsweg bestimmende Größe sein sollte, dann hätte es überhaupt nicht zur Ausbildung der vielzelligen, langsamer wachsenden Lebewesen kommen dürfen.

Das Leben folgte ganz offensichtlich anderen Gesetzmäßigkeiten, als sich vor vielleicht mehr als siebenhundert Millionen Jahren Zellen, die sich geteilt hatten, nicht mehr trennten, sondern beisammen blieben und Kugeln oder Lager (Schichten) ausbildeten. Schon ein früher Versuch, den Übergang von den Einzellern zu vielzelligen Lebewesen zu erklären, geht von solchen Kugeln und Schichten aus: Die wachsende Kugel stülpt sich an einer Seite, die zur Unter- beziehungsweise Innenseite wird, wie eine Delle ein. Diese »Gastrulationstheorie« folgt dabei der Entwicklung der befruchteten Eier. Sie teilen sich und werden zu einer Zellkugel, die sich einstülpt und damit zur »Gastrula« wird. Sie besitzt eine Außen- und eine Innenschicht sowie später, bei weiter entwickelten Tierstämmen, noch eine Zwischenschicht. Aus diesen Schichten entwickeln sich in der Folgezeit die äußeren Organe und das Nervensystem, die Muskulatur und die inneren Organe, insbesondere der Magen-Darm-Verdauungskanal. Für entwicklungsbiologische Vorgänge ist es sehr wichtig, festzustellen, von welchem der zwei oder drei Keimblätter (Schichten) die jeweiligen Neubildungen abstammen. Entwicklung als geraffte Wiederholung der Evolutionsvorgänge?

An dieser Frage entzündete sich so mancher Streit in der Biologie. Gewiß, anfänglich wurde der eine oder andere Entwicklungsschritt (Ontogenie) zu stark vereinfachend auf stammesgeschichtliche Veränderungen bezogen: Ontogenie als (schnelle) Rekapitulation der Phylogenie verstanden. Entwicklung, etwa des menschlichen Embryo, wiederholt (rekapituliert) nicht einfach den Entstehungsweg der Stammesgeschichte, die Phylogenie, aber sie zeigt, daß die verschiedenen Entwicklungsstadien auseinander hervorgehen. Ein werdender Mensch fängt nicht als mikroskopisch kleine Ausgabe eines Neugeborenen, geschweige denn eines Erwachsenen an. Der Embryo befindet sich, um nur einen Aspekt herauszugreifen, in der Fruchtblase im Fruchtwasser und hat etwas Ähnliches wie Kiemenspalten im hinteren Kopfbereich. Sind sie ein Zeichen oder gar ein Beweis für den stammesgeschichtlichen Übergang vom Wasser- zum Landleben?

Wer nach »Beweisen« für die Evolution sucht, für den mögen solche Fragen zentrale Bedeutung haben. Sicher wären die Kiemenspalten unerklärliche Bildungen, wenn die stammesgeschichtlichen Zusammenhänge nicht gegeben wären. Aber darum geht es hier nicht. Um die Ursachen von evolutionären Veränderungen und sogenannten Durchbrüchen aufzudecken, müssen wir die Frage ganz anders stellen. Der oft verwendete Vergleich mit der Embryonalentwicklung macht das deutlich. Hier geht es um ein vorhandenes Entwicklungsprogramm, das von der befruchteten Eizelle bis zum fertigen, wieder fortpflanzungsfähigen Organismus abläuft.

Ob darin Teile oder Entwicklungsschritte enthalten sind, die Aufschluß über bedeutungsvolle Fortschritte in der Evolution geben oder nicht, hängt davon ab, unter welchen Bedingungen sich der werdende Organismus entwickelt. So stammt der Schmetterling gewiß nicht von einem wurmartigen Raupen-Zwischenglied ab. Vielmehr handelt es sich beim Entwicklungsschritt der Raupe um eine Sonderbildung in der Larvalentwicklung und keinesfalls um eine Wiederholung des stammesgeschichtlichen Ursprungs der Schmetterlinge. Auch die Kaulquappe der Froschlurche läßt sich nicht einfach mit einem »Fischstadium« gleichsetzen. In jedem Fall sind hier bereits vorhandene Entwicklungsprogramme am Werk, die alle Entwicklungsschritte und Veränderungen steuern.

Im evolutionären Rahmen sieht das gänzlich anders aus. Als sich die ersten vielzelligen Organismen bildeten, war kein derartiges Programm, waren keine Anweisungen zum Zusammenschluß vorhanden. Genau das Gegenteil traf zu. Das Programm der einzeln lebenden Einzeller konnte sich auf gar nichts anderes als auf die einzelnen Mikroben beziehen. Deshalb kann der Blick in die Entwicklung, die Ontogenie, höchstens Zusammenhänge im Ablauf, nicht aber Ursachen für das Zustandekommen der Neuerungen aufdecken. Die Einstülpung der Zellkugel zum quallenähnlichen Zustand, wie er in der Ontogenie auftritt, verrät unter Umständen den Weg, sagt aber nichts aus über den Antrieb, über die Ursachen für diese Entwicklung.

Der Blick in das Urmeer, in dem sich die ersten höheren Lebensformen ausgebildet haben, konfrontiert uns also gleich mit zwei, auf den ersten Blick nicht näher zusammengehörenden Rätseln: Warum waren die Alleskönner, die Mikroben, nicht mehr gut genug, nachdem sie an die drei Milliarden Jahre lang Träger des Lebens gewesen und geblieben sind, und warum konnte es zum Zusammenbleiben von Zellen und zur Weiterentwicklung vielzelliger Organismen kommen, nachdem diese ohne jeden Zweifel geringere Vermehrungsraten aufweisen als die Mikroben?

Das Geschehen wird um so rätselhafter, je mehr wir uns hineinvertiefen. Schwämme, Quallen, Kopffüßer, Korallen, Stachelhäuter, verschiedenste Algen und weitere, weniger geläufige Tier- und Pflanzenformen entwickelten sich gerade in der Zeit nach dem ersten großen Verschwinden von Lebensformen so schnell, daß unser geologisches Zeitmaß in der Entfernung von vierhundert bis fünfhundert Millionen Jahren nicht mehr fein genug faßt, um unterscheiden zu können, wer zuerst kam und wer auf wen folgte. Alle großen Tiergruppen, von den Zoologen Tierstämme (Phyla) genannt, tauchen in den Fossilien aus der Zeit des frühen Erdaltertums (Paläozoikum) vor mehr als vierhundert Millionen Jahren auf. Die große Wende muß etwa vor 590 Millionen Jahren stattgefunden haben.

Aber selbst wenn damals nicht schon der größte Teil der Neuentwicklungen wieder ausgelöscht worden wäre, sondern weitergelebt hätte, bliebe das Rätsel bestehen. Die großen Tierstämme tauchen wie auch die wesentlichen Entwicklungen bei den Pflanzen scheinbar aus dem Nichts auf, und allem Anschein nach gingen die einzelnen Großlinien der Entwicklung nicht nach und nach aus jeweils klar erkennbaren Vorgängern hervor. Vielmehr sieht es so aus, als ob die Stämme fast gleichzeitig entstanden wären. Große Schritte am Anfang und gemächliche Weiterentwicklung, so sieht das Bild aus, das wir uns gegenwärtig vom Evolutionsgeschehen machen müssen.

Dabei dürfen wir allerdings die Tatsache nicht übersehen, daß die Unterschiede anfangs nicht so massiv in Erscheinung treten wie später, wenn die Entwicklung weiter fortgeschritten ist. Die Larven vieler Meerestiere, die schwere Panzer oder feste Gehäuse ausbilden, sehen wie winzige Angehörige der Quallen oder gar wie das tierische Plankton aus; glasklar durchsichtige Kleinlebewesen, die im Wasser schweben. Rekonstruiert man die Vielfalt der Tiere und Pflanzen im Meer, wie sie durch die Fossilien für die Zeit vor vierhundert bis fünfhundert Millionen Jahren belegt sind, so ergibt sich das Bild einer reichhaltigen Unterwasser-Lebewelt, die sich durchaus mit der heutiger Verhältnisse in Flachmeeren messen kann. Die Tierwelt ist zwar deutlich anders zusammengesetzt, aber vielleicht durch ihre unerwartete Reichhaltigkeit noch eindrucksvoller als das Leben an einer Felsküste im Mittelmeer oder an der Küste von Kalifornien. Kopffüßer (Cephalopoden) und Armfüßer (Brachiopoden) sowie Meeresschnecken bestimmten das Leben am Boden, während das flache Wasser offenbar voller Quallen war. Zahlreiche wurmartige Tiere gesellten sich zu dieser Fauna, die zwischen Algen lebte, die manchen heute noch existierenden Formen recht ähnlich gewesen sein müssen. Nehmen wir an – und dagegen spricht auch nach den Befunden nichts –, es hätte sich damals um eine ähnlich ausgewogene Lebensgemeinschaft gehandelt wie in der Gegenwart, dann sollte es auch gar keinen zwingenden Grund dafür gegeben haben, das warme, lebenerfüllte Meer zu verlassen und auf das unwirtliche Land vorzudringen. Dennoch sind solche Annahmen offensichtlich falsch. Denn das Leben hat das Land erobert.

Dabei handelten sich die Pioniere der Landbesiedlung zudem noch eine ganze Reihe von Schwierigkeiten ein, die gerade die fortschrittlichsten der Meeresbewohner vom Landgang ausgeschlossen haben. Der Übergang zum Land gelang nicht den Spitzenprodukten der Evolution, die es damals, vor vierhundert Millionen Jahren gegeben hatte, sondern solchen Formen, die nicht besonders spezialisiert waren. Konnten sie von ihren Möglichkeiten, von ihren erfolgbringenden Optionen wissen? Wohl kaum! Der Evolutionsprozeß verlief nie und nirgends »um-zu«, das heißt, es wurden in keinem einzigen nachweisbaren Fall Fähigkeiten entwickelt, die späteren Zwecken dienten. Stets mußte der Evolutionsprozeß mit dem Vorhandenen auskommen und damit auch viele Unzulänglichkeiten mitschleppen, die man eher als Fehlkonstruktionen denn als funktionsgerechte Problemlösungen erachten würde. Darauf wird noch zurückzukommen sein, weil sich vielfach die Vorstellung von einer harmonisch geordneten und wohl abgestimmt entwickelten Natur breitgemacht hat. Die Fakten widersprechen solchen Idealisierungen oder Ideologisierungen der Natur massiv.

Eine solche »Fehlkonstruktion« behinderte die Besiedlung des Landes höchst wirkungsvoll und verhinderte weitgehend den an sich einfachsten und direktesten Weg über die Flüsse. Dort, wo Wasser vom Land kommt, stehen den Organismen gleichsam die Pforten zum Land offen. Die Lebewesen konnten diese offenen Wege aber nicht nutzen, von unbedeutenden Ausnahmen abgesehen. Der Grund dafür ist einfach, aber sehr gewichtig. Der Zellinhalt, die wäßrige Lösung in den Zellen, befindet sich im Gleichgewicht mit dem Meerwasser. Er ist zwar anders zusammengesetzt als Meerwasser, aber der Druck, den die im Wasser gelösten Stoffe erzeugen, entspricht genau dem Druck des Meerwassers. Wenn außen und innen die gleichen Druckverhältnisse herrschen, dann kommt es zu keinem nennenswerten Zustrom oder Entzug von gelösten Stoffen oder – noch wichtiger – zu keinem verstärkten Eindringen von Wasser in die Zelle, auch nicht zum Gegenteil, zum Verlust von Wasser.

Für das Funktionieren der Zelle ist dieses Gleichgewicht in der Wasserbilanz überlebenswichtig. Nur so kann die Konzentration der gelösten Stoffe, insbesondere der Ionen, den Bedürfnissen angepaßt aufrechterhalten werden. Entsteht ein Druckunterschied, dringt entweder zuviel Wasser durch die Zellwand, die wasserdurchlässig bleiben muß, und bringt die Zelle zum Platzen, oder sie schrumpft, wenn die Zelle zuviel Wasser verliert, weil außen eine höhere Salz(Ionen)konzentration herrscht, und der Inhalt zu dickflüssig wird. Dieser von den gelösten Stoffen im Wasser ausgeübte Druck wird osmotischer Druck genannt. Für wasserdurchlässige Zellen muß der Innendruck gleich dem Außendruck sein. Dem osmotischen Druck auszuweichen ist nicht leicht, denn die Zelle braucht die Durchlässigkeit, um Nährstoffe aufnehmen zu können. Eine Abschottung würde nur dazu taugen, ungünstige Lebensverhältnisse als Dauerstadium, beispielsweise als Spore, zu überstehen.

Gelangt nun eine an die Salzkonzentration des Meerwassers angepaßte Zelle in Süßwasser und hat sie keinen entsprechenden Schutzmechanismus zur Verfügung, dringt aus dem viel salzärmeren Süßwasser schnell so viel Wasser ins Zellinnere, daß die Zelle platzt. Der osmotische Unterschied zwischen Süß- und Meerwasser ist eine so wirkungsvolle Barriere, daß es nur wenigen Gruppen in den langen Zeiten der Evolution gelungen ist, sie zu überwinden. Dafür sind aufwendige Mechanismen notwendig, die nicht auf dem direkten Weg der Anpassung gewonnen werden konnten. Der Rückweg ins Meer fällt weniger schwer, weil hoch entwickelte Formen, wie die Haie, durch Speicherung von nachträglich ins Blut aufgenommenen Stoffen, wie Harnstoff, den Druckausgleich besorgen.

Der Hauptweg aufs Land führte daher nicht, wie man wegen der Schwierigkeiten, den Wassermangel zu bewältigen, annehmen sollte, über die Flüsse, die das Vordringen auf die Kontinente erleichtern, sondern direkt von flachen Buchten auf das Trockene. Die Pflanzen bahnten den Weg für die nachrückende Tierwelt, die ohne pflanzliche Produktion keine Existenzgrundlage gehabt hätte.

Dieser Landgang fand im Silur statt, einem Abschnitt des Erdaltertums, der von 438 bis 408 Millionen Jahre vor der Gegenwart dauerte. Die Zeitangaben werden nun schon deutlich präziser, auch wenn die kleinste trennbare Einheit noch immer bei einer Million Jahre liegt. Denn nun liefern physikalische Methoden der Datierung auf der Basis von radioaktiven Zerfallsprozessen ein besseres Zeitmaß.

Bei dieser Eroberung des Landes handelt es sich nun tatsächlich um das Vordringen von Pflanzen auf das Land und nicht bloß um immer wieder nur vorübergehende Ansiedlung von dünnen Schichten pflanzlicher Zellen, die sich unter entsprechend feuchten Bedingungen halten konnten. Dazu waren die genannten Blaualgen durchaus seit vielen Jahrmillionen imstande gewesen. Aber eine wirkliche Eroberung des Landes hatten sie nicht fertiggebracht.

Den Durchbruch erzielten Pflanzen, die sich nicht so schnell wie die Blaualgen vermehrten, sondern in zusammenhängenden Schichten, sogenannten Lagern, wuchsen. Den Überschuß an produzierten Stoffen steckten sie nicht gleich in die Vermehrung. Sie konnten dies wohl auch gar nicht, weil wichtige, für die Vermehrung unerläßliche Grundstoffe, wie Phosphor- und Eiweißverbindungen, von den flächigen Gebilden nicht mehr in der nötigen Menge dem umgebenden Wasser entzogen werden konnten, weil ihre Oberfläche mit jedem Wachstumsschub unweigerlich im Verhältnis dazu kleiner wurde.

Die winzigen, kugeligen Blaualgen und andere echte einzellige Algen oder den Blaualgen näherstehende Bakterien haben die im Verhältnis zu ihrem Innenraum größtmöglichen Oberflächen. Schon beim Übergang zur Stäbchenform nimmt die Oberfläche im Verhältnis zum Volumen ab. Je größer die Zellverbände werden, um so weniger Oberflächenanteil entfällt auf die einzelne Zelle. Solche, die sich im Innern von Zellkugeln befinden oder zwischen der oberen und der unteren Lage von flächigen Zellverbänden, haben überhaupt keine äußere Oberfläche mehr. Die Aufnahme lebenswichtiger, gelöster Stoffe über die Zelloberfläche nimmt folglich mit der Ausbildung von Zellverbänden ab. Das trifft vor allem die im Wasser gelösten mineralischen Stoffe, die Mineralsalze, aber auch die Bausteine von Eiweiß, die Aminosäuren.

Die Zellen mit zu kleinen äußeren Oberflächen müssen die Aminosäuren selbst aus Stickstoffbausteinen aufbauen. Das kostet Energie. Diese Engerie gewinnen sie aus der Photosynthese, die gerade im ganz flachen Wasser besser als in den Weiten des Ozeans funktioniert, weil dort weniger Licht vom Wasser ausgefiltert wird. Die Photosynthese liefert jedoch nur Kohlenhydrate. Sie wurden ursprünglich in erster Linie dazu eingesetzt, den für die schnellen Teilungen und Vermehrungen notwendigen Stoffwechsel anzutreiben und Zellwände aufzubauen. Schnelle Teilung heißt schnelle Vermehrung.

Wo diese wegen der knapp gewordenen Phosphorverbindungen und der Baumaterialien für das Erbgut nicht in dem Maße möglich ist, wie

Teil. Der größere muß für Kühlung sorgen. Er wird an Land zur Transpiration, zur Verdunstung von Wasser durch den Pflanzenkörper; ein Vorgang, der im Wasser gänzlich fehlt. Die Regelung des Wasserhaushaltes war die größte Hürde, die Pflanzen bei der Eroberung des Landes zu überwinden hatten. Sie hätten diesen evolutionären Fortschritt nie zuwege bringen können, wäre er nicht mit einem besonderen Gewinn verbunden gewesen, der allem im Meer Vorhandenen weit überlegen war. Genau jene mineralischen Aufbaustoffe, die im Meer knapp, weil sie nur feinst verteilt im Wasser verfügbar sind, gibt es an Land in konzentrierter Form: Magnesium für die Photosynthese, Phosphor- und Stickstoffsalze, Kalium, Natrium, Kupfer und die vielen anderen Metalle der breiten Palette der Spurenelemente oder der sogenannten Mikronährstoffe.

Das Land ist die Quelle der mineralischen Nährstoffe. Die Pflanzen rückten der Quelle entgegen! Wasser bildet nur das Transportmittel. Im Meer zog es außen passiv vorüber und die Nährstoffe hielten sich in nahezu gleichbleibend geringen Konzentrationen. Nur eine größtmögliche Oberfläche war in der Lage, aus dem verhältnismäßig sehr geringen Angebot ausreichende Mengen herauszuholen, wobei die geringe Photosyntheseleistung in den etwas tieferen Wasserschichten den Bedarf auch gar nicht so stark anwachsen ließ. Das gilt auch für die Gegenwart und die ozeanische Pflanzenproduktion. Obwohl die Weltmeere rund 70 Prozent der Erdoberfläche bedecken, erzeugen sie nicht einmal die Hälfte der Weltproduktion an pflanzlicher Biomasse. Würde man die hochproduktiven Randmeere und Auftriebsgebiete, in denen mineralische Grundstoffe in viel höheren Konzentrationen vorhanden sind als in den Weiten der offenen Ozeane ausklammern, fiele der Anteil der Ozeane stark ab. Die Tropenwälder alleine würden dann mehr produzieren als alles Pflanzenleben in den offenen Ozeanen. Im reinen Oberflächenvergleich entsprächen dann 6 bis 7 Prozent Tropenwaldproduktionsfläche rund 65 Prozent der Erdoberfläche.

Die Steigerung der Leistung an Land wird noch drastischer, wenn man nicht nur die produzierende Fläche, sondern den ganzen Raum zugrunde legt, in dem die pflanzliche Produktion stattfindet. In den offenen Ozeanen können dies die obersten 100 bis 200 Meter Wasser sein. Die Tropenwälder erreichen im Durchschnitt kaum mehr als 40 Meter Höhe. Die tatsächliche Leistungssteigerung an Land übersteigt daher das Zehnfache nochmals kräftig und liegt beim 20- bis 50fachen der warmen, tropischen Ozeane. Dennoch würden diese Kalkulationen bedeutungslos bleiben, wenn nicht bereits die ersten Stadien der Eroberung des Landes Vorteile eingebracht hätten. Die Größe der tatsächlichen Kapazitätsunterschiede sagt mehr darüber aus, weshalb der Prozeß der Eroberung des Landes so kontinuierlich weitergegangen ist und nicht nach anfänglich Erreichtem zum Stocken oder zum Stillstand kam. Beides muß zusammenpassen: der Anfang und der Weitergang!

Den Übergang vermittelten die verhältnismäßig nährstoffreichen Küstengewässer, und zwar gerade nicht die durch Süßwasser ausgedünnten, sondern jene mit konzentrierten Nährsalzvorkommen. Sehr zustatten kam der Entwicklung der klimatische Zustand des Silurzeitalters. Damals herrschte ein mildes, fast weltweit ausgeglichen warmes Klima. Mitteleuropa war mit Nordamerika verbunden, und dieser Kontinent lag äquatorial in der warmen Zone. Über das heutige Asien zogen sich riesige Flachmeere in subtropischer Lage, und gewaltige Korallenriffe bildeten sich aus. Sie zeugen von den warmen Klimaverhältnissen und von den ausgedehnten Flachmeeren.

Für die Ausbreitung der Pflanzen auf das Land waren günstige Bedingungen geboten. Sie sollten noch günstiger werden. Denn noch bremste eine zu harte Strahlung das weitere Vordringen. Der Ozonschild in der Atmosphäre war noch nicht gut genug gediehen, um die gefährliche Ultraviolettstrahlung wirkungsvoll genug abzufangen. Im Meer war das Leben beträchtlich sicherer. Die ersten Landgänger unter den Pflanzen waren noch recht derb, und sie wuchsen langsam, weil sie über kein ausreichendes Kühlsystem verfügten. Bis zur geradezu explosiven Ausbreitung der Landpflanzen, wie sie im nächsten Erdzeitalter, dem Devon, stattfand, vergingen noch einige Jahrmillionen. Im Meer tummelte sich das Leben mittlerweile in einer faszinierenden Artenfülle von Hohltieren, Schwämmen, Korallen, Fischen und anderen. Doch die Fülle lenkt von den Grundvorgängen ab, die sie zur Voraussetzung hatte. Das Leben im Meer in der Vielfalt des frühen Erdaltertums, war eingestellt auf eine Grundform der Nahrungsbeschaffung, wie wir sie heute insbesondere noch in den Korallenriffen wiederfinden. Die Mehrzahl der Arten waren Filtrierer. Sie fingen mit allen nur erdenklichen Methoden feinste Nahrungspartikelchen aus dem Wasser. Ein solcher Lebensstil taugt überhaupt nicht für das Leben an Land.

4. Das unaufhaltsame Wachstum der Pflanzen

Im Devon sah die Erde merkwürdig aus: Grün breitete sich vor vierhundert Millionen Jahren allenthalben in Massen aus. Aber es gab keine Tiere an Land. Die aufkommenden »Wälder« blieben still; es fehlte jegliche Bewegung. Nur der Wind konnte die noch recht steifen Pflanzen ein wenig beugen. Im Meer dagegen gedieh eine bizarre Tierwelt. Pflanzen schienen dort nicht vorhanden zu sein. Die Hauptnahrung für die Tiere lieferten mikroskopisch kleine Algen, die wegen ihrer Kleinheit fast keine fossilen Spuren hinterlassen haben. Einen gewissen Vergleich vermitteln heute tropische Regenwälder mit ihrer Tierarmut und ihr Gegenstück, die tropischen Korallenriffe, in denen es scheinbar auch keine Pflanzen gibt, obwohl es vor Tieren nur so wimmelt. Dort sind die Pflanzen durch winzigkleine Algen vertreten, die in den Körpern der Korallen verpackt sind, wo sie die Aufbauarbeit leisten.

Auch der Regenwald steckt bei genauerer Betrachtung durchaus voller Kleintiere. Sie sind nur fast nicht zu sehen. In der jahraus jahrein feuchtwarmen Umwelt des Tropischen Regenwaldes zersetzen sie die Pfanzenstoffe zusammen mit Bakterien und Pilzen so schnell, daß Produktion und Abbau in ein ausgewogenes Verhältnis gekommen sind. Unverwerteter, nicht aufgearbeiteter Überschuß sammelt sich nirgends an. Im dritten Teil wird dies näher ausgeführt. An dieser Stelle genügt zunächst die Feststellung, daß das in den vielen Jahrmillionen des Erdaltertums nicht so gewesen ist. Der Produktion der Pflanzenwelt standen keine entsprechenden Abnehmer und Verwerter gegenüber.

Besonders deutlich wurde dieses Mißverhältnis zwischen Produktion und Verbrauch hundert Millionen Jahre später, in der Steinkohlezeit, dem Karbon. In dieser Zeit, die von 360 Millionen Jahren vor der Gegenwart bis 286 Millionen Jahre dauerte, wuchsen in den Kohlesumpfwäldern riesige Bärlappbäume, Schachtelhalme und Farnartige, aus deren nicht abgebauten Überresten die Steinkohlevorräte entstanden sind, die wir gegenwärtig ausnutzen. Auch umfangreiche Erdölbildungen gehen auf diese Zeit zurück. Wie ist es dazu gekommen?

Die Ursache muß die Verknappung des Nährstoffangebotes an der Bodenoberfläche gewesen sein. Den entscheidenden Anstoß gab dann eine die Aufnahme von Nährsalzen stark verbessernde Neuentwicklung der Landpflanzen, die es ihnen gestattete, sich vom Boden abzuheben und ungleich größere Pflanzenkörper als vorher aufzubauen. Es war dies die Ausbildung von Leitungsbahnen für Wasser. Diese sogenannten Gefäße erlauben der Pflanze, richtige Wurzeln auszubilden, sie in den Boden hineinzuversenken, um mit ihrer Hilfe Wasser und Nährsalze aufzunehmen, die noch nicht die unmittelbare Bodenoberfläche erreicht haben. Der Verdunstungssog, die Transpiration, zieht dieses mit Nährsalzen angereicherte Wasser nach oben, wo es in den noch einfachen Verzweigungen verteilt s Während das Wasser verdunstet und damit sowohl den weiteren Sog erzeugt, als auch die Pflanze vor Überhitzung schützt, bleiben die Nährsalze zurück und stehen für den Aufbau von Pflanzenstoffen zur Verfügung. Das Zwischenstück, in welchem die Leitungsbahnen gebündelt auftreten, ist zum Stamm geworden.

Auf diese Weise haben sich an der Landpflanze – im Gegensatz zu den Verhältnissen im Wasser, wo die Wasserleitung keine Rolle spielt – die drei Hauptorgane ausgebildet: Krone, in der die Produktion im wesentlichen stattfindet, Stamm, über den der Transport verläuft, und Wurzeln, die der Nährsalz- und Wasseraufnahme dienen. Die stetige Zunahme an Produktionsleistung ermöglichte diese Entwicklung.

Der Überschuß an Zucker aus der immer besser funktionierenden Photosynthese wurde zu Zellulose umgebaut. Diese wurde mit Einlagerungen weiterer Stoffe gehärtet, so daß sich die Pflanze immer weiter vom Boden abheben konnte. Sie gewinnt dabei Licht und Verdunstungskraft, was den Zustrom von Mineralsalzen aus dem Wurzelbereich verstärkt. Und so fort. Ein Wettlauf um Licht und Nährstoffe setzte ein, der, über die Jahrmillionen betrachtet, wirklich den Eindruck einer rasanten Weiterentwicklung vermittelt, obwohl sich die Pflanzen damals wie heute gar nicht direkt bewegen konnten.

Der Weg zum Licht und das weitere Vordringen zu den mineralischen Nährstoffen war und ist nur über Wachstumsvorgänge möglich. Das ist der grundsätzliche Nachteil der Organisation des Pflanzenkörpers. Die Fähigkeit zur Photosynthese bedingt die festsitzende Lebensweise, weil das Überschußprodukt, das dabei entsteht, die Zellwände starr macht.

Die weitere Entwicklung setzte an dieser Gegebenheit an und ließ den Pflanzen keine andere Wahl. Die Fähigkeit zur unabhängigen Selbstversorgung führte zwangsläufig zur Aufgabe der Beweglichkeit, die ursprünglich noch vorhanden war. Solche Verhältnisse finden wir bei einigen heute noch existierenden pflanzlichen Einzellern, wie beispielsweise bei Geißelalgen oder beim grünen Augentierchen *Euglena viridis*. Diese mit Geißeln ausgestatteten Einzeller enthalten Blattgrün und leben daher unabhängig (autotroph) wie echte Pflanzen. Aber die Geißeln befähigen sie in gleicher Weise zur einfachen Fortbewegung wie andere geißeltragende Einzeller auch, denen Blattgrün fehlt. Erst die massive Überschußproduktion an Photosyntheseerzeugnissen, insbesondere die Herstellung von Zellulose, machte der Beweglichkeit ein Ende und zwang zur starren, festsitzenden Lebensweise, die Ortsveränderungen nur noch in geringem Maß und beschränkt auf Wachstumsvorgänge oder Zelldruckveränderungen zuläßt.

Der Lebensstil der Landpflanzen entwickelte sich daher in eine ähnliche Richtung, wie wir dies bei den Tieren des Erdaltertums mitverfolgen können, die im Meer geblieben sind und dort ihre Weiterentwicklung durchmachten. Sie sind, mit wenigen Ausnahmen, Filtrierer. Diese Lebensform setzt feine bis feinst verteilte Nahrungsstoffe voraus. Genauso verhält es sich bei den Pflanzen. Sie filtern aus der Luft das zur Photosynthese benötigte, in nur sehr geringen Konzentrationen vorhandene Kohlendioxid heraus. Ihr Wurzelwerk entnimmt dem Untergrund in ganz ähnlicher Weise feinst verteilte mineralische Nährstoffe. Große Mengen von Wasser werden nur als Transportmittel benutzt und dabei umgesetzt. Für die filtrierenden Wassertiere sind die vorbeiströmenden Wassermengen gleichfalls die Voraussetzung, um an Nahrungsstoffe heranzukommen.

Die merkwürdige Sonderung des Lebens in dieser fernen Erdzeit in eine auf das Meer beschränkte Tierwelt und eine an Land ungleich stärker entwickelte Pflanzenwelt erhält damit eine wichtige Gemeinsamkeit: das Einfangen von Nahrung oder Nährstoffen mit Hilfe von im Grundsatz vergleichbaren Filtermechanismen. Keine der beiden Grundtypen paßt für den jeweils anderen Lebensraum. Die Korallen, Haarsterne, Muscheln oder Seerosen können an Land genausowenig leben wie Bäume im Wasser. Tier- und Pflanzenwelt hatten sich getrennt und stark auseinanderentwickelt.

Daß sich mittlerweile der Landgang der Tiere vorbereitete, bedeutete für die weltweiten Geschehnisse in jenen Zeiten vor vierhundert bis dreihundert Millionen Jahren noch nichts. An Land rückten die Pflanzen schier unaufhaltsam vor. Die Verbesserung des Wassertransportsystems erlaubte es ihnen, auch solche Flächen zu besiedeln, die nicht mehr ganz von Wasser durchsetzt waren. Sie konnten die flachen, zeitweise trockenfallenden Lagunen und die Sümpfe verlassen. Ihre Wurzeln erreichten nun das Grundwasser.

Bei all diesen Entwicklungen kehrte sich nun ein anfänglicher Nachteil in einen gewaltigen Vorteil um. Die höhere Konzentration des Zellsaftes, die das direkte Eindringen in das Süßwasser verhindert hatte, weil die Zellen geplatzt wären, schaltete mit der Entwicklung der Wasserleitsysteme, der Gefäße, auf Saugpumpe um. Die höhere Zellsaftkonzentration in den Wurzeln zieht auf osmotischem Weg ganz von selbst das Wasser nach. Es wird über die Leitungsbahnen nach oben transportiert und über die Bodenoberfläche hochgehoben. Der Saugspannung, die vom Verdunsten verursacht wird, steht eine osmotische Saugspannung im Wurzelbereich gegenüber. Deshalb ist das ursprünglich lebensgefährdende Süßwasser zum lebenserhaltenden Bodenwasser für die Landpflanzen geworden.

Die Folgen wurden höchst offenkundig: Die Pflanzen produzierten immer stärker. Das Gleichgewicht zwischen Photosynthese und Atmung, zwischen Aufbau und Eigenverbrauch, verschob sich unaufhaltsam zugunsten der Photosynthese. Folglich wuchsen die Pflanzen zu immer größeren Formen heran. Ihre Biomasse nahm zu – viele Millionen Jahre lang. Eine solcherart anhaltende Entwicklung mußte Folgen haben. Sie gehen aus der Gleichung für die Photosynthese ganz klar hervor: Die Synthese von Kohlenhydraten aus Kohlendioxid und Wasser bedeutet Entzug von Kohlendioxid aus der Atmosphäre und Freisetzung von Sauerstoff im gleichen Mengenverhältnis, wie Biomasse aufgebaut wird. Denn dem einen Molekül Kohlenhydrat entsprechen 6 freigesetzte Moleküle Sauerstoff und 6 der Atmosphäre entnommene Moleküle Kohlendioxid.

Wie eine Pumpe setzt dieser Vorgang so lange Sauerstoff frei, bis das Kohlendioxid so knapp geworden ist, daß keine weitere Zunahme der Photosyntheseleistung mehr möglich ist. Wir kennen diesen Zustand, denn es ist dies der heutige Zustand der Erdatmosphäre. Noch viel wirkungsvoller als die kleinen, rasch wachsenden, aber ähnlich rasch wieder absterbenden Wasserpflanzen produzieren die Landpflanzen Sauerstoff und sammeln Biomasse an. Der Kohlendioxidgehalt ist im Lauf der Jahrmillionen auf ein Drittel eines Promille, auf 0,03 Prozent, abgesunken, während der Sauerstoffgehalt über 20 Prozent hinausstieg und während der Phasen intensiven Pflanzenwachstums im Erdaltertum vielleicht sogar knapp 30 Prozent erreicht hatte.

Diese Zahlen bedeuten zunächst einmal, daß sich in jener Zeit sicherlich der schützende Ozonschirm in der oberen Atmosphäre ausgebildet hat, denn nun war genug Sauerstoff vorhanden für die Ozonbildung. Doch als Verhältniszahlen besagen sie nichts über die tatsächlichen Größenordnungen der Umsetzungen, der Leistungen der Photosynthese. Hierfür müssen wir andere, grob quantitative Berechnungen heranziehen, wie sie von Richard N. T-W-Fiennes (1976) zusammengestellt worden sind.

Die Atmosphäre enthält gegenwärtig etwa 12×10^{20} Gramm Sauerstoff. Diese gigantische Menge entspricht etwa 235 Gramm Sauerstoff pro Quadratzentimeter der Erdoberfläche. Schwefel- und Eisenbakterien haben, wie im ersten Kapitel ausgeführt worden ist, zur Oxydation das Vier- bis Fünffache dieser Menge, nämlich 1200 bis 1500 Gramm pro Quadratzentimeter, verbraucht. Rein chemische Bindung von Sauerstoff an Metalle (Oxydation) verschlang weitere beachtliche Mengen, die etwa der Größenordnung des heutigen Sauerstoffvorrates entsprechen dürften. Dafür wurden aber auch bei verschiedenen Vorgängen im Erdmantel größere Sauerstoffmengen wieder freigesetzt, so daß sich eine grobe Gesamtbilanz von knapp 2000 Gramm pro Quadratzentimeter ergibt, die von den Pflanzen im Laufe der Zeiten freigesetzt worden sind. Das ist etwa die achtfache Menge des heutigen Sauerstoffgehaltes der Atmosphäre.

Da dieser vom gegenwärtigen Pflanzenbestand umgesetzt und im Kreislauf gehalten wird, läßt sich aus diesem Mengenvergleich ablesen, um wieviel größer der Überschuß damals gewesen sein muß, als sich die Kohle und Erdöllager gebildet haben. Ohne diesen Überschuß hätten wir Menschen keinen Rückgriff auf fossile Brennstoffe machen können. Die Energie, die heute unsere Fahrzeuge und thermischen Kraftwerke antreibt oder die wir in großem Umfang für unsere Heizung oder zur Nahrungszubereitung verwenden, stammt aus dieser Phase der Erdgeschichte, als das Pflanzenwachstum überbordete und der Abbau bei weitem nicht mehr Schritt halten konnte mit der Aufbauleistung, mit der Photosynthese.

Dabei waren die Pflanzen des fernen Erdaltertums recht wenig leistungsfähig, verglichen mit heutigen Laubwäldern. Sie hatten noch nicht einmal die so großartige, leistungsfördernde Erfindung der Blätter gemacht. Blattartige Flächen gab es zwar, aber nach Art aufgefiederter Sproßflächen; derb wie Palmwedel oder Nadeln von Koniferen. Die ersten Koniferen, die Vorläufer der heutigen Nadelbäume, entstanden in der späten Steinkohlezeit. Riesenhafte Schachtelhalme beherrschten damals das Bild der Landschaften. Ihre Nachfahren wurden von den später gekommenen, fortschrittlicheren Pflanzenarten fast zur Bedeutungslosigkeit zurückgedrängt.

Zwei Meter hochgewachsene Riesenschachtelhalme vermitteln uns heute noch eine Vorstellung von der Wuchsform jener Pflanzenwelt, auf der sich unser moderner Wohlstand gründet. Schachtelhalme, Bärlappgewächse und andere Pflanzengruppen, deren letzte Vertreter noch aus jener Ära überkommen sind, wachsen recht langsam. Sie wurden und werden von den wüchsigeren modernen Formen verdrängt. Das Geheimnis des Erfolges der neuen Formen der Pflanzenwelt, die sich erst gegen Ende des Erdmittelalters und im Tertiär weit ausbreitete, war das abwerfbare Blatt, und nicht die immer in den Vordergrund gerückte Entwicklung der Blüte, auf die im Kapitel über die gemeinsame Evolution von Blütenpflanzen und Insekten noch ausführlicher eingegangen wird.

Das abwerfbare Blatt mit den frei von den Wurzeln bis zu den Triebspitzen hinaufreichenden Wasserleitungsbahnen, den Siebröhren, vergrößerte die Photosyntheseleistung so sehr, daß ein mitteleuropäischer Laubwald gegenwärtig ziemlich genau die gleiche Leistung in gut vier Monaten Vegetationszeit erbringt wie ein Nadelwald gleicher Fläche, der mit Ausnahme der tatsächlichen Frosttage fast das ganze Jahr über aktiv bleibt.

Das breitflächige Blatt fängt das Sonnenlicht weit wirkungsvoller ein als die Nadeln und verdunstet Wasser viel besser. Diese Umsatzverstärkung bringt es aber auch mit sich, daß die solcherart leistungsgesteigerten Blätter ungleich früher altern und Schaden leiden als photosynthetisch aktive Sprosse oder großflächig gefiederte Wedel. Die leistungsfähigsten müssen alljährlich erneuert werden. Verminderung der Leistung, wie sie bei den immergrünen Laubbäumen auftritt, verlängert die individuelle Lebenszeit eines Blattes, schützt aber nicht davor, daß es ersetzt werden muß. Die Umsatzsteigerung hängt also engstens mit dem »Umsatz« der Träger der Photosynthese zusammen. Während bei den Nadelbäumen, mit wenigen Ausnahmen, wie etwa bei den Lärchen, eine Nadelgeneration drei bis fünf Jahre hält, überdauert bei den fortschrittlicheren Laubbäumen eine Blattgeneration in der Regel nur ein Jahr. Beschleunigung des Umsatzes zeichnet daher die modernen Laubbäume viel mehr aus und zeitigte weitaus nachhaltigere Wirkungen auf den Naturhaushalt als die Entwicklung der Blüten.

Für Blüten im engeren Sinne, wie wir sie von den Blumen kennen, wäre es im Wald der Devonzeit vor vierhundert Millionen Jahren noch viel zu früh gewesen. Noch gab es keine Insekten, die Blüten hätten besuchen können. Und noch stand der Landgang der Tiere erst bevor.

5. Das Tierleben etabliert sich an Land

Millionen Jahre lang gab es nur Pflanzen und Mikroben an Land, obwohl im Meer bereits eine hochentwickelte Tierwelt gedieh. Gegen Ende des Devons, vor etwa 380 bis 360 Millionen Jahren, rückten dann doch Tiere an Land vor. Sie kamen aus zwei ganz unterschiedlichen Anpassungsgruppierungen, nämlich aus den Gruppen der Gliedertiere und der Wirbeltiere.

Ihre Ausgangsformen, die den Übergang zum Landleben schafften, marschierten nicht einfach an Land. Sie gehörten auch gewiß nicht zu den fortschrittlichsten und am höchsten entwickelten Gruppen im damaligen Weltmeer. Im Gegenteil: Die Anfänge der ersten Gruppe lassen sich auf unbedeutende Formen zurückführen, von denen wiederum ein heute noch lebender Vertreter Modell stehen kann: der wurmähnliche Stummelfüßer *Peripatus.* Er bewegt seinen walzenförmigen Körper auf Stummelbeinchen und tastet sich mit zwei Fühlern vorwärts.

Letzte Reste dieser Gruppe leben in den feuchten Bodenschichten der Wälder der Tropen und südlichen Subtropen bis zu den gemäßigten Breiten. Es werden etwa hundert Arten unterschieden. Man hielt diese Tiere für Nacktschnecken, als sie im Jahre 1826 entdeckt wurden. Tatsächlich handelt es sich aber um eine Reliktgruppe, die zwischen den Ringelwürmern und den Gliedertieren, also den Insekten, Tausendfüßern und Spinnentieren, steht. »Von der Evolution vergessen«, wie manche Evolutionsbiologen recht treffend meinten, erwiesen sie sich nun als höchst wertvolle und aufschlußreiche Zwischenglieder auf dem Weg des Lebens an Land. Was sie und ihren längst verschwundenen Vorfahren auszeichnet, war die entscheidende Voraussetzung für die Eroberung des Landes: Sie waren nicht auf das Filtrieren eingerichtet, sondern lebten »räuberisch«!

Einfache, hakenförmige Mundwerkzeuge erlauben ihnen das Ergreifen von festen Beutestückchen. Die Stummelfüßchen ermöglichen eine gezieltere Fortbewegung auf festem Untergrund als nur das wurmartige Schlängeln. Der wissenschaftliche Name, vom griechischen Wort »peripatos«, Spaziergänger, abgeleitet, weist darauf hin. Unter den Würmern ist der *Peripatus* der Spaziergänger. In der Geschichte dieser kleinen Stummelfüße steckt der große Fort-Schritt, der Weg aufs Land. Er hat mit der Schwerkraft zu tun.

Im Wasser war sie nie ein Hindernis für Neuerungen. Nur ganz extrem schwere Gebilde, wie metergroße Schalenklappen von Riesenmuscheln, geraten durch die Schwerkraft in Bedrängnis. Das Wasser »trägt« die Schwere, weil es selbst verhältnismäßig schwer ist. Gepanzerte Schiffe können schwimmen, weil die Wassermenge, die sie verdrängen, noch schwerer ist. An Land ist das, wie bekannt, ganz anders. Das spezifische Gewicht der Luft erreicht auf Meeresniveau nur 1/775stel des Wassers. Der Größenordnung nach ist Wasser also etwa tausendmal dichter als die Luft.

Ein Körper, den das Wasser getragen und damit auch gestützt hatte, gerät, an Land gespült, unter die Wirkung der eigenen Schwere. Die Schwerkraft setzt nun voll ein. Stranden Wale, so sind sie in größter Gefahr, vom eigenen Gewicht erdrückt zu werden. Wenn auch bei den kleinen Organismen der Eigendruck des Körpers noch keine Schwierigkeiten verursacht, so beansprucht jede ihrer Bewegungen, einen ungleich größeren Kraftaufwand als im Wasser. Nahezu jede Bewegung erfordert die Überwindung der Schwerkraft; wo sie hilft, etwa bei einer Abwärtsbewegung, muß in der Gegenrichtung entsprechend mehr aufgewendet werden.

Sogar den Pflanzen bleibt die Wirkung der Schwerkraft nicht erspart. Jeder Höhenzuwachs vergrößert ihr Gewicht und damit den Druck, dem die Zellwände oder die Festigungsstrukturen standhalten müssen. Als in den Steinkohlewäldern Bärlappgewächse, Schachtelhalme und andere Pflanzen dieses Erdzeitalters aufwuchsen, mußten sie der Schwerkraft ihren Tribut zollen. Die 10, 20, ja bis zu 60 Meter hohen Gewächse entwickelten Stämme, die durchaus denen heutiger Waldbäume oder den Urwaldriesen vergleichbar sind. Sie folgen der Grundanforderung der Schwerkraft, daß mit zunehmender Höhe der Stammquerschnitt entsprechend übermäßig zunehmen muß.

Zurück zu den Tieren und ihren ersten Gehversuchen an Land. Die stummelfüßigen Urverwandten von *Peripatus* brachten erste Ansätze zu Beinen mit. Doch diese waren in ganz anderem Zusammenhang entwikkelt worden. Ursprünglich dienten sie zum Festhalten am Untergrund, wenn die krallenförmigen Kiefer ein Beutestück gepackt hatten. Denn jedes Miniaturbeinchen trägt zwei gekrümmte Krallen. Die starren Borsten ihrer noch ferneren Vorläufer, der borstentragenden Würmer, eignen sich dazu nicht so gut. Auch die Art der Schnecken, mit Nahrung umzugehen, setzt keine Ausbildung von Beinchen voraus. Entweder kleben sie mit ihrem Schleim, der die Kriechsohle überzieht, am Untergrund fest und raspeln langsam die Nahrung ab, oder sie sondern Gift ab, das die Beute lähmt, tötet oder auflöst. Schnecken packen nicht zu. Tintenschnecken, besser bekannt als Tintenfische, ergreifen zwar mit ihren Fangarmen die Beute, aber ursprünglich geschah dies im offenen Wasser, wo ein Sich-Festhalten keine Vorteile gebracht hätte. Spezialisierte Arten, wie die Kraken, die sich in Felsenhöhlen zurückziehen, zeigen die Vorteile des Sich-Festhaltens. Von den Weichtieren, dem anderen großen Tierstamm Wirbelloser im Meer, konnten daher keine wirklich weiterführenden Leistungen bei der Eroberung des Landes erwartet werden. Ihre Organisation taugte dazu nur sehr wenig. Die späteren Landschnecken blieben auch jener Lebensweise weitestgehend treu, die ihre Verwandtschaft im Wasser pflegt. In der am wenigsten effektiven Art der Fortbewegung kriechen sie auf ihrer eigenen Schleimspur im Zeitlupentempo.

Freie Schwimmer und Filtrierer hatten noch weniger Möglichkeiten, sich und ihre Lebensweise so sehr umzustellen, daß eine Besiedlung des Landes möglich geworden wäre. Deshalb ist es nur folgerichtig, daß die meisten Tierstämme den Übergang aufs Land nicht geschafft haben. Den beiden, denen es gelang, stand eine neue Welt offen.

Daß die fernen Vorfahren des Stummelfüßers *Peripatus* den Anfang machten, war noch von einer dritten günstigen Voraussetzung ermöglicht worden. Ihr Körper steckte schon damals in einer ziemlich elastischen Hülle, die sich bald noch weiter verstärken und verbessern sollte. Diese Hülle formt ein Eiweißstoff, dessen Fasern gerüstartig miteinander verwoben sind. In seinen elastischen Eigenschaften, seiner Härte und seiner chemischen Widerstandsfähigkeit entspricht er weitgehend der Zellulose. Aber er ist chemisch ganz anders aufgebaut. Nicht Zuckermoleküle bilden die Grundbausteine, sondern Eiweiß. Es handelt sich um Chitin – jenen »Kunststoff« der Natur, der viel mit heutigen Kunststoffen gemeinsam hat und eine der Hauptvoraussetzungen für die geradezu explosionsartige Entfaltung der Insekten gewesen ist.

Ohne Chitin wäre der evolutionäre Erfolg der beweglichen Gliedertiere an Land schwer vorstellbar. Denn dieser Stoff gibt nicht nur Festigkeit, sondern auch eine recht gute Abdichtung gegen den Wasserverlust. Die aus dem Meer kommenden Organismen mußten ja gleichermaßen wie die an Land gewanderten Pflanzen mit der Gefahr des Austrocknens fertig werden. Den Pflanzen halfen die verbesserten Photosynthesebedingungen, die Abdichtung entsprechend zu verbessern und die Widerstandsfähigkeit gegen die Schwerkraft zu entwickeln. Was aber hatten die an Land gehenden Tiere zu erwarten? Für die Photosynthese sind die notwendigen Grundstoffe Kohlendioxid und Wasser vorhanden. Dann können die Zucker hergestellt und aus ihnen Stärke und Zellulose aufgebaut werden. Für die Entwicklung von ausreichend dichtem Chitin dagegen gibt es keine solchen, einfach vorhandenen Rahmenbedingungen.

Chitin läßt sich nicht durch Photosynthese herstellen. Es wird aus Bausteinen von Eiweiß aufgebaut. Diese Bausteine, die Aminosäuren, sind nicht leicht zu bekommen. Vereinfacht ausgedrückt, entstammen sie zwei Quellen: den Pflanzen und den Mikroben. Tierisches Eiweiß ist bereits die weitere Verwertungsstufe von pflanzlichem oder mikrobiellem Eiweiß. Doch hier steckt der Schlüssel: Die große Zahl und die Vielfalt von Tieren im Meer, die sich filtrierend ernähren, bedeutet auch ein ausgesprochen reichhaltiges Angebot an tierischem Eiweiß, das sich so unbedeutend erscheinende Stummelfüßer erschließen konnten.

Denn die meisten der Tiere im Meer saßen ja – unverrückbar wie Pflanzen, aber nicht ganz unbeweglich – an Ort und Stelle fest. Auch wenn sie zu 80 oder mehr Prozent, im Extremfall der frei schwimmenden Quallen zu 98 Prozent aus Wasser bestehen, verbleibt im Rest genügend Eiweiß; mehr als viele Pflanzen enthalten.

Allein die von Wellen und Strömungen abgerissenen Teile der Tierkolonien genügen, um anspruchslose Würmer mit Eiweiß zu versorgen. Mit einer festen Hülle aus Eiweiß schotten sich auch andere Meerestiere nach außen ab. Doch anders als die Hornkorallen etwa, die zu dieser Gruppe gehören, oder die über der Kalkschale eine Eiweißhülle aufbauenden Muscheln und Meeresschnecken, die einen dem Chitin ähnlichen Schutzbelag entwickeln, das Conchiolin, hatten die »Würmer mit den Stummelbeinchen« den Vorteil der Beweglichkeit mit ausnutzen können.

An ihrem Bauplan blieb die weitere Entwicklung der Gliedertiere (Articulata) mit den großen Gruppen der Insekten und Spinnen hängen. Er läßt sich, stark vereinfacht, durch folgende Eigenschaften charakterisieren: äußere Hülle aus festem Chitin, darunter eine schlauchartige Muskulatur, der Hautmuskelschlauch, das Rückenmark, das Zentralnervensystem bauchseits des Verdauungstraktes und Gliederung des Körpers in aufeinanderfolgende Segmente, das Erbe der »Wurmzeit«. Die folgende, stürmisch einsetzende Entwicklung bleibt diesen Gegebenheiten verhaftet. Aus den stummelfüßigen Landgängern werden in feste, ringförmige Kapseln verpackte Tausendfüßer, bei denen, abgesehen vom Kopf und Hinterende, ein Segment auf das andere folgt. Jedes trägt Beine. Zahlreiche solcher »Scheibchen«, Segmente genannt, ließen sich voneinander abtrennen, und alle sehen sie gleich aus.

Bei den nächstfolgenden Gruppen in der Entwicklungsreihe geht die Wiederholung gleichartiger Segmente zunehmend zurück. Im Wasser finden wir als Abkömmlinge dieser Ur-Gliedertiere die Krebse. Zehnfußkrebse mit fünf Hauptsegmenten und weiteren im Schwanzteil, weitere Verkürzungen bei den Krabben und immer stärkere Betonung des Kopfteiles, der zunehmend bessere Sinnesorgane enthält: Fühler (Antennen) zum Betasten der nahen Umwelt, Augen, die von einfacher Hell-Dunkel-Unterscheidung zu immer komplexeren Gebilden heranwachsen, die präzises Bildsehen ermöglichen, und Mundwerkzeuge, die in ihrer Tätigkeit von den Scheren an den Vorderbeinen unterstützt werden. Die weiteren Beine heben den Körper zunehmend weiter vom Boden ab und verringern damit die Reibung. Doch was im Meer, wieder gefördert durch die Tragkraft des Wassers, zu Riesenformen heranwächst, bleibt an Land bescheiden in der Größe. Hier sind es Skorpione, die im Äußeren eine gewisse Ähnlichkeit mit den Krebsen im Meer haben, aber allen voran die Insekten.

Sie haben die Beinchen tragenden Segmente bis auf drei vermindert, weshalb sie ausnahmslos Sechsbeiner geworden sind (Hexapoda). Achtbeinige Insekten gibt es nicht. Vier Beinpaare kennzeichnen die andere Gruppe von landlebenden Gliedertieren, die sich gleichfalls schnell entwickelt hat: die Spinnen.

Bei ihnen ist die Verschmelzung der einzelnen Segmente noch weiter gegangen, so daß sich nur noch zwei Teile, ein Kopfbruststück mit den Mundwerkzeugen und den vier Beinpaaren sowie der Hinterleib ohne Beine unterscheiden lassen. Bei den Insekten ist der Körper dreigeteilt: Der Kopf hat nur die Fühler und die Mundwerkzeuge als stark umgebildete Gliedmaßen, während die drei Beinpaare den drei zum Bruststück zusammengewachsenen Segmenten entsprechen, von denen die beiden hinteren bei den meisten Insekten je ein Paar weiterer Körperanhänge, die Flügel, tragen. Sie sind in mehr oder minder starkem Maß aus- oder umgebildet und eine Besonderheit der Insekten. Die Schwestergruppe, die Spinnen, haben nichts den Flügeln Vergleichbares aufzuweisen.

Warum dieser Ausflug in die Zoologie? Er soll vor allem zeigen, daß die Grundstruktur der ersten an Land gegangenen Gliedertiere, die

Grundstruktur von *Peripatus* der Devonzeit, der weiteren Entwicklung zwar einige Möglichkeiten eröffnet hatte, aber eben auch massive Zwänge. Denn die für den Übergang zum Landleben so vorteilhafte Abdichtung des Körpers durch das Chitin erwies sich bald als Zwangsjacke. Das in der Chitinhülle steckende Tier kann nicht mehr wachsen, es sei denn, es sprengt die Hülle und kriecht aus ihr heraus. Nur im weichen, noch nicht gehärteten Zustand ist Chitin dehnbar und erlaubt dem Körper, der sich darunter befindet, zu wachsen. In dieser Zeit der Häutung verliert der Chitinpanzer seine Schutzwirkung. Der Vorgang muß möglichst schnell ablaufen, und das neu unter der alten Hülle gebildete Chitin läßt nur ein bescheidenes Wachstum zu. An der Luft trocknet und härtet es schnell. Vollzieht sich die Häutung im Wasser, bleibt das Chitin länger geschmeidig, so daß die betreffenden Tiere auch weit größer werden können. Solche Tiere, wie Seespinnen oder Riesenkrabben, die vielen Menschen wie Monster vorkommen, wären an Land nicht lebensfähig.

Eine gepanzerte Schildkröte erreicht die Größe der Riesenkrabben des Meeres. Sie ist kein Gegenbeweis gegen die Wachstumszwänge. Denn die Schildkröte braucht niemals »aus der Haut zu fahren«, wie die mit einem Außenpanzer ausgestatteten Gliedertiere. Der Preis des raschen Fortschrittes an Land war für die Gliedertiere die Kleinheit. Schon in der Zeit der Steinkohlewälder stießen sie an ihre natürlichen Grenzen vor. Zwar entwickelten sich in der feindfreien Umwelt Rieseninsekten – wie die Libelle *Meganeura* mit 70 Zentimeter Flügelspannweite. Aber ihr Gewicht dürfte dennoch kaum mehr als 100 Gramm betragen haben. Heutige »Rieseninsekten« erreichen kaum die Hälfte dieses Gewichtes und Körperlängen von nur 20 bis 30 Zentimetern. Die Hauptmasse der Insekten bleibt im Zentimeterbereich.

Bei den Spinnen, den weiterentwickelten Verwandten der Insekten, ist es ähnlich. Nur wenige kommen bis zur Größe eines Handtellers. Tausendfüßer, Skorpione, Geißelspinnen und andere Gruppen landlebender Gliedertiere fallen in die gleichen Größenordnungen. Eine Spinne mit 30 Zentimeter Spannweite der Beine erscheint uns als Riesentier und wird entsprechend gefährlich eingestuft, weil wir wissen, daß Insekten und Spinnen normalerweise viel kleiner sind. Verglichen mit Wirbeltieren, ja sogar mit manchen Landschnecken, sind sie klein. In keiner Phase der Erdgeschichte sind sie über die Grenzen hinausgekommen, die sich aus den mechanischen Eigenschaften des Chitins ableiten lassen. Deshalb konnten sie zwar in den Steinkohlewäldern leben, aber wie die Insekten und die anderen Gliedertiere im heutigen Tropischen Regenwald keine nenneswerten Anteile seiner Biomasseproduktion nutzen. An der Überschußbilanz, die so gewaltige Mengen an Kohle und Erdöl erzeugte, änderten die Insekten nichts.

Die Spinnentiere waren in enger Wechelwirkung mit den Insekten entstanden. Das geht aus Körperbau und Lebensweise der heute lebenden Arten zweifelsfrei hervor. Sie waren die ersten Nutzer des neuen großen Nahrungsangebotes, das mit der Vermehrung der Insekten entstand. Pflanzenverwerter gibt es unter den Spinnen nicht! Ihre Hauptnahrung bildet das Eiweiß der Insekten, die sie aussaugen. Sie verflüssigen durch injizierte Verdauungsfermente den in der festen Chitinhülle wohlverpackten Insekteninnenkörper und saugen die »Suppe« aus Eiweißbestandteilen und Körperfett aus. Sie können ihre Nahrung nicht kauen. Mit den Pflanzen des urweltlichen Urwaldes konnten sie daher, im Gegensatz zu den Insekten, nichts anfangen. Er verschaffte den aktiv jagenden Spinnen allerdings die Möglichkeiten sich zu verstecken und den vorbeikommenden Insekten aufzulauern; den Netzbauern bot er die günstigen Strukturen für die Anlage ihrer Fangnetze. Die Spinnseide, aus der die Fangnetze bestehen, setzt sich aus Eiweißbestandteilen zusammen, die der Beute entnommen worden sind. Der Überschuß an Eiweiß geht daher zu einem wesentlichen Teil bei den Spinnen in die Spinnseidenherstellung.

Der Bauplan der Gliedertiere, vor allem der hochentwickelten Vertreter dieses Bauplanes – Insekten und Spinnen –, erweist sich rückblikkend als ein Erfolgskonzept. Gegenwärtig gehören 70 bis 95 Prozent aller Tierarten der Klasse der Insekten an. Stammesgeschichtlich ältere Gliedertiergruppen, wie die Tausendfüßer, haben an dieser Artenfülle keinen nennenswerten Anteil. Warum waren gerade die Insekten so erfolgreich? Erfolgreich an Arten, aber nicht in ihrem Einfluß auf die überbordende Produktion der Wälder im Devon und im Karbon! Liegt es an ihrer Kleinheit, daß sie der Pflanzenmasse nicht Herr werden konnten? Lag es an den Pflanzen selbst?

Was ihre chemischen Abwehrmethoden betrifft, waren die Bäume der fernen Steinkohlezeit gewiß nicht annähernd so leistungsfähig wie die heutigen. Sie waren noch viel einfacher gebaut. Ohne Zweifel produzierten sie jedoch das, was das die Grundlage für die Bildung von Steinkohle und Erdöl abgegeben hat: Kohlenhydrate. Ein Großteil der Produktion wurde zu Zellulose und Holzstoff (Lignin) umgebaut. Nur wenige der heute lebenden Insekten sind in der Lage, diese Kohlenstoffverbindungen in die verwertbaren Teile aufzuspalten. Das können im wesentlichen nur Bakterien. Und diese brauchen dazu bestimmte Eiweißstoffe, Enzyme, wie die Zellulase, die Zellulose zerlegt, um an die energiereichen Kohlenstoffverbindungen herankommen zu können. Solche Bakterien gedeihen im feuchtwarmen Milieu des Bodens, im Humus, und nicht an der trockenen Luft, welche die über die Bodenoberfläche hochwachsenen Pflanzen, insbesondere die Bäume, umgibt.

Allein bestimmten Insekten, allen voran Termiten und pilzzüchtende Ameisen, ist es gelungen, mit Hilfe dieser ihrer Symbionten direkt an Zellulose und Holz heranzukommen. Auch Mikroben im Pansen von Wiederkäuern oder in den Blinddärmen von anderen Säugetieren erschließen den Energiegehalt der Pflanzenmasse, bevor sie sich zu Humus zersetzt. Der Stützstoff Zellulose und der härtende Holzstoff, das Lignin, ermöglichen den Pflanzen daher nicht nur das Wachstum in die Höhe, sondern sie dienen auch als Schutz gegen allzu intensive Nutzung durch Insekten. Vor diesem Hintergrund ist die Rolle der Insekten im Erdaltertum zu sehen. Doch warum blieb ihre Wirkung auf die Pflanzenproduktion so gering?

Die Lösung dieser Frage bringt uns dem Ausgangspunkt wieder näher, und sie bereitet den Boden für den zweiten großen Landgang, der in jener Zeit stattgefunden hat. Wenn es an Land noch kein tierisches Eiweiß gab, das die Vorläufer der Insekten, die so ähnlich wie *Peripatus* ausgesehen haben dürften, hätte locken können, was dann? Die Ausbildung der Chitinhülle setzt einen entsprechend hohen Eiweißgehalt in der Nahrung voraus. Die Fortbewegung kostete Energie. Die sich entfaltende Pflanzenwelt konnte mit Sicherheit beide Anforderungen nicht erfüllt haben. Die Zellulose ist gewöhnlich nicht zu verdauen, der Eiweißgehalt der Pflanzen ist so gering, daß nur große Tiere, die entsprechend große Mengen davon verzehren, direkt davon leben können, oder besondere »Freßstadien« entwickelt werden müssen, die Reserven anhäufen. Und nicht zuletzt dürften die Bäume des Devons oder des beginnenden Karbons viel zu hart gewesen sein, um von den noch schwachen Mundwerkzeugen der ersten Landgliedertiere angenagt werden zu können.

Der Weg muß auf andere Weise gebahnt worden sein. Die Helfer gibt es immer noch, und ihre Mithilfe ist nach wie vor für viele Insekten unentbehrlich. Es sind dies die eiweißerzeugenden, abbauenden Bakterien. Bei der Zersetzung von pflanzlichem Material gedeihen sie prächtig. Die Schlammröhrenwürmer und die roten Larven von bestimmten Mückengruppen – die nicht-stechenden Zuckmücken gehören dazu – führen heute noch vor, wie die Verwertung funktioniert. Die Schlammröhrenwürmer vertreten den »Wurmzustand«. In der Tat gehören sie zu den Würmern der Gruppe der Wenigborster (Oligochaeten), die am Anfang der Gliedertierentwicklung einzureihen sind.

Die Larven der Zuckmücken entsprechen den frühen Formen der Insekten, die sich mit pflanzlichem Abfallmaterial (Detritus) versorgen. Was beide wirklich verwerten, sind nicht die teilweise zersetzten Pflanzenstoffe, sondern in erster Linie das Bakterieneiweiß. Denn die Pflanzenstoffe werden von den Bakterien zersetzt, wobei diese – ein zumeist ganz unbeachteter Vorgang – wiederverwertbares Eiweiß aufbauen. Sie schaffen im Prinzip das, was bei der Umwandlung von Milch in Käse passiert oder wenn die Sauerteigbakterien im Brot arbeiten. Diese Nahrungsquelle eröffnete den Zugang zum Land und nicht die unmittelbare Nutzung der Pflanzen.

Deshalb waren auch solche Organismen im Vorteil, die entsprechende, zum Abweiden der Bakterienrasen geeignete Mundwerkzeuge entwickelt hatten. Die Urform der Insekten-Mundwerkzeuge ist beißend-kauend. Die Massen an Zellulose, die das Pflanzenmaterial enthält, werden von den Insekten gar nicht oder zumindest nicht direkt genutzt. Erst viel später kamen Spezialisierungen hinzu, wie die Entwicklung von stechend-saugenden Mundwerkzeugen, die es ihren Trägern ermöglichten, in die Saftströme der Pflanzen einzudringen. Den Überschuß an Zucker, den sie darin vorfinden, scheiden sie im Überfluß wieder ab. Bei vielen Insektengruppen, die Pflanzensäfte saugen, bleibt er ungenutzt oder wird erst nachträglich, etwa von Ameisen, Bienen oder in den amerikanischen Tropen von zuckersafttrinkenden Kolibris weiterverwertet. Dagegen scheiden die Saftsauger die Aminosäuren ab, die sie zum Aufbau ihres körpereigenen Eiweißes und zur Ausbildung der Chitinhülle benötigen. Kurz, die Leistung der Photosynthese wird nur in recht bescheidenem Umfang ausgenutzt.

Die heutigen Hauptnutzer unter den Insekten, die staatenbildenden Hautflügler, zu denen die Ameisen und die Bienen gehören, gab es anfänglich noch gar nicht. Sie gehören zu den jüngsten Entwicklungen im Reich der Insekten. Schaben hingegen und ihre Abkömmlinge, die Termiten, sind stammesgeschichtlich sehr alt und gehören zu den frühesten Entwicklungsrichtungen im Reich der Insekten. Sie bedienen sich in beträchtlichem Umfang oder sogar ganz ausschließlich der Mikroben bei der Ausnutzung ihrer Nahrung. Man kann die Entwicklung tatsächlich so zusammenfassen: Der Mithilfe und »Vorarbeit« der Mikroben verdanken es die Gliedertiere, daß sie das Land erobern konnten.

Die andere große Gruppe von Neuankömmlingen, die schon bald »auf Masse setzte«, fand keine tierleere Welt mehr vor, als sie sich an Land schob. Ihr Ursprung steckt in der Stammeslinie der Fische. Mit den Gliedertieren hat sie den verhältnismäßig großen Eiweißbedarf gemeinsam. Hätte man keine Fossilfunde, sondern nur die Kombinationsfähigkeit kompetenter Biologen, wäre das »Bindeglied« kaum anders als das wirkliche ausgefallen.

Denn noch mehr als *Peripatus* der Urform der zum Landleben überwechselnden Gliedertiere entspricht, deckt sich eine noch heute lebende Fischart mit den Urformen, die vor gut 360 Millionen Jahren das Meer verlassen hatten und an Land gegangen sind. Sie deckt sich sogar so gut damit, daß sich die lebenden Tiere, der Quastenflosser *Latimeria chalumnae,* kaum von den fossilen Formen unterscheiden läßt, von denen es reichhaltige Funde gibt.

Diese Fische, die man mit Fug und Recht »lebende Fossilien« nennen darf, schwimmen mit ihren stummelfußartig verlängerten Flossenansätzen wie auf kurzen Beinen an den Felsen in mehr als hundert Metern Tiefe am Steilabfall der Komoren-Inseln im Indischen Ozean.

Der Münchner Biologe Hans Fricke hat sie dort mit dem Tauchboot aufgespürt, beobachtet und gefilmt. Verwandte dieser Quastenflosser verließen vor etwa 370 Millionen Jahren mehr und mehr das Flachwasser warmer Küstenlagunen und begannen, an Land nach Nahrung zu suchen. Damals sank der Meeresspiegel stark ab und viele Flachwasserbewohner waren gezwungen, sich umzustellen. Die meisten zogen sich wieder ins tiefere Wasser zurück oder starben aus. Nur ganz wenigen, darunter den Lungenfischen, ist das Überwechseln auf das Land gelungen. Das austrocknende Ufer bot reichlich Nahrung durch die eiweißreichen Insekten, die noch vergleichsweise langsam gewesen sein müssen.

Wiederum standen zwei Eigenschaften Pate für den Erfolg, die gar nicht speziell im Zusammenhang mit dem Landleben entwickelt worden waren: Eine derbe Haut aus widerstandsfähigen Eiweißstoffen und die stummelbeinartigen Flossen, auf die sich der Körper abstützen konnte. Diese Vorläufer der Beine ermöglichten den massigen, mehr als zehn Kilogramm schweren Tieren die Fortbewegung auf dem Trockenen. Die aus Eiweißstoffen aufgebaute Haut schützte vor dem zu raschen Austrocknen. Schon seit Jahrmillionen hatte sich eine derbe Hülle aus Eiweißstoffen im Meer bewährt. Es handelt sich um das für die Wirbeltiere typische Keratin, den Grundstoff des Horns, das auch unsere Haut bedeckt und aus dem Haare, Federn, Nägel, Schuppen und Krallen bestehen.

Die Nachfahren der Quastenflosser, die schließlich vollends zu Landtieren geworden sind, waren ganz anders als die schon lange vor ihnen an Land gekommenen Gliedertiere gebaut. Ihr Körper steckte nicht in einem panzerartig starren Außenskelett, sondern wurde von einem inneren Knochengerüst getragen und gestützt. Deshalb wurde ihnen bei Größenzunahme die äußere Hülle auch nicht zur Zwangsjacke. Sie konnten um so größer werden, je leistungsfähiger ihre Muskulatur wurde. Zu welchen Größen sie tatsächlich heranzuwachsen imstande waren, zeigte sich erst viel später, nach rund dreihundert Millionen Jahren, als die Dinosaurier ihre Riesenformen entwickelt hatten.

Als einer der ersten Vertreter der Landwirbeltiere, die den Übergang vom Wasser zum Land vollends geschafft hatten, gilt *Ichthyostega,* ein meterlanges, an einen großen Salamander erinnerndes Tier. Es wurde zwar nicht unmittelbar zum Vorfahr der Lurche (Amphibien), aber dieses Übergangsglied bestätigt einmal mehr, daß die wesentlichen Eigenschaften, welche zur Nutzung neuer Möglichkeiten verhalfen, nicht aus Neuentwicklungen hervorgegangen sind, sondern als Merkmale und Eigenschaften der früheren Lebensweise mitgeschleift worden waren.

So ist der Schädel von *Ichthyostega* noch fischartig aufgebaut, und die Wirbelsäule war noch nicht so weit verknöchert, daß sie den Körper hätte frei tragen können. Er wurde hauptsächlich von den Rippen abgestützt. Die Fortbewegung kann nicht viel mehr als ein Sich-Dahinschleppen gewesen sein, weil die Beine viel zu weit seitlich am Körper ansetzten. Der Landgang muß eine starke Belastung gewesen sein. Aber er zahlte sich aus.

Denn anders als im Wasser, wo die Konkurrenz groß und die Beute schnell beweglich war oder wo sich die leicht zu erbeutenden, festsitzenden Arten in ein schier unüberwindbares Bollwerk von Nesselkapseln eingeigelt hatten, gab es an Land nun eine Fülle eiweißreicher Insekten, die mit größter Wahrscheinlichkeit noch frei von Gift- und Abwehrstoffen waren. Da sie die Pflanzen nicht direkt nutzten und diese, soweit sich dies aus den Leistungen der heutigen Arten abschätzen läßt, auch gar nicht in der Lage gewesen sein dürften, Giftstoffe herzustellen, sollten sie selbst auch keine Gifte enthalten haben. Die heutigen urtümlichen Insektengruppen gehören fast ausnahmslos zu den ungiftigen Formen. Viele, insbesondere die noch nicht flugfähigen Entwicklungsstadien, waren auch gar nicht in der Lage, sich Feinden schnell zu entziehen.

Somit dürfen wir annehmen, daß es in den Pflanzenbeständen des Devon und in den Wäldern der folgenden Karbonzeit Insekteneiweiß in

Hülle und Fülle gegeben hat. Die ursprünglichen Landwirbeltiere haben sich offenbar auch im wesentlichen von ihnen ernährt. Das zeigen ihre Gebisse. Erst später kamen pflanzenverwertende Formen hinzu, und erst dann entwickelten sich Anpassungslinien, die nach Art der Raubtiere die neuen Möglichkeiten des Wirbeltierlebens ausnutzten.

Nun folgte wieder eine Zeit rascher Veränderungen. Die neue Stammeslinie der Wirbeltiere schien vollkommen neue Möglichkeiten auszuloten. Viele Gruppen tauchten auf, entfalteten sich für einige Millionen Jahre und verschwanden dann wieder, ohne Nachfahren zu hinterlassen. Andere waren erfolgreicher und begründeten neue Durchbrüche. Aus solchen gingen die heutigen Amphibien und die für den weiteren Fortgang des Geschehens noch bedeutsameren Kriechtiere, die Reptilien, hervor. Doch damit beginnt ein neues Zeitalter der Erde, die Zeit der Echsen, der Dinosaurier, das Erdmittelalter (Mesozoikum).

Die Zeitenwende markiert ein Ereignis, das erst in neuerer Zeit entdeckt worden ist. Damals, vor 248 Millionen Jahren, rückten die Kontinente zusammen und formten einen einzigen Weltkontinent, die Pangaea. Die unablässige Drift der Platten, welche die Erdkruste bedekken, hatte dieses Ereignis verursacht. Ein warmes und trockenes Klima macht sich breit. Denn nun liegen die ehemaligen, nur teilweise mit den späteren Kontinenten identischen Festländer wie zusammengedriftete Eisschollen äquatornah dicht an dicht beisammen. Um die Pole kann die Westdrift das Meerwasser treiben, ohne daß sich Eis bildet. Die knapp ein Drittel der Erdoberfläche bedeckende Pangaea erhält zwar an den Rändern Niederschläge, aber die riesigen Kontinentalflächen im Innern trocknen zunehmend aus. Noch schirmen keine hohen Gebirgsketten die Ränder ab, so daß die Regenfälle weit ins Innere vordringen können.

Wegen der Äquatorlage des Riesenkontinents bleibt das Klima warm. Auch erhalten ausgedehnte Flachmeere Sumpfwälder und angrenzende Vegetation, aber die Austrocknung schreitet voran. Die Zeit der riesigen Sumpfwälder der Steinkohleepoche ist vorüber. In den wolkenarmen Nächten wird es im Innern der Kontinentalmasse kühl. Bäume treten auf, die der Trockenheit besser widerstehen.

Ein Baumtyp entsteht und wird mit seinen zweilappigen Blättern zum ökologischen Vorläufer der Laubbäume, der Gingko. Auch ihn scheint die Evolution als Überbleibsel vergessen zu haben. Die Koniferen entstehen, und gegen Ende dieser fast zweihundert Millionen Jahre anhaltenden Epoche des Erdmittelalters setzt der Aufschwung der Blütenpflanzen ein. Bei den Kriechtieren laufen die unterschiedlichsten Entwicklungen ab. Nach außen hin dominiert der Größenzuwachs. Das Erdmittelalter ist das Zeitalter der Reptilien. Gegen Ende der Epoche hatten sie Riesenformen entwickelt, wie es sie niemals vorher an Land gegeben hat, und seit sie ausgestorben sind, hat es nichts Vergleichbares wieder gegeben.

Im Verborgenen scheinen sich zwei Sprosse des Reptilienstammes angeschickt zu haben, die Dinosaurier und ihre Verwandtschaft abzulösen. Diesen Eindruck kann man rückblickend durchaus gewinnen, aber er ist ziemlich sicher falsch. Keine Neuentwicklung »schickte« sich jemals »an«, etwas zu erreichen oder zu verändern. Im Gegenteil: Fast alle Seitenlinien, die vielleicht hätten Ansatzpunkte für neue Entwicklungen werden können, sind ohne Erfolg erloschen. Daß wir aus der Rückschau die Erfolge sehen, liegt an der Blickrichtung. Von unten her betrachtet, vom Beginn des Erdmittelalters, lagen die Optionen ganz offensichtlich bei den Reptilien. Die vielen Vorstöße und Versuche, Neuland zu erschließen, würden die Überlegenheit dieser Gruppe nur bekräftigen, nicht aber, wie rückblickend, sie in Frage stellen. Die Welt der Reptilien war vielfältiger als die heutige, was den Reichtum an Formen des Tierlebens betrifft. Was sie an unmittelbaren Nachfahren, die auch heute zu den Reptilien gerechnet werden müssen, hinterlassen haben, entspricht im Hinblick auf ihre frühere Mannigfaltigkeit dem Zustand lebender Fossilien; zwergenhafte Ausgaben früherer Größe und Leistungsfähigkeit.

Daß diese Erfolgstypen der Evolution, die über hundert Millionen Jahre lang die Erde bevölkert und ihre Natur nachhaltig beeinflußt hatten, fast ohne nennenswerte Überlebende verschwunden sind, beschäftigt seit ihrer Entdeckung Forschung und Phantasie. Was war das für eine Welt, in der vor hundert Millionen Jahren Riesentiere die Erde bevölkerten, für die man die Bezeichnung »Kriech«-Tier eher als Geschmacklosigkeit denn als Charakterisierung erachten sollte? Warum starben sie aus?

6. Die wunderliche Welt der Dinosaurier

Die Dinosaurier waren die größten Landtiere, die es jemals gegeben hat. Rund hundert Millionen Jahre, das Fünfzigfache der Zeitspanne, seit der es die Gattung Mensch gibt, waren sie Repräsentanten hochentwickelten Tierlebens. Wenngleich sich ihr Ende schon in den letzten Jahrmillionen abzeichnete, die vor ihrem völligen Verwinden liegen, weil sich die Lebensbedingungen allmählich zu ihren Ungunsten veränderten, kam ihr Aussterben doch so plötzlich wie eine Katastrophe. Ein langsamer, fließender Übergang fand nicht statt. Eine Vielzahl neuerer und neuester Forschungsergebnisse bestätigt, was Geologen seit mehr als einem Jahrhundert zur Einteilung der Erdzeitalter verwenden: Vor etwa 65 Millionen Jahren muß ein bestimmtes Ereignis die Welt nachhaltig verändert haben. Es gab eine Schnittstelle, die die Zeit des Erdmittelalters, Mesozoikum genannt, scharf von der Erdneuzeit, die mit dem Tertiär beginnt, trennte.

Die Schärfe und die Klarheit der Trennung blieb bis in die jüngste Zeit ein Rätsel der Erdgeschichte. Nun dürfte es gelöst sein. Die entscheidende Entdeckung hängt mit einem sehr seltenen Edelmetall, dem Iridium, zusammen. Es hat ähnliche Eigenschaften wie das Platin. In den Ablagerungen, aus denen erdgeschichtliche Daten erhoben werden, findet man Iridium gewöhnlich nur in Spuren. Doch in einer ganz bestimmten Schicht, die einem Alter von 65 Millionen Jahren entspricht, schnellt der Iridiumwert weltweit auf das Mehrhundertfache des Normalpegels in die Höhe. Diese Stelle markiert genau das Ende der Kreidezeit des Erdmittelalters und den Beginn des Tertiärs in der Erdneuzeit.

Etwas ganz Außergewöhnliches muß damals passiert sein. Es hat seine Spuren in drastisch erhöhtem Iridiumgehalt hinterlassen. Diese Spuren führen ins Weltall, denn Iridium kommt weit häufiger in Meteoriten als auf der Erde vor. Andererseits ging an diesem Zeitpunkt nicht einfach eine allmähliche Entwicklung zu Ende, die ihren Ausgang im Erdaltertum oder im Erdmittelalter genommen hatte und die sich mit veränderten Formen in die Erdneuzeit hinein erstreckte. Vielmehr war es an dieser Zeitgrenze zu einem sogenannten »Faunenschnitt« gekommen.

Diese Bezeichnung besagt, daß nach einem kritischen Zeitpunkt eine radikale Änderung in der Zusammensetzung der Fauna im Fossilbefund festzustellen ist, die sich nicht mit einer langsamen Veränderung verträgt. Wie durch einen Schnitt wird die Fauna des ausgehenden Erdmittelalters von der des Tertiärs getrennt.

Solche Faunenschnitte wurden schon von den Geologen des 19. Jahrhunderts zur Abgrenzung der Erdzeitalter benutzt. Es ist auch die Ursache, daß »krumme Zahlen« die Entwicklungsabschnitte der Erde kennzeichnen. Die leicht nachvollziehbaren, auf dem Dezimalsystem aufbauenden Zahlenreihen liegen nur als zeitliche Meßlatte unter den markanten Abständen, an denen sich jeweils auffällige, rasche Veränderungen abzeichnen. Solche Grenzen der Erdzeitalter liegen bei den genannten 65 Millionen Jahren, bei 144 Millionen Jahren an der Grenze zwischen Kreide und Jura, bei 213 Millionen Jahren zwischen Jura und Trias, bei 248 Millionen Jahren zwischen der Trias und dem zum Erdaltertum zuzurechnenden Perm und so fort. Die Einteilung ähnelt den Phasen in unserer heutigen Menschheitsgeschichte, die gleichfalls nicht glatten Jahrzehnten, Jahrhunderten oder Jahrtausenden folgen, nur daß die erdgeschichtlichen Ereignisse in Jahrmillionen gemessen werden.

Die neuen Entdeckungen zum stark erhöhten Iridiumgehalt an den Grenzen zwischen den Erdzeitaltern der Kreide und des Tertiärs lenkten die Forschungen in eine neue Richtung.

Denn der für geologische Vorgänge außerordentlich plötzliche Wechsel in der Zusammensetzung der Fossilfauna vor 65 – genauer vor 64,7 – Millionen Jahren legt mehr als andere solcher Grenzwerte die Annahme nahe, daß hier ein besonderes Ereignis stattgefunden haben mußte. Die Eroberung des Landes, zuerst durch Pflanzen, dann durch Tiere, waren Ereignisse, die sich nachhaltig auf den weiteren Verlauf des Evolutionsgeschehens ausgewirkt hatten. Aber sie zogen sich über lange Zeiträume hin. Vieles spricht dafür, daß an der Grenze Kreide/Tertiär etwas anders Geartetes passierte, das nicht nur in geologischen Zeiträumen als plötzliches Ereignis in Erscheinung tritt.

Und dieses anders geartete Ereignis müßte eigentlich auch in direktem Zusammenhang mit dem Aussterben der Dinosaurier gestanden haben, denn alle Versuche, ihr Verschwinden auf langsam wirkende Ursachen – wie Überspezialisierung, Schwierigkeiten der Jungtiere, aus den großen, beschalten Eiern auszuschlüpfen, Vulkanausbrüche oder die Drift der Kontinente, die das Puzzle langsam, aber sicher veränderte – zurückzuführen, vermochten nicht wirklich zu überzeugen. Solche langsam wirkenden Prozesse hätten zumindest einigen der so vielfältigen und so weit verbreiteten Dinosaurier das Überleben in die folgende Zeit des Tertiärs, vielleicht sogar bis in die Gegenwart, offenhalten müssen.

Bestimmte Gruppen der Reptilien, wie die Krokodile und die Schildkröten, haben auch in verhältnismäßig großen Formen überlebt. Von den Echsen blieben nur ganz kleine Formen übrig. Die ganze Stammeslinie der Dinosaurier verschwand vollständig. Sehen wir von der verwandtschaftlichen Zugehörigkeit ab, so läßt sich der Befund etwas anders darstellen: Die Wende zum Tertiär überstanden nur Landtiere, die weniger als zehn Kilogramm schwer waren. Einzig wasserbewohnende Gruppen, darunter auch solche, die sich nur zeitweise im Wasser aufhalten, wie die genannten Krokodile und große Wasserschildkröten, fallen nicht unter diese zehn-Kilogramm-Grenze.

Aber in dieser Zeit verschwanden nicht nur die Dinosaurier. Auch im Meer kam es zu großen Veränderungen. Bestimmte Gruppen des Meeresplanktons fehlen genauso plötzlich wie bestimmte Pflanzengruppen an Land. Zusammengefaßt vermitteln die Befunde das Bild einer gewaltigen Katastrophe, die über die Erde hereingebrochen sein muß. Deshalb ist die Bezeichnung Faunenschnitt auch voll und ganz gerechtfertigt. Die Pflanzenwelt war nicht so sehr betroffen, veränderte sich danach aber auch stark.

Im Jahre 1980 überraschte der amerikanische Geologe Louis Alvarez die Wissenschaftler, die sich mit diesem Problem befaßt hatten, mit einer aufsehenerregenden Erklärung. Den Schlüssel dazu hatte ihm der Iridium-Befund geliefert. Was scheinbar nichts miteinander zu tun hatte, bekam damit Zusammenhang. Iridium findet sich ungleich häufiger in Meteoriten als auf der Erde selbst. Könnte es nicht sein, daß damals, vor 65 Millionen Jahren, ein großer Meteorit auf der Erde einschlug und eine solche Welle der Vernichtung und Verwüstung auslöste, daß nicht nur die Dinosaurier, sondern auch all die anderen Arten und Gruppen von Tieren und Pflanzen ausstarben, die sich fossil nachweisen lassen, für deren Verschwinden es aber bislang keine plausible Erklärung gab?

Alvarez und seine Mitarbeiter (1984) entwickelten ein Szenario, aus dem ein Musterbeispiel für die Arbeit moderner Naturwissenschaft geworden ist. Sie gingen von folgenden Kernüberlegungen aus: Wenn ein Meteoriteneinschlag das große Sterben an der Wende der Kreidezeit zum Tertiär verursacht haben sollte, dann mußte dieser Meteorit so groß gewesen sein, daß er mit seinen Auswirkungen die ganze Erde beeinflussen konnte. Seine Wirkung muß aber so gewesen sein, daß bestimmte

Gruppen dennoch überleben konnten, von denen die weitere Entwicklung ausgegangen ist. Seine Wirkungen müßten sich von besonders schweren Vulkanausbrüchen unterscheiden lassen.

Von jeder dieser Grundüberlegungen lassen sich weitere, präzisere ableiten. Der entscheidende Unterschied zu allen bisherigen Ansätzen, den Faunenschnitt zu erklären, liegt darin, daß sich unabhängig von den Fossilbelegen überprüfbare Voraussagen entwickeln ließen. So beispielsweise, daß sich in der dünnen Schicht angereicherten Iridiums noch andere Spuren eines Einschlagereignisses, wie winzige Kügelchen aus Quarzglas, finden lassen müßten, die vom ungeheueren Druck, der beim Aufschlag aufgetreten sein muß, in einer ganz bestimmten Weise ge- und verformt worden sind. Diese Quarzglaskügelchen wurden in der Tat in den Iridiumschichten gefunden. Sie sind natürlich gänzlich unabhängig von den Dinosaurierfossilien.

Das Szenario von Alvarez enthält eine Fülle solcher überprüfbarer Vorhersagen und Annahmen. So wurde es zu einem großartigen Forschungsprogramm, das Teile der Naturwissenschaften das folgende Jahrzehnt in Atem hielt. Die Untersuchungen gehen weiter, und sie liefern nach wie vor eine Fülle höchst interessanter und weiterführender Befunde. Geologen, Chemiker, Meteorologen, Paläontologen, Biologen und andere Teilbereiche der Naturwissenschaften sind vertreten, und ihre Arbeit wird durch diesen zentralen Forschungsansatz stimuliert und vorangetrieben. Wie sieht dieses Szenario aus?

Aus den Berechnungen der Alvarez-Gruppe ließ sich ableiten, daß der Meteorit etwa zehn Kilometer Durchmesser gehabt haben müßte. Zu dieser Größenordnung passende Krater gibt es eine ganze Reihe auf der Erde, so daß die Größe als solche keineswegs aus dem Rahmen fällt. Allerdings paßte keiner der bekannten Krater für die geforderte Entstehungszeit. Doch bei 70 Prozent Ozean und nur 30 Prozent Landfläche muß der Einschlag auch nicht unbedingt einen Kontinent getroffen haben. Neuerdings gibt es Befunde, die für eine Einschlagstelle in der Karibik sprechen (Pope, Ocampo und Dulles 1991).

Dieser Riesenmeteorit muß sich beim Eintritt in die Erdatmosphäre teilweise pulverisiert haben. Aus diesem Meteoritenstaub ging die Iridiumschicht hervor, die offenbar weltweit nachgewiesen werden kann. Der Einschlag verursachte die »geschockten« Quarzkügelchen. Die Reibungshitze erzeugte ähnlich wie beim Tunguska-Meteoriten, der am 30. Juni 1908 in Sibirien an der Steinernen Tunguska niederging, ausgedehnte Waldbrände. Der Tunguska-Meteorit explodierte vor dem Aufschlag und hinterließ zahlreiche kleinere Einschlagstellen auf einer Fläche von etwa 8000 Quadratkilometern. Eine Erdbebenwelle umkreiste dreimal die Erde. Wolken feinsten Staubes wurden bis in fünfzig Kilometer Höhe hochgeschleudert. Ein zehn Kilometer großer Meteorit müßte weit größere Hitzewirkungen verursacht haben. Riesige Waldbrände sollten die Folge gewesen sein. Wiederum läßt sich daraus folgern, daß in der Iridiumschicht auch feinster Ruß nachweisbar sein müßte, der von diesen Bränden in die Atmosphäre gelangte und sich nach und nach absetzte. Auch dieser Kohlenstoff ist gefunden worden.

Noch spannender sind die Folgen für den Naturhaushalt der Erde. Die Reibungshitze muß in großem Umfang durch Verbrennung von Luftstickstoff Stickoxide erzeugt haben, die zusammen mit verbranntem Schwefel aus den Bränden (organische Schwefelverbindungen) weltweit saure Niederschläge größten Ausmaßes erzeugten. Denn in Wasser verbinden sich die Oxide von Schwefel und Stickstoff zu Schwefel- und Salpetersäure. Die Ansäuerung der obersten Ozeanschichten mußte Folgen für das Plankton haben, vor allem für solche Gruppen, die feine Kalkskelette ausbilden. Wiederum steht der Befund in Einklang mit der Vorhersage.

Noch stärkere Auswirkungen lassen sich für die Lebensbedingungen an Land ableiten. Bei einem derart großen Meteoriten muß der Staub die Erde verdunkelt haben. Als 1815 der Tambora in Indonesien ausbrach, erzeugte die Asche, die um den Erdball getrieben wurde, in Nordamerika, also auf der anderen Seite der Erde, das »Jahr ohne Sommer« und einen fast völligen Ausfall der Ernte. Um wieviel wirkungsvoller muß ein Einschlag eines Riesenmeteoriten die Produktionsbedingungen weltweit verändert haben?

Die teilweise bis weitgehende Pulverisierung des Meteoriten muß eine so dichte Staubschicht rund um die Erde erzeugt haben, daß kaum mehr Sonnenlicht hätte durchdringen können. Wenn die Einschlagskatastrophe nur ein paar Tage gedauert hat und die Staubwolke auch nur ein Jahr lang in der Atmosphäre geblieben ist, muß das den fast vollständigen Ausfall pflanzlicher Produktion verursacht haben. Mit der »Abschaltung des Lichtes« war also der biologische Produktionsprozeß zum Erliegen gebracht. Vorstellbar wäre, daß aufgrund der Temperaturverteilung die Verdunklungswirkung vornehmlich in den tropischen, subtropischen und gemäßigten Breiten wirksam geworden ist, weniger aber in den polaren Regionen und ihren Randgebieten. Auch hierzu gibt es wiederum passende Befunde. Im schon recht kühlen Grenzbereich in Alaska überlebten möglicherweise einige Dinosaurier die Katastrophe; sie starben erst nach Beginn des Tertiärs in dieser Grenzzone für energetisch anspruchsvolle Organismen aus.

Mit einem derartig verheerenden Einschnitt in die pflanzliche Produktion mußten die Nahrungsketten praktisch zum Erliegen kommen. Die verhungernden pflanzenverwertenden Dinosaurier rissen die von ihnen abhängigen Raubdinosaurier mit: Eine Kaskade von ökologischen Folgewirkungen setzte ein. Nur jene Lebewesen konnten verschont bleiben, die aufgrund ihres Stoffwechsels und ihrer Lebensweise in der Lage waren, sehr lange ohne Nahrung auszukommen, in Dauerstadien überzuwechseln der von Abfall zu leben. Eine letzte Möglichkeit bestand darin, den Zentren der Verwüstung für einige Zeit zu entfliehen. Dazu dürften aber nur flugfähige Formen in der Lage gewesen sein.

Fast verdächtig gut – aus der Sicht der Gegner von Alvarez »Impact-Theorie« – passen die biologischen und die paläontologischen Befunde. Man weiß von den heute lebenden Schildkröten und Krokodilen, daß sie außerordentlich lange ohne Nahrung auskommen s Ein halbes Jahr oder länger können sie hungern. Zahlreiche Krokodile verdösen ungünstige Zeiten einfach in selbstgegrabenen Höhlen an den Flußufern und warten darin auf bessere Zeiten. Große Schildkröten, wie die Galapagos- oder die Seychellen-Riesenschildkröten, sind früher von den Seeräubern als lebender Proviant mitgenommen worden. Viele Monate lebten sie in den Schiffsbäuchen ohne Nahrung und mit nur einem Minimum an Wasser.

Überlebt haben aber auch Vögel und Säugetiere – natürlich nicht unsere heutigen Arten, sondern ihre fernen Vorfahren. Die Vögel hatten schon in der Kreidezeit das volle Flugvermögen entwickelt. Die frühen spitzmausähnlichen Säuger lebten vornehmlich in der Dunkelheit, wo sie sich Insektenbeute ertasteten oder mit ihrem ausgezeichneten Geruchsvermögen ausfindig machten. Daß auch zahlreiche Samenpflanzen ohne größere Verluste durchgekommen sind, paßt gleichfalls ins Bild. Die Samen überstehen jahrelange Wartezeiten. Kleine Tiere brauchen ganz allgemein weniger Nahrung als große. So verwundert es auch nicht, daß kleine Echsen und andere Gruppen, wie Amphibien, einen derartigen Beinahe-Weltuntergang überlebten. Es wird sicher kleine Stellen und Schlupfwinkel gegeben haben, die nicht so massiv getroffen worden sind. Die Erfahrung mit großflächigen Waldbränden lehrt, daß zwar die großen Tiere darin fast ausnahmslos umkommen, zahlreiche kleine aber in den sicheren Schlupfwinkeln überleben.

Das Alvarez-Szenario hat also viele gute Argumente auf seiner Seite. Immer stärker verdichten sich die Befunde, die die Katastrophe bestätigen. Strittig ist nicht mehr die Katastrophe an sich. Woran noch intensiv geforscht wird, ist das Problem, ob all die Befunde, wie Iridium, Quarzkügelchen und Kohlenstoffablagerungen in der kritischen Zone, nicht vielleicht doch auch von ausnehmend starken Vulkanausbrüchen verursacht worden sein konnten.

Inzwischen gingen die Überlegungen der an den Forschungen Beteiligten aber weiter. Angenommen, die Einschlag-Theorie stimmt, könnte es nicht sein, daß solche Massenvernichtungen bereits früher aufgetreten sind und die Ursache für die zeitliche Untergliederung der Erdgeschichte abgeben?

Am Beginn der Urzeit des Tierlebens steht, wie im dritten Kapitel ausgeführt, ein noch größeres Aussterben, dem über 90 Prozent, vielleicht sogar 98 Prozent aller ursprünglichen Lebensformen zum Opfer gefallen sind. Dann folgten immer wieder mehr oder weniger markante Faunenschnitte, die von den Geologen und Paläontologen eben zur Unterteilung der Erdzeitalter herangezogen worden sind. Daniel Raup (1986) von der Universität Chicago faßte die Befunde zusammen. Er kam zu dem – nicht unumstrittenen – Ergebnis, daß ausgeprägte Massensterben regelmäßig genug auftreten, um eine zufällige Zeitreihe ausschließen zu können. Alle 26 Millionen Jahre gibt es erkennbare Veränderungen und in größeren Zeitabständen sogar sehr ausgeprägte – wie ein geheimnisvoller Rhythmus, der die Erde erfaßt. Das Ausmaß der Faunenveränderungen schwankt entsprechend. Steckt hier vielleicht eine verborgene Wiederkehr, eine Periodik?

An dieser Stelle hakten die Astronomen ein: Sie wissen seit langem, daß unser Sonnensystem in etwa diesen Zeitabständen die sogenannte Oort-Wolke durchquert, in der sich gehäuft Asteroiden befinden, also Himmelskörper, die zu Riesenmeteoriten werden können, wenn sie vom Schwerefeld eines viel größeren Planeten, beispielsweise von der Erde, eingefangen werden. Auch in unserem eigenen Sonnensystem befindet sich ein Gürtel von Planetentrümmern jenseits der Umlaufbahn des Mars. Die Idee der »Nemesis« (Raup 1986) wurde geboren.

Nemesis, der Todesstern, bringt mit Einschlägen von Riesenmeteoriten immer wieder Vernichtung über die Erde. Was wie schiere Spekulation klingt, nehmen die Astronomen durchaus ernst. Wir wissen noch nicht viel über die Bahnen und Wahrscheinlichkeit, daß Himmelskörper zusammentreffen, und doch sind ihre Spuren nicht zu übersehen.

Schauer von kleinen und kleinsten Meteoriten, die einfach in der Lufthülle der Erde verglühen, gehen beinahe tagtäglich auf uns hernieder. So lange es noch keine sauerstoffhaltige Lufthülle gab, konnten sie nicht verbrennen. Sie trugen in erstaunlich großem Maß über die Jahrmillionen der Urzeit der Erde dazu bei, daß sie an Masse gewann. Der Mond ist, wie schon ein Blick durch ein einfaches Fernglas bezeugt, voller Einschlagkrater. Auch die Erde wäre voller Kraternarben, würde die Erosion sie nicht im Lauf der Zeit wieder beseitigt haben.

Die kosmischen Einwirkungen sind vorhanden. Sie lassen sich nicht bestreiten. Ihren Auswirkungen wurde nur viel zu wenig Aufmerksamkeit gewidmet. Die Verknüpfung von so weit auseinanderliegenden Wissenschaften wie Astronomie, Geologie und Evolutionsbiologie wiederhergestellt zu haben, das ist der besondere Verdienst von Louis Alvarez und seiner Arbeitsgruppe.

7. Das Ende der Riesenechsen

Das Aussterben der Dinosaurier beschäftigt nicht nur die Forschung, sondern fast noch mehr die Phantasie. Darüber kamen gründlichere Untersuchungen zu ihrer Lebensweise lange Zeit zu kurz. Man begnügte sich mit der Vorstellung, daß die haushohen Riesenechsen träge Kolosse gewesen waren. In Sümpfen mit reichlich Pflanzenwuchs fing die Tragkraft des Wassers zum Teil die Schwere der Körper pflanzenverwertender Dinosaurier auf. Wenn sie starben, konservierte der Schlamm ihre Körper und hinterließ Fossilien von bemerkenswertem Erhaltungszustand.

Doch es gab im Erdmittelalter neben den wirklichen Riesenformen eine breite Palette von Reptilien. Ihr Spektrum schloß auch kleine Formen ein, vergleichbar solchen Echsen, die es heute noch gibt. Zu den Dinosauriern im Sinne der zoologischen Klassifikation gehörten zwei Reptiliengruppen nicht, die damals ihre Blütezeit erlebten und gleichsam zwei viel spätere Tiergruppen vorweggenommen hatten, nämlich die Flugechsen und die Fischechsen. Erstere erreichten weit größere Spannweiten als heutige Vögel, letztere entsprachen den Delphinen und anderen modernen Meeressäugetieren.

Neben diesen nach Zahl der Arten und Breite der Entwicklungsformen vorherrschenden Reptiliengruppen blieben zwei andere Stammeslinien von Landwirbeltieren unscheinbar und offenbar von geringer Bedeutung im damaligen Artenspektrum der Erde: die Säugetiere und die Vögel. Ihre Stammeslinien entstanden in der Ära der Echsen. Sie stammen von ursprünglichen Formen ab. Mit den Dinosauriern sind sie nicht näher verwandt.

Als die ersten Funde versteinerter Knochen der Riesendinosaurier bekannt wurden, konnte man kaum glauben, daß es jemals so große Landtiere gegeben hat. Die 20 bis 25 Meter langen Vertreter der Gattungen *Diplodocus, Apatosaurus* und *Brachiosaurus* müssen 30 bis 50 Tonnen gewogen haben. Sie waren damit fünf- bis zehnmal so schwer wie die größten lebenden Landtiere, die Afrikanischen Elefanten. *Brachiosaurus* wurde bis zu 13 Meter hoch, doppelt so hoch wie eine Giraffe.

Schließlich war *Tyrannosaurus rex*, die »schreckliche Königsechse«, wie man den wissenschaftlichen Namen übersetzen könnte, das größte Landraubtier, das es jemals gegeben hat. Im furchterregenden Gebiß dieses Riesentieres hatten über einen Meter lange Beutestücke Platz. Die größten Zähne maßen mehr als 15 Zentimeter. Was lag näher, als einen derartigen Riesenwuchs als »Übertreibung« der Evolution einzustufen?

Der Riesenwuchs, so nahm man lange Zeit an, war den Dinosauriern zum Verhängnis geworden. Daß aber höchstwahrscheinlich der Einschlag eines Riesenmeteoriten ihr jähes Ende herbeiführte, paßt natürlich nicht mehr zu der Vorstellung vom Gigantismus als Sackgasse der Evolution.

Blenden wir jetzt zurück zu ihren Ursprüngen. Die Geschichte der Dinosaurier beginnt vor etwa 220 Millionen Jahren in der späten Trias-Zeit (Lucas 1990). Damals begannen die zu einer einzigen Kontinentalmasse, der Pangaea, zusammengeschlossenen Erdteile auseinanderzubrechen. Ein feuchtwarmes Klima herrschte lange Zeit. Schildkröten, Plesiosaurier, Krokodile, Flugechsen, die säugetierähnlichen Reptilien und wahrscheinlich auch schon die Vorläufer der Echsenlinie, aus der die Vögel hervorgegangen sind, entwickelten sich zu dieser Zeit.

Nach gegenwärtigem Kenntnisstand dürfte es auch vor Beginn der Entfaltung der Reptilien einen Einschlag eines Riesenmeteoriten gegeben haben. Man kennt sogar einen dazu passenden Krater: den 200 bis 220 Millionen Jahre alten, im Durchmesser siebzig Kilometer großen Manicouagan-Krater in der Provinz Quebec in Ostkanada.

Begann also das Zeitalter der Dinosaurier mit einem ähnlich katastrophalen Einschlag, wie es zu Ende ging? Noch gibt es nicht genügend wissenschaftlich abgesicherte Befunde für diese Annahme. Sicher ist dagegen, daß es vor gut 210 Millionen Jahren unaufhaltsam aufwärts ging mit den Reptilien. 150 Millionen Jahre lang bestimmten sie die Zusammensetzung der Großtierwelt auf der Erde.

Eigentlich ist diese Vorherrschaft der Dinosaurier ziemlich merkwürdig, wenn man sich die Riesen als träge Kolosse vorstellt. Kleinere, agilere Tiere, wie die viele Millionen Jahre im »Schatten« der Dinosaurier lebenden Säugetiere, hätten doch im Lauf der Zeit als die besseren und leistungsfähigeren die Reptilienvorherrschaft zurückdrängen können. Sie waren es doch auch, die sich nach dem Ende der Dinosaurier als die neue Erfolgslinie der Wirbeltierevolution herausschälten. Oder wie sieht es mit Verdrängung durch Konkurrenz aus? Aus der Ökologie wissen wir, daß keineswegs immer der Größere und Stärkere in der Auseinandersetzung um knappe Lebensgrundlagen der Erfolgreichere ist. Das Gegenteil trifft zumeist zu. Warum also haben die »besseren« Säugetiere und Vögel nicht lange vor dem magischen Ende vor 65 Millionen Jahren die nicht so weit entwickelte Echsenverwandtschaft verdrängt? Ihre »fortschrittlichen« Anpassungen waren längst ausgebildet.

Offensichtlich trifft hier die Sicht der Evolutionsvorgänge, wie sie Charles Darwin entwickelt hatte, nicht die wirklichen Verhältnisse. Wäre das Bessere der Feind des Guten gewesen, dann hätten die großen Echsen schon längst das Feld geräumt haben müssen, denn die Vögel und die Säugetiere lebten schon in ihrer Zeit. Eine Verdrängung durch Konkurrenz kann keine hundert Millionen Jahre dauern, wenn die Verbesserungen, welche die einen in die Konkurrenz mit einbringen, auch nur minimale Vorteile mit sich bringen.

Vielleicht waren die Dinosaurier den aus heutiger Sicht moderneren Vögeln und Säugetieren aber gar nicht so unterlegen. Neuere Untersuchungen (Bakker 1987) ergaben, daß Dinosaurierknochen einen ganz ähnlichen Innenaufbau mit einer bestimmten Feinstruktur aufweisen, wie er sonst nur bei warmblütigen Säugetieren zu finden ist, aber bei wechselwarmen Kriechtieren nicht vorkommt. Manche Dinosaurier waren daher vielleicht gar keine »kaltblütigen Kriechtiere« mehr. Allein schon wegen ihrer Körpermasse hätten die großen Formen teilweise bis weitgehend warmblütig gewesen sein müssen. Denn die im Körper erzeugte Wärme kann bei Großformen gar nicht so schnell nach außen abfließen, daß ein dauernder Temperaturausgleich mit der Umgebung zustande kommt.

Deshalb ist es gar nicht abwegig, sich die großen Echsen als leistungsfähige, in mancher Hinsicht den heutigen Säugetieren ebenbürtige Tiere vorzustellen. Hochdifferenzierte soziale Verhaltensweisen lassen sich zudem aus Funden ableiten, die an Eiablageplätzen der Dinosaurier gemacht worden sind. Diese neue Sicht der Dinosaurier wird vor allem von Robert Bakker von der Universität Colorado vertreten.

Wenn es nun aber tatsächlich zutrifft, daß die Dinosaurier keine trägen Riesen, sondern aktive Großtiere gewesen sind, dann würde die alte Vorstellung von einem allmählichen Aussterben noch weniger verständlich. So lange man sie als Sackgasse der Evolution behandeln durfte, ergab sich ihr Ende zwangsläufig. Merkwürdig blieb nur die gute Übereinstimmung im Zeitpunkt des Verschwindens. Die Theorie des Meteoriteneinschlags löst beide Probleme gleichzeitig: Überlegenheit unter den vorherigen Bedingungen war keine Überlebensgarantie bei kosmischen

Katastrophen. Der Zeitpunkt war von außen gesetzt und ohne inneren Zusammenhang mit dem Entwicklungsstand der Riesenechsen.

Doch wozu war dann die Größe gut gewesen, wenn sie nicht einfach eine Sackgasse der Evolution war? War sie einfach so zustande gekommen, ohne mit bestimmten Vorteilen verknüpft gewesen zu sein?

Nehmen wir zur Erörterung dieser Frage einen Befund auf, der für sich genommen höchst merkwürdig ist: Bei zahlreichen Großformen unter den pflanzenverwertenden Dinosauriern, wie etwa bei *Apatosaurus* und *Diplodocus*, scheinen Kopf- und Körpergröße nicht zusammenzupassen. Die Riesentiere hatten so auffallend kleine Köpfe, daß man sie ursprünglich für Reste einer anderen, viel kleineren Echsenart gehalten hatte. Dennoch gehören die kleinen Köpfe zu den riesenhaften Körpern. Und da es sich um Pflanzenesser gehandelt hatte, fällt das Mißverhältnis noch krasser aus. Denn die großen Pflanzenverwerter unserer Zeit zeichnen sich, wie auch ihre Verwandten und Vorläufer, die während des Eiszeitalters lebten, als es – im Vergleich zur Gegenwart – noch größere Formen gab, durch große, massige Köpfe mit schweren, kräftigen Gebissen aus. Die Zähne sind reibplattenähnlich geformt. Sie tragen Schmelzfalten, mit deren Hilfe sie die abgeweideten Pflanzen zerreiben.

Tiere, die sich von pflanzlicher Kost ernähren, brauchen große Mengen Nahrung; ein Mehrfaches der Menge, die Fleischverwerter zu sich nehmen müssen, weil die Pflanzen so eiweißarm sind. Dazu benötigen sie zumeist noch Helfer bei der Verwertung der Pflanzenstoffe in Form von symbiontischen Mikroben, die in kompliziert gebauten Mägen (bei Wiederkäuern) oder in den Blinddärmen leben. Selbst wenn, was recht unwahrscheinlich ist, die pflanzenverwertenden Dinosaurier einen höheren Verwertungsgrad als heutige Pflanzenesser erzielt haben sollten, müssen sie trotzdem große Mengen an Pflanzen zu sich genommen haben, weil diese so nährstoffarm sind.

Ein großer Elefant mit einem Gewicht von zwei bis drei Tonnen verzehrt täglich 100 bis 360 Kilogramm pflanzliche Nahrung. Er ist bis zu 18 Stunden mit der Nahrungsaufnahme beschäftigt. Der Nahrungsbrei muß rund vierzig Meter Darm durchwandern, und dennoch kommt das Futter nur etwa halbverdaut wieder zutage.

Ein zehnmal schwererer Dinosaurier hätte also vielleicht auch die zehnfache Nahrungsmenge benötigt, weil er als Reptil ein noch schlechterer Verwerter als der Elefant gewesen sein müßte. Der »Gewinn« aus der Größenzunahme – ein doppelt so großer Körper benötigt wegen des günstigeren Oberflächen-Volumen-Verhältnisses weniger als das Doppelte – hätte vom »Verlust«, weil die Reptilienverdauung nicht so gut funktioniert wie bei den Säugetieren, wieder ausgeglichen werden müssen. Nur ein den heutigen Reptilien entsprechend niedrigerer Grundumsatz, der bei nur 10 bis 20 Prozent des Bedarfes gleich großer Säugetiere liegt, hätte wirksame Verminderungen des Nahrungsbedarfes nach sich gezogen.

Rechnen wir großzügig, dann hätte der zehnmal schwerere Dinosaurier zwischen einer halben Tonne und einer Tonne pflanzliche Nahrung jeden Tag gebraucht, um seine 20 Tonnen Lebendgewicht ausreichend versorgen zu können. Große Sprünge, zu denen er wegen seines dafür nicht geeigneten Körperbaues gar nicht in der Lage gewesen wäre, hätte er demnach auch nicht machen können. So führt diese Überschlagsberechnung doch wieder zu den trägen, kaum beweglichen Kolossen?

Wenn wir vom Elefanten mit seiner bekannt geringen Effizienz der Verdauung ausgehen, ist die Antwort unweigerlich: ja; nicht aber, wenn wir die moderneren Säugetiere mit einbeziehen. Sie benötigen erheblich weniger, weil ihnen die Mikroben im Verdauungssystem die nährstoffarme pflanzliche Nahrung aufbessern. Steckt hier vielleicht der Zugang zum Rätsel der Größe der Dinosaurier? Waren die gewaltigen Körper Gärkammern, in denen Bakterien oder einzellige Mikroben Eiweiß und Fettsäuren erzeugten, von denen sich die Kolosse eigentlich ernährten? Man weiß es nicht, weil die versteinerten Knochen darüber zu wenig Aufschluß geben. Aber der so klein geratene Kopf läßt eigentlich gar keine andere Erklärung zu: Ein *Apatosaurus* kann nicht Tag für Tag eine halbe oder ganze Tonne pflanzlicher Nahrung durch seinen kleinen Schlund aufgenommen und den langen Hals hinunterverfrachtet haben. Das Gebiß zeigt zudem, daß die Nahrung nicht annähernd so gründlich zerrieben worden sein kann, wie es nötig wäre, um ohne Hilfe der Mikroben genügend Nährstoffe daraus entziehen zu können.

Gärkammern sind bei schlecht oder gar nicht nennenswert zerkleinertem Material um so wirkungsvoller, je größer sie sind. Allein aus diesem Grund hätte die Zunahme der Körpergröße von Vorteil gewesen sein müssen. Ein weiterer Umstand kommt hinzu: Die Größe bietet, anders als in der Sichtweite des abwertenden Gigantismus, beachtliche, bei ausgeprägter Saisonalität der Nahrungsversorgung sogar entscheidende Überlebensvorteile.

Die Hungerkünstler unter den Reptilien, die Schildkröten und die Krokodile, führen uns den Zusammenhang mit der Größe vor. Nicht unter den anhaltend tropisch-feuchtwarmen Lebensbedingungen wachsen die Schildkröten zu Riesenformen heran, sondern auf weltfernen Inseln wie Galapagos und auf dem Aldabra-Atoll und in den wechselfeuchten Regionen der Tropenrandgebiete. Dort, wo ausgeprägte Trockenzeiten die bodennahe Vegetation verdorren lassen und wo die Flüsse versiegen oder die Lagunen austrocknen, bringt die Größe die entscheidenden Vorteile als Mittel zur Überbrückung ungünstiger Zeiten.

Sogar die größten der überhaupt jemals entstandenen Tiere, die riesigen Wale, folgen diesem Prinzip. Sie nehmen ein halbes Jahr oder nur mehrere Monate lang Nahrung in den hochproduktiven Regionen der ans Eis grenzenden Polarmeere auf oder tauchen, wie der Pottwal, in große Meerestiefen hinab. Dann wandern sie in die subtropisch-tropischen Meere, wo sie sich monatelang aufhalten, ohne Nahrung zu sich zu nehmen. Dort bringen sie ihre Jungen zur Welt und paaren sich wieder. Geeignete Nahrung gibt es dort nicht. Bei niedrigem Grundumsatz, wie er für die Reptilien charakteristisch ist, bringt die Entwicklung zum Riesenwuchs noch erheblich mehr Vorteile, weil die Reserven entsprechend die vier- bis fünffache Zeit länger als bei den warmblütigen Säugetieren reichen.

Die Entwicklungstendenz zu den Riesenformen läßt sich daher durchaus auch als Anpassung an saisonalere Klimaverhältnisse deuten. Der paläoklimatische Befund stimmt mit dieser Annahme durchaus überein. In der Kreidezeit wurde das Klima in weiten Teilen der Kontinente zunehmend trockener, aber es blieb warm. Für die Reptilien sind dies, wie wir wiederum aus ihren heutigen Schwerpunkten des Vorkommens ableiten können, günstige Bedingungen. Sie entziehen der Sonnenwärme einen Teil ihres Energiebedarfes, um aktiv werden zu können, und sparen Energie, wenn ihre Körpertemperatur mit den Umgebungstemperaturen steigt oder absinkt. Die gleichmäßige Erwärmung des Körpers würde zusätzlich Energie benötigen. Daß besonders bei den großen Formen die Körpermasse als Wärmespeicher wirkt, bildet hier keinen Gegensatz. Sie vergrößert die Aktionszeitspanne entsprechend und muß wohl den pflanzenverwertenden Großformen auch die Nahrungsaufnahme in der Kühle der Nacht erlaubt haben, sonst hätten sie die benötigten, beträchtlichen Pflanzenmengen nicht bekommen. Für die Tätigkeit der Mikroben in den Gärkammern der Bäuche schuf die gleichmäßigere Wärme günstigere Lebensbedingungen, aber eine Konstanz der Körpertemperatur ist deswegen nicht notwendig.

Eher waren schon die Raubechsen auf ausreichend hohe Körpertemperaturen angewiesen, weil sich volle Leistungen der Muskulatur nur bei ausreichend hohen Temperaturen von 35 bis 40 Grad Celsius erbringen lassen. Das aufgenommene Fleisch müßte aber eine ungleich schnellere und wirkungsvollere Verdauung sichergestellt haben als bei den Pflanzenverwertern. So braucht man nicht anzunehmen, daß *Tyrannosaurus rex* und die kleineren, doch kaum weniger eindrucksvollen Raubdinosaurier nur Kadaver als Nahrung genutzt hätten. Ihre Größe ist der ihrer möglichen Beutetiere durchaus angemessen. Die unangemessenen Proportionen beziehen sich nur auf die Pflanzenverwerter. Sie sind für die Zusammenhänge in der Gesamtentwicklung viel aufschlußreicher.

So haben viele dieser pflanzenverwertenden Großechsen bizarre Bildungen wie Hörner am Kopf *(Triceratops)* oder an Körper und Schwanz *(Ankylosaurus, Stegosaurus)*. Diese Gebilde waren mit Horn bedeckt. Es gibt aber auch massive bis poröse Knochenbildungen, die der Phantasie der Dinosaurier-Folklore kaum Grenzen setzen. Dienten sie zur Verteidigung gegen die großen Raubdinosaurier? Halfen sie, wie die dreieckkigen Gebilde auf dem Rückenkamm von *Stegosaurus*, der Wärmeaufnahme? Was immer die sekundären Funktionen gewesen sein mögen, sie setzen voraus, daß das Material zur Bildung dieser Knochen oder Hörner zur Verfügung stand. Eine der Verteidigung dienende Panzerung aus Horn wäre reichlich nutzlos, wenn sie mangels Grundstoffe nicht richtig auszubilden wäre. Die grundlegend wichtige Unterscheidung von Ursache und Wirkung wird häufig übersehen oder überhaupt nicht in Rechnung gestellt.

Der Blick auf die Verhältnisse bei lebenden Pflanzenessern mit Horn- und Knochenbildungen gibt aufschlußreiche Hinweise. Je eiweißreicher das Nahrungsangebot, um so stärker werden Horngebilde entwickelt, und je mineralstoffreicher, um so größer und kräftiger fallen die Knochenbildungen aus. Die mächtigen Hörner der Steinböcke und der amerikanischen Wildschafe in den Rocky Mountains drücken diesen Zusammenhang im Vergleich zu den dürftigen Gebilden verwandter Arten in nährstoffarmen Tiefländern ähnlich klar aus wie die Geweihe von Wapitis und Rentieren in der Tundra und den nordischen Gebirgstälern, verglichen mit den kleinen Geweihen von Sumpfhirschen, Pudus oder Weißwedelhirschen.

Valerius Geist (1987), hat die Zusammenhänge ausgearbeitet, und Tim Clutton-Brock (1989) konnte sogar nachweisen, daß beim Rothirsch die Weibchen an der Stärke der Geweihe die Qualität des Nahrungsgebietes abzulesen imstande sind und zur Fortpflanzung solche Hirsche bevorzugen. Eine Fülle von Beispielen läßt sich für diesen Zusammenhang bei

Säugetieren anführen. Auch bei heute lebenden Reptilien gilt der Befund, daß besonders eiweißreiche Nahrung die Bildung von Hornstacheln oder -dornen fördert. Die dicken Hornpanzer und die darunter liegenden Knochenplatten der Landschildkröten kommen dadurch zustande, daß nur sehr wenig Eiweiß für Bewegungsaktivität verbraucht wird, so daß der Überschuß und die damit verbundenen Kalkmengen über die Panzerbildung ausgeschieden werden. Doch eine Vertiefung dieser Zusammenhänge würde zu weit vorgreifen.

Hier geht es darum, festzuhalten, daß der Gigantismus kein brauchbares Konzept für die Erklärung evolutionsbiologischer Zusammenhänge ist. Die Dinosaurier sind mit ziemlicher Sicherheit nicht deswegen ausgestorben, weil sie zu groß geworden sind. Es gab in der faszinierenden Vielfalt dieser Tiergruppe genügend mittelgroße und kleine Arten, die der Falle des Gigantismus entgangen wären, falls es diese Falle je gegeben hat. So bleibt die auslöschende Katastrophe die einzige plausible Erklärung für ihr Ende. Vielleicht verdanken sie ihren raschen Aufstieg zu Beginn der Reptilienevolution einer ähnlichen Katastrophe, die vor 220 Millionen Jahren ihre Vorläufer, die Lurche, weitgehend von der Erde verschwinden ließ. Dann würden zwei Katastrophen, die von außen gekommen sind, Beginn und Ende der Vorherrschaft der Reptilien einrahmen. Das erste Ereignis hatte die Bühne frei gemacht für den »neuen Aufzug«, den nun die Reptilien veranstalteten, das zweite hatte diesem Akt ein Ende gesetzt und neue Akteure aufkommen lassen.

8. Der Aufstieg der Vögel

Die Hohe Zeit der Dinosaurier stand noch bevor, als an einem flachen Ufer des Jurameeres, mitten im heutigen Bayern, ein etwa taubengroßes Tier im feinen Schlick versank und darin konserviert wurde. Den besonderen Bedingungen des sehr feinkörnigen »lithographischen Schiefers« ist es zu verdanken, daß nicht nur die Knochen als Abdruck erhalten geblieben sind, sondern auch Gebilde aus Horn, die sich an den Vorderbeinen und am Schwanz befunden hatten. Ohne diese Abdrücke wäre der Fossilfund sicher einer Gruppe kleiner Dinosaurier zugeordnet worden, von denen zahlreiche, gut erhaltene Funde zur Verfügung stehen. Der feine Solnhofener Plattenkalk enthüllte aber, was ein Kernstück in der Beweiskette für die stammesgeschichtlichen Zusammenhänge werden sollte: Das kleine Reptil hatte Federn! Also handelte es sich um einen Vogel.

Vor mehr als hundertvierzig Millionen Jahren war ein Gebilde entstanden, das fast hundert Millionen Jahre später einen weiteren großen Durchbruch ermöglicht hat. Denn das Überraschende an diesem gefiederten Reptil aus der Jurazeit war in der Tat das unbezweifelbare Vorhandensein von Federn. Diese Federn waren sogar so gebaut, daß sie allem Anschein nach flugtauglich waren. *Archaeopteryx lithographica*, wie der Urvogel, wissenschaftlich genannt wurde, konnte fliegen!

Die Tatsache, daß Archaeopteryx fliegen konnte, war deswegen so sensationell, weil er aus einer Zeit stammt, in welcher andere Flieger den Luftraum bevölkerten, die zur Ära der Dinosaurier paßten, die Flugsaurier (Pterosaurier). Sie hatten, vergleichbar den Fledermäusen, häutige Flügel mit enormen Spannweiten bis über zehn Meter. Wahrscheinlich hingen sie auch wie Fledermäuse kopfunter an Klippen, weil sie bei einem Start vom Boden nicht genügend Luft unter ihre Flügel bekommen hätten. Sie müssen phantastische Segler gewesen sein. Fische dürften ihre Hauptnahrung abgegeben haben, die mit langen Schnäbeln von der Wasseroberfläche gegriffen wurden. Anders als moderne Gleitschirmflieger konnten sie die Flügel bewegen, ihre Flächen und Trageigenschaften verändern, jedoch nur so weit, wie dies die Spannhaut zuließ. Sie starben aus, nachdem sie viele Millionen Jahre lang den Luftraum im Erdmittelalter durchkreuzt hatten. Ihre Entwicklung fällt in jene Zeit, in der sich auch die Vorläufer der Vögel bemerkbar machten. Lag es an ihnen, an diesen fliegenden Echsen, daß der Erfolg der Vögel so lange auf sich warten ließ?

Stellen wir diese Frage noch etwas zurück, und sehen wir uns den Urvogel etwas genauer an. Als Bindeglied, als ›missing link‹, wie es, seit Darwin das epochale Werk über den Ursprung der Arten veröffentlicht hatte, immer wieder gefordert und gesucht worden ist, erfüllt es geradezu in idealer Weise die Erwartungen. Es enthält Eigenheiten der Reptilien und Eigenschaften der Vögel wie in einem Mosaik zusammengesetzt.

Merkmale der Reptilienhaftigkeit sind die bezahnten Kiefer, die kleine, im hinteren Bereich noch kaum vergrößerte Schädelkapsel, freistehende Fingerkrallen, freie, nicht mit dem Brustbein verwachsene Rippen und ein langer Schwanz mit zahlreichen Wirbeln. Vogelartige Eigenschaften sind hingegen neben den Federn die »richtige« Stellung der Hinterzehe, ein langes, nach hinten weisendes Schambein und zu einem Gabelbein (Furcula) verwachsene Schlüsselbeine. Auch hohle Knochen sind hier hinzuzufügen. Merkmale, wie sie für Reptilien typisch sind, verbinden sich also mit solchen, die bereits zu den Vögeln gehören. Einen besseren Fund hätte man sich gar nicht wünschen können. Die entscheidenden ersten Funde stammten schon von 1860, 1861 und 1877, also aus der Zeit, in der Darwins Buch (1859) erschien. Ein 1855 entdecktes Skelett wurde erst 1970 als *Archaeopteryx* identifiziert.

Nach anfänglichen Diskussionen über die Zuordnung der Funde und trotz immer wieder aufflackernder Vermutungen, es könnte sich um Fälschungen handeln, wurde *Archaeopteryx* zu einem Kernstück in der Fossilgeschichte der höheren Wirbeltiere. Die Echtheit der Funde ist erwiesen. Sie passen vorzüglich in Darwins Sicht einer allmählichen Veränderung der Arten durch natürliche Auslese, die den Prozeß der Weiterentwicklung steuert und antreibt (Hecht u. a. 1984). *Archaeopteryx* führt den Gang der Evolution vor: Wie sie Stück für Stück Altes ersetzt und Neues entstehen läßt. Nicht auf einen Schlag kommt die große Veränderung, sondern durch kleinste, fast unmerkliche Veränderungen. Wären keine Federn abgedrückt worden, hätten die Paläontologen den Urvogel ohne Zweifel noch bei den Reptilien eingereiht, so, wie das beim ersten Skelett, das 1855 gefunden worden war und das sich heute im Museum in Haarlem befindet, geschehen ist. Die Neuerungen waren nicht bemerkt oder in ihrer Gewichtigkeit für die spätere Entwicklung nicht erkannt worden. Für die Vorstellungen von ganz allmählichen Entwicklungen im Wechselspiel von Erbänderungen (Mutationen) und Auslese durch die Umwelt (Selektion) mußte *Archaeopteryx* geradezu ein Idealbeispiel abgeben. Die Euphorie war verständlich, der Platz in allen Lehrbüchern gesichert.

Und doch sind Bedenken anzumelden. Nicht, weil mit *Archaeopteryx* irgend etwas nicht stimmen würde, sondern weil die Art der Interpretation Anlaß dazu gibt. Der Urvogel als Mittler zwischen den Reptilien und den Vögeln wurde ohne zwingende Begründung in das Schema der langsamen, allmählichen Entwicklung eingereiht und dabei gänzlich aus dem Zusammenhang mit seiner Umwelt, in der er lebte, und den vielen weiteren Umwelten, in denen sich die Abkömmlinge der Urvögel weiter bewähren mußten, herausgelöst. Ganz unabhängig von der wissenschaftlich interessanten Frage, ob Archaeopteryx direkt der Vorfahre der modernen Vögel gewesen ist oder eine andere, ihm nahestehende Entwicklungslinie zu den Vögeln geführt hat, wie manche Kenner der Verhältnisse annehmen, hat die herkömmliche Sichtweise der Evolution das Problem aus der Welt zu schaffen, daß sich die Stammeslinie der Vögel in der gewiß nicht unbedeutenden Zeitspanne von hundert Millionen Jahren so gut wie nicht bemerkbar machte, um dann, im Tertiär, fast urplötzlich und explosionsartig in Erscheinung zu treten. Wenn *Archaeopteryx* schon die wesentlichen Evolutionsschritte aufweist, warum blieben dann die Gefiederten an der weiteren Entwicklung so lange unbeteiligt?

Sehen wir uns diesen merkwürdigen Urvogel ein zweites Mal an. Diesmal soll es aber nicht um die Merkmale des Skeletts gehen, sondern um die Leistungen, die sich davon ableiten lassen. Konnte *Archaeopteryx* fliegen? Zweifellos ja, denn die Federabdrücke entsprechen recht gut dem Bau von Federn, die zum Fliegen geeignet sind.

In den Schwingen ist die Vorderkante der Federn schmaler und fester als die breitere Hinterkante. Die Schwanzfedern zeigen dagegen symmetrischen Bau der Federfahnen. Ohne Flug gäbe diese Ausführung der Federn keinen Sinn. Andererseits kann der Urvogel kein guter und vor allem kein ausdauernder Flieger gewesen sein. Dem Brustbein fehlt der Kamm (Crista sternii oder Carina), an dem die großen Flugmuskeln ansetzen. Im Schädel war das Kleinhirn noch reptilienhaft schwach entwickelt, so daß es auch an einer hinreichend guten Steuerungszentrale für den Flug und seine komplizierten Bewegungsabläufe mangelt.

Nun sind aber Federn, zumal solche, wie sie bei Archaeopteryx im

Abdruck bestens zu erkennen sind, zum Fliegen da. Eine so aufwendige Bildung entsteht nicht einfach so. Woher stammen sie, und was sollen sie, wenn sie nicht oder nicht richtig zum Fliegen eingesetzt werden können? Aus dem gelösten Rätsel des stammesgeschichtlichen Überganges zwischen Reptilien und Vögeln tut sich nun ein neues, noch schwierigeres Rätsel auf, das Rätsel der Vogelfeder.

Sie entstand vor gewiß noch viel längerer Zeit, denn bei *Archaeopteryx* ist sie bereits nahezu perfekt vorhanden. Sie erlaubte die Entwicklung des mit Abstand besten Flugvermögens, das wir kennen; ein weit besseres Fliegen, als es die Flugsaurier oder die Fledermäuse zustande gebracht haben.

Aber ihre großartigen Eigenschaften entfalten Federn erst, wenn sie weitgehend vollständig ausgebildet sind. Was uns in der Deutung des Evolutionsprozesses beim Archaeopteryx so sehr gelegen kam, enthält eine versteckte Hürde, die ungleich schwieriger zu nehmen ist. Nicht die Tatsache, daß Übergangsformen notwendig sind, um die Kontinuität des Entwicklungsprozesses zu gewährleisten, verursacht die größten Schwierigkeiten, sondern die Tauglichkeit der Übergangsformen. Wozu war *Archaeopteryx* tauglich? War er Vogel? Wenn ja, worin lag sein Vorteil in einer Zeit, in der es fliegende Reptilien in Hülle und Fülle gegeben hat? War er dagegen doch noch mehr Reptil und nur bedingt flugfähig, wo steckte dann der Vorteil? Hat er mit seiner Linie, wie namhafte Evolutionsbiologen annehmen, einfach nur per Zufall überlebt, weil in der Lotterie des Lebens die Würfel günstig gefallen sind, oder lassen sich für die Entwicklung der Feder und für das so außerordentlich lange Warten bis zur endgültigen Funktion plausiblere Gründe als das Spiel blinden Zufalls ermitteln? Darin, in dieser Kernfrage zum Evolutionsprozeß, steckt das Rätsel der Vogelfeder.

Es ist nun an der Zeit, von der Feder ein wenig abzulenken. *Archaeopteryx* hatte auch, wie festgestellt, ein nach hinten gerichtetes Schambein und eine Hinterzehe. Beide Eigenschaften weisen ihn als zweibeinigen Läufer aus. Die Beine setzen so am Becken an, daß eine aufrechte, vom Untergrund abgehobene Körperhaltung zustande kommt. Und die Hinterextremität ist ziemlich lang. Mit dieser Form des Körperbaues gleicht der Urvogel weit mehr einer Taube als einem Specht, der an Stämmen klettert. Hätte sich das Flugvermögen und damit die Entwicklung der Feder von kletternden Vorfahren abgeleitet, wie ursprünglich angenommen worden ist (Padian 1986), dann wären zwar die Krallen am Flügel in gewissem Umfang nützlich, die langen Beine aber um so hinderlicher gewesen. Ein baumkletterndes Reptil weist zudem weit seitlich am Körper ansetzende Beine auf, wodurch der Schwanz als Aufliegefläche und damit als Stütze wirksam wird. Das läßt sich gut an kletternden Agamen beobachten. Die Gelenke des Urvogelbeines passen überhaupt nicht zu einer kletternden Lebensweise. Vielmehr stimmen sie in Baueigentümlichkeiten bestens mit jenen kleinen Sauriern überein, die zweibeinig am Boden liefen, wie manche heute noch lebenden Echsen auch. Ihre Vorderbeine sind mehr oder weniger stark verkümmert, auf jeden Fall aber viel schwächer als die Hinterbeine ausgebildet.

Zum Typ eines Kletterers paßt auch nicht der lange Hals; alle heutigen Klettervögel haben einen im Vergleich zu gleich großen Laufvögeln kurzen Hals, und viele Arten haben Wendezehen ausgebildet, die einen festeren Griff ermöglichen. Die Schwanzfedern dienen als Stütze und sind entsprechend an der Spitze abgewetzt, so daß der Kiel scharf hervortritt. Bei *Archaeopteryx* fällt hingegen besonders auf, daß der Schwanz breit und rundlich befiedert war. Die Federn lassen keine Spuren starker Abnutzung an den Spitzen erkennen.

Nochmals zurück zum verhältnismäßig langen Hals des Urvogels. Viele Laufvögel zeichnen sich gerade durch lange Hälse aus, aber auch durch die Fähigkeit, den Hals besonders vielseitig beim Zufassen nach der Nahrung einzusetzen. Sie gleichen dadurch den Nachteil aus, der durch die Zweibeinigkeit gegeben ist, während gleichzeitig die Flügel, anders als beim Menschen, der die Hände einsetzen kann, nicht mehr bei der Nahrungsaufnahme mithelfen können. Vögel, die als Kletterer das Nahrungsangebot nutzen, das in Rinden steckt, entwickeln lange und spitze Stocherschnäbel. *Archaeopteryx* hat einen eher kurzen Kopf mit spitzkegelförmigen Zähnen.

Kurz: Der Befund mit den Krallen an den Flügeln hatte die Überlegungen zu voreingenommen auf einen Zusammenhang mit der Feder gelenkt. Kletternde Reptilien stürzen bei der Nahrungssuche immer wieder von den Baumstämmen ab oder sind gezwungen, davon abzuspringen. Vergrößerte Schuppen, so stellte man sich die Entwicklung vor, bremsten den Fall, und je größer sie wurden und um so stärker sie sich auffächerten, desto besser wurde das Gleiten, das schließlich zum aktiven Flug werden konnte. Die Krallen wären die Haltevorrichtungen gewesen, die ähnliche Bedeutung gehabt hätten wie das Anklammern der Fledermäuse. Aber diese hängen kopfunter und lassen sich in eine fallschirmartig ausgespannte Flughaut fallen. Bei ihnen beginnt tatsächlich der Flug mit einem kurzen Fall.

Wenn man aber die anderen Eigenschaften des Urvogels mit in die Überlegungen einbezieht, erscheint es so gut wie unmöglich, daß auf diesem direkten Weg das Flugvermögen der Vögel zustande gekommen ist. Damit wird die Entwicklung der Feder im Zusammenhang mit dem Flug ziemlich fragwürdig.

Den Ausweg vermeinte man gefunden zu haben, als die erste Theorie, die als »arboreale Theorie« der Entstehung des Vogelfluges in die Fachliteratur (Feduccia 1980) eingegangen ist, weil sie den Ursprung der Vögel von baumbewohnenden Reptilien angenommen hatte (baumbezogen = arboreal), von der zweiten, der »cursorialen« (= laufend), abgelöst worden ist. Hier passen nun die Eigentümlichkeiten des Körperbaues viel besser. Die Ableitung der Vögel aus solchen »Läufer-Reptilien« steht heute nicht mehr zur Debatte: Die Umbildung der Hinterbeine zu Laufbeinen war gewiß die Voraussetzung für den weiteren Entwicklungsweg, so daß eigentlich kein Zweifel mehr besteht, daß die Vögel diesen Weg genommen haben.

Unglücklicherweise erklärt auch diese Ableitung die Entstehung der Feder nicht nur nicht besser, sondern sogar weniger überzeugend. Denn noch nicht flugtaugliche, sich aber vergrößernde Horngebilde an den Vorderextremitäten und am übrigen Körper hätten ohne jeden Zweifel die Laufgeschwindigkeit anfänglich beeinträchtigen müssen. Vergrößerung und Vergröberung der Oberfläche verursachen Luftwiderstand. Die Flächenvergrößerung, die zu Tragflächen hinführt, bringt unweigerlich bis zur Flächengröße, bei der das Abheben gelingt, eine Bremswirkung mit sich. Was beim Sprung von den Bäumen auch bei nur geringen Flächenvergrößerungen schon fallschirmhafte Bremswirkung verursacht und damit zur weiteren Entwicklung beigetragen hätte, müßte bei einer Entstehung der Flügel aus dem Laufen heraus gleichermaßen gebremst haben. Ein gerupfter, seiner Schwingen beraubter Vogel kann nicht fliegen. Erst wenn die Schwungfedern weitgehend ausgewachsen sind, taugen sie zum Fliegen. Darwins Sicht vom langsamen Fortschritt der Evolution gerät hier in gefährliche Nähe zu »Sprüngen«, die der Natur nicht unterstellt werden sollten.

Solche Betrachtungsweisen und die Probleme, die sich daraus ergeben, sind typisch für den »Blick zurück«, als ob der derzeitige Endpunkt das Ziel der Entwicklung gewesen wäre. Denn ohne dies näher zu begründen, folgten wir der gängigen Vorstellung, die Feder sei unmittelbar im Zusammenhang mit der Flugfähigkeit entstanden. Die Flugfähigkeit ist zwar ein Merkmal, das viele Vogel*arten* auszeichnet, aber keineswegs alle Vögel. Ihr universelles Kennzeichen ist die Ausbildung von Federn, nicht die Fähigkeit zu fliegen. Denn Feder und Flugvermögen gehören nur bedingt zusammen. So gibt es zahlreiche Vogel*gruppen* (Ordnungen, Familien, Gattungen), bei denen entweder alle Angehörigen oder ein Teil der Arten flugunfähig ist. Alle Straußenvögel gehören dazu, die Kiwis von Neuseeland eingeschlossen, alle Pinguine und zahlreiche Vertreter der Familie der Rallen, um nur die wichtigsten anzuführen. Im Tertiär gab es Riesenvögel von acht bis neun Metern Höhe, die selbstverständlich auch nicht in der Lage waren zu fliegen.

Besonders interessant sind in diesem Zusammenhang die Rallen und die Pinguine. Erstere, weil bei ihnen flugfähige und flugunfähige Arten sehr nahe beisammen sind. Solche, die abgelegene ozeanische Inseln besiedelten, verloren offenbar recht schnell die dort nicht mehr benötigte Flugfähigkeit, viele andere Rallen vermeiden es aufzufliegen, auch wenn sie durchaus dazu in der Lage sind. Ob alle heutigen Vögel von ursprünglich flugfähigen abstammen, ist keineswegs geklärt.

Aber noch interessanter ist die Überlegung, daß nach ihrem Gewicht, nach ihrer Biomasse, gerechnet, vielleicht der größere Teil der Vögel gar nicht fliegt. Die vielen Millionen Pinguine der Südhemisphäre werden gewöhnlich – aus eurozentrischer Sicht – als am Rand der Welt lebend vernachlässigt. Als es vor gut fünfhundert Jahren noch viel mehr Strauße als heute gab und als, noch etwas früher, große Inseln, wie Neuseeland und Madagaskar, noch von Riesenstraußen (den Moas und den Elefantenvögeln) besiedelt waren, dürfte die Feststellung, daß der größere Teil der Vogelmasse, die es auf der Erde gibt, zu den flugunfähigen Formen gehörte, ziemlich sicher richtig gewesen sein. Was sind aber tausend Jahre im Vergleich zu hundertvierzig Millionen, seit denen es Gefiederte mit Sicherheit gibt?

Es lohnt sich, eine Straußenfeder, beispielsweise die eines südamerikanischen Nandus (Pampastrauß), näher zu betrachten. Sie sieht ganz anders aus als das, was wir gewöhnlich mit der Bezeichnung Feder verbinden. Es gibt keinen zentralen Schaft mit glatter Federfahne, sondern deren zwei, die ziemlich gleich lang und an den Seiten borstenartig gefiedert sind. Ein solches Gebilde würde nie zum Fliegen geeignet sein. Beim Kiwi ähneln die Federn mehr Haaren als Federn. Und schließlich: Der allergrößte Teil der Federn dient auch an einem »normal flugfähigen« Vogel nicht zum Fliegen. Das gesamte Kleingefieder, die Dunen, die Puderdunen, die haarartigen Federgebilde und was es sonst noch an Produkten der Vogelhaut gibt, die in den weiten Bereich der Feder hineingehören, all diese Gebilde haben mit dem Flug nichts zu tun. Nicht einmal die Schwanzfedern, häufig Steuerfedern genannt, wären dazu unbedingt nötig. Fehlen sie, können die meisten Vögel dennoch weiterfliegen; manche, wie die Krähen, sogar sehr gut.

Gewiß, das Kleingefieder am Flügel verleiht diesem bessere aerodynamische Eigenschaften. Daß es aber auch ganz ohne geht, wissen wir von den Fledermäusen. Die Notwendigkeit zur Glättung der Luftströmungen über und unter dem Flügel hängt stark von der Fluggeschwindigkeit ab. Sie könnte also erst nachträglich Bedeutung erlangt haben, als die Vögel schon angefangen hatten, sich vom Boden abzuheben. Nur etwa fünfzig aus Tausenden von Federn – bei großen Arten wie den Schwänen sind es mehr als 20 000 – dienen unmittelbar dem Flug: die Arm- und die Handschwingen beider Flügel. Rechnen wir noch die Deckfedern dazu, welche die Lücken zwischen den Kielen der Arm- und der Handschwingen schließen, dann kommt eine Zahl von rund hundert Federn zustande. Wir haben also allen Grund, andere Möglichkeiten in Betracht zu ziehen. Feder und Flugvermögen mußten nicht zwangsläufig von Anfang an zusammengehört haben.

Betrachtet man die Entwicklung der Federn selbst, so erhält man weitere Hinweise. Sie bilden sich aus auswachsenden Hautpapillen, welche dasselbe Material abscheiden und zum Federaufbau verwenden, das auch die Schuppen und Panzer der Kriechtiere bildet: das Horn. Federn bestehen aus Keratin, einem Eiweißstoff, der gehärtet zu Horn wird. Die Federn entstammen also den gleichen Grundanlagen wie die Reptilienschuppen; sie sind den Schuppen homologe Gebilde. Dagegen wären, weil von unterschiedlicher Herkunft, Flügel der Vögel und der Fledermäuse analoge Gebilde, die zwar die gleiche Funktion erfüllen, aber auf unterschiedliche Weise zustande gekommen sind.

Wir müssen also bei den Reptilienschuppen ansetzen, um hinter das Geheimnis der Vogelfeder zu kommen. Einen nächsten Ansatzpunkt dazu liefert die Entwicklung der Federn bei aus dem Ei geschlüpften Vögeln oder – wenn es sich um weit entwickelte Nestflüchter handelt –, bevor sie schlüpfen. Dabei zeigt sich, daß die Federn in sogenannten Fluren entstehen, zwischen denen federanlagenfreie Raine stehen bleiben. Solche Federfluren befinden sich auf dem Kopf, auf dem Hinterrücken und auf den Flügeln, und dort gerade so, daß sie im zusammengelegten Zustand den Rücken abdecken. Auch an den Bauchseiten ziehen sich Federfluren entlang, der eigentliche Bauch bleibt aber frei.

Bei den stammesgeschichtlich jüngeren Vogelgruppen entwickelt sich zunächst ein Flaumgefieder, das ohne Frage mit dem Fliegen gar nichts zu tun hat. Es wärmt und trägt damit zur Aufrechterhaltung der Körpertemperatur bei. Da Vögel ausnahmslos aus Eiern schlüpfen und nicht einmal ansatzweise zu einer inneren Entwicklung, vergleichbar den Säugetieren, übergegangen sind, spielt der Wärmehaushalt eine entscheidende Rolle.

Sie sind Warmblüter, aber nicht von Anfang an. Es dauert einige Zeit, bis der kleine Vogelkörper so viel innere Wärme erzeugen kann, daß er in der Lage ist, ohne Zufuhr von außen seine Körpertemperatur konstant zu halten. Da diese vor allem bei kleinen und mittelgroßen Vögeln sehr hoch liegt und in der Regel über 40 °C hinausreicht, bildet die Temperaturregulation einen höchst kritischen Abschnitt im Vogelleben. Hochentwickelte Vögel bebrüten nicht nur die Eier kontinuierlich bis zum Schlüpfen der Jungen, sondern hudern auch die Jungen so lange, wie diese die Wärmezufuhr brauchen.

Stammesgeschichtlich alte Gruppen, wie die Hühnervögel, vor allem die Großfußhühner und die Rauhfußhühner, brüten aber entweder so lange oder halten die Gelege in regelrechten »Brutöfen« aus Erde und faulendem, wärmeerzeugendem Pflanzenmaterial, bis die Jungen in einem sehr weit entwickelten Zustand schlüpfen. Die Kleinen tragen bereits eine kuppelartige Befiederung an den Flügeln. Kaum aus dem Ei geschlüpft, rennen sie los und heben unter Umständen für kurze Gleitflüge ab. Was hier wie ein Modell der Entwicklung des Flugvermögens aussieht, verhilft aber zum Einstieg in die ursprüngliche Funktion der Federn. Sie verbessern den Wärmehaushalt im Vogelkörper. Federn wärmen noch besser als Haare; ein Daunenfederbett ist kaum zu überbieten an wärmender Wirkung. Mit ihrem Federkleid gelingt es den Vögeln, die höchsten Durchschnittstemperaturen aller Organismen einzustellen und aufrechtzuerhalten. Aber die Federn funktionieren nur, wenn sie trocken bleiben. Naß geworden, verkleben auch die besten Daunen und verlieren ihre Isolationswirkung. Das gilt natürlich auch für die Haare im wärmenden Fell.

Aber es ist da ein großer Unterschied, der fast wie eine Fehlkonstruktion aussieht. Vögel haben keine Talgdrüsen an den Federn, wie die Säugetiere sie an den Haaren haben. Ihr Gefieder ist deshalb nicht von Natur aus wasserfest. Vielmehr muß es eingefettet und elektrostatisch aufgeladen werden, daß sich die Feinstrukturen der Feder abspreizen. Hier macht sich die Bürde des Reptilienerbes bemerkbar. Jahrmillionen hatte es gedauert, bis sie ihren drüsenreichen Körper so weit abgedichtet hatten, daß sie trockene Lebensräume erobern konnten. Die Amphibien blieben zurück, weil ihre Haut diesen notwendigen Schutz nicht gut genug erzeugte. Für das großartige Gebilde der Feder wurden nun zwar keine Feuchtigkeit absondernden Drüsen mehr benötigt, wohl aber solche, die Fett liefern. Eingefettetes Gefieder wird wasserdicht und schützt dadurch den Körper vor Wärmeverlust. Die Antwort auf diese Herausforderung war eine Neuentwicklung: die Bürzeldrüse. Öle und Wachse, die diese Drüse absondert, konnten Isolationseigenschaften sicherstellen.

Diese Entwicklungen verdeutlichen die Schwierigkeiten, denen sich frisch geschlüpfte Jungvögel ausgesetzt sehen, die nicht umfassend gehudert werden (können). Rauhfußhühner, wie Auerhuhn und Birkhuhn, aber auch andere Hühnervögel oder Vogelgruppen mit nestflüchtenden Jungen erleiden die mit Abstand größten Jungvogelverluste durch feuchtkalte Witterung. Die Flügelchen bewirken in diesem Stadium einen Nässeschutz, der sich wie eine Kappe über den Körper legt, die sogleich wieder abgehoben werden kann, wenn es genügend trocken geworden ist. Denn gleichzeitig darf sich der Körper keinesfalls überhitzen. Zu nahe ist die Innentemperatur an der lebensgefährlichen Grenze, die bei etwa 43 °C liegt. Eine nässeabweisende Wirkung von vergrößerten Schuppen, die sich nach und nach seitlich auffransen und flächig umbilden, erlangt schon bei ganz geringfügigen Vergrößerungen große Bedeutung.

Hier, im empfindlichen Stadium der frisch geschlüpften Jungen, liegt die Achillesferse der Vogelentwicklung verborgen. Deshalb mußten sie so unerhört vielfältige Formen der Brutpflege entwickeln. Die hohe Körpertemperatur und die damit verbundene, ganz andere Art der Lungenfunktion erzwingen die äußere Entwicklung bei günstigen Temperaturen um 37 °C. Der sich entwickelnde Embryo verträgt eine »Überhitzung« über 40 °C, wenn überhaupt, nur ganz kurzzeitig. Zum Küken herangewachsen, sollte er aber aus eigener Kraft jene höhere Temperatur einstellen. Dieser Übergang gehört zu den kritischsten Stadien in der Entwicklung eines warmblütigen Wirbeltieres.

Die Säugetiere haben diese Klippe mit niedrigerer Innentemperatur entschärft und durch Anbindung der Embryonalentwicklung an den Mutterkörper die energetischen Voraussetzungen dazu geschaffen. Den Vögeln stehen sie nicht zur Verfügung; ihr Zweig ging andere Wege. Sie gewannen dabei den Vorteil, die aufwendigste Form der Fortbewegung, den Flug mit eigener Muskelkraft ohne nennenswerte äußere Kühlung oder Wasserverluste durch Verdunstung, zustande gebracht zu haben. Es gibt keine aufwendigere! Ein fliegender Kolibri verbraucht bis zu zwanzigmal mehr Energie als eine kleine Fledermaus, und es gelingt diesen Vogelzwergen, Flugstrecken von mehreren tausend Kilometern nonstop zu bewältigen.

Zu hoher Wärmeverlust in der Phase des Überganges zur Erzeugung eigener Körperwärme wäre tödlich – und ist es oft genug, das zeigen die zahlreichen Jungvogelverluste in diesem Stadium. In diesem Lebensabschnitt setzt daher eine überdurchschnittlich hohe Sterblichkeit ein, deren Verminderung einen hohen Überlebenswert hat. Daran hat sich seit dem Übergang vom wechsel- zum gleichwarmen Zustand, also beim Wechsel vom Reptiliendasein zum Vogelleben, nichts geändert. Damit haben wir einen Faktor, der sehr lange, ja bis in die Gegenwart, gewirkt hat und der an Intensität und Bedeutung für das Überleben der Vögel nichts eingebüßt hat. Wärme- und Nässeschutz bieten die Federn allen Vögeln, es ist gleichgültig, ob es sich um flugfähige oder um flugunfähige handelt.

Das Fliegen kam nur als Nebeneffekt hinzu. Es ist so kräftezehrend und energetisch so aufwendig, daß aller Wahrscheinlichkeit nach die konstant hohe Innentemperatur und der Umbau der Lungen zu einem Blasebalgsystem, welche eine rund fünfmal bessere Ausnutzung des Sauerstoffgehaltes der Atemluft ermöglicht als im Falle der Säugetierlunge, die entscheidenden Rahmenbedingungen dafür abstecken. Die Entwicklung der Feder ist im Vergleich zu den inneren Veränderungen ein einfacher Prozeß. Sie mußte vorher vorhanden gewesen sein, bevor diese tiefgreifenden, die Funktionsfähigkeit des ganzen Körpers betreffenden Veränderungen ablaufen konnten. Das steht in Einklang mit dem Befund, daß *Archaeopteryx* zwar Federn und Flügel hatte, die zum Fliegen tauglich waren, aber noch kein entwickeltes Steuerzentrum im Kleinhirnbereich.

Es war ein entwicklungsgeschichtlich weiter, langer Weg bis zu den Gänsen, die laut rufend in über 8000 Metern Höhe den Himalaya überfliegen, um auf den Ebenen Nordindiens zum Überwintern zu landen. Was sie leisten, läßt sich mit menschlichen Spitzenleistungen nicht mehr vergleichen. Der Bergsteiger, der unter Aufbietung der besten Kondition und unter Einsatz aller Kräfte, ja seines Lebens, den Everest bezwungen hat, müßte fassungslos die Gänse gesehen und gehört haben, falls ihm seine überbeanspruchten Sinne diese Informationen überhaupt noch übermitteln konnten. In der dünnen Luft von 8000 Metern Höhe zu sein ist schon eine schier unerträgliche Herausforderung, dort auch noch mit eigener Muskelkraft zu fliegen und dabei weithin tönend zu rufen, grenzt für uns Menschen an ein Wunder.

Die Vögel und nicht die Säugetiere sind leistungsmäßig die Spitzenprodukte der Evolution. Sie haben einen besseren Blutkreislauf, viel bessere Lungen, ein für uns immer noch unfaßlich gutes Orientierungssystem, das sie über Kontinente und Meere zielsicher führt und sogar den Erdball umkreisen läßt, sowie eine Spannweite der Anpassungen, die vom Inlandeis der Antarktis bis in die Hitzegebiete der Tropen und Subtropen reicht. Kaiserpinguine brüten in der eisigen Polarnacht bei Temperaturen unter minus 40 °C und Krokodilswächter, ein kleiner Regenpfeifervogel, bei über plus 40 °C. Vögel erreichen von allen Lebewesen die höchsten Fluggeschwindigkeiten, und sie stellen die kleinsten dauerhaft warmblütigen Organismen mit gerade hummelgroßen Kolibriarten. Sie verdanken diese Spitzenpositionen in den Leistungsskalen einer Errungenschaft: der Feder!

Ihrem Werdegang haben wir nun nachgespürt. Wie sie entstand, ist ausreichend gesichert; daß sie ursprünglich ein Mittel gegen Nässeeinwirkung und ein Schutz gegen Wärmeverluste war, ist plausibel und deckt sich mit heute immer noch nachweisbaren Funktionen. Auch für die Entwicklung des Fliegens gibt es eine brauchbare, nach gegenwärtigem Kenntnisstand weitgehend widerspruchsfreie Vorstellung. Aber ein Rätsel im Rätsel der Vogelfeder ist geblieben. Das ist die Frage, warum die Vögel so lange gebraucht haben, ihre Überlegenheit auszuspielen. Hundert Millionen Jahre erscheinen selbst unter Berücksichtigung hochkomplizierter Veränderungen in den inneren Organen einfach zu lange. In dieser Zeit entwickelten sich die Dinosaurier zu ihrer besten Form und verschwanden wieder, und vieles andere ereignete sich auf der Bühne der Evolution.

Wenn aber die Vögel so überlegen sind, dann muß es sehr gewichtige Gründe dafür geben, daß ihre Vorteile erst so spät zum Zuge gekommen sind. Die Annahme, es könnte an den Dinosauriern gelegen haben, schieben wir fast unbesehen beiseite. Die Kolosse können den Vögeln die Nutzung des Luftraumes nicht verwehrt haben. Es muß auch genügend sichere Brutplätze gegeben haben, an die die Dinosaurier nicht herankommen konnten. Wir fragen auch nicht nach den bodengebundenen Vögeln, die nach Art der Strauße lebten und nicht fliegen konnten. Sie kommen heutzutage mit den modernen Säugetier-Konkurrenten zurecht. Im Tertiär gab es ungleich mehr Großvögel als heute, die flugunfähig waren, obwohl damals auch die Vielfalt der Großsäuger größer war. Und selbst wenn Konkurrenz am Boden eine Rolle gespielt haben sollte, so hätte sie eher die Eroberung des Luftraumes beflügeln müssen.

Die andere Möglichkeit verdient intensiveres Nachdenken: Kann es an den Flugsauriern gelegen haben, daß die Vögel nicht vorangekommen sind? Ein Fossilbefund steht dieser Annahme entgegen: Die Flugsaurier waren längst ausgestorben, als die Evolution der Vögel immer noch nicht in Schwung gekommen war. Noch mehr weisen jedoch die Befunde zur Leistung der Vögel die Möglichkeit zurück, daß sie ursprünglich von den Flugsauriern am Fortkommen gehindert worden waren. Feder, Hochleistungstemperaturen im Körperinnern und fortschrittlichster Lungenbau wären nicht zustande gekommen, hätten die Flugsaurier die Vögel in ihrer Entfaltung eingeschränkt.

Die Antwort findet sich in dem Teilbereich des Evolutionsgeschehens, der am meisten vernachlässigt wurde: in den Umweltverhältnissen, speziell in der Nahrung.

Den Durchbruch der Vögel ermöglichte eine ganz andere Organismengruppe, deren Entwicklung schon einmal, bei der Besiedlung des Landes, eine Schrittmacherrolle zugewiesen bekommen hatte. Einmal mehr gilt dies bei der Evolution der Vögel. Um es noch einmal zu betonen: Der Flug ist die energetisch aufwendigste Form der Fortbewegung. Für den aktiven Kraftflug ist eine dafür geeignete Nahrung notwendig. Was Segel- und Gleitflug gerade so noch am Rande ermöglicht, da sie weit weniger Energie kosten, reicht für den aktiven Kraftflug nicht mehr aus. Er braucht hochwertigen Brennstoff, vor allem Fett. Außerdem benötigt die Ausbildung des Gefieders eine entsprechend eiweißhaltige Nahrung. Beides zusammen findet sich nur in einer Tiergruppe in ausreichendem Maße, bei den Insekten.

Die Entfaltung der Vögel ist untrennbar mit der explosionsartigen Entwicklung der Insekten verbunden, als sich diesen mit dem buchstäblichen Aufblühen der Blütenpflanzen eine neue Welt, reich an Nektar und eiweißreichem Pollen, auftat. Wieder entfaltet sich vor uns eine ganze Kaskade von Ursachen und Folgewirkungen, wenn wir die ökologischen Zusammenhänge berücksichtigen. Fast das ganze Erdmittelalter waren, für die Insekten wenig ergiebig, Farne, Nacktsamer und andere, urtümliche Pflanzengruppen vorherrschend.

Die pflanzenverwertenden Dinosaurier hatten sich noch in der Hauptsache mit den nährstoffarmen, schwer verwertbaren Nadelbaumverwandten zu begnügen. Qualität mußten sie in ihrer Ernährung durch

Masse ersetzen, aber ohne die Aufbesserung durch die Mikroben hätte die Masse des pflanzlichen Materials wohl auch nicht ausgereicht.

Gegen Ende des Erdmittelalters entwickelten sich in der Folge tiefgreifender Umweltveränderungen neue Pflanzengruppen; sie hatten die komplette Blüte ausgebildet: die bedecktsamigen Blütenpflanzen (Angiospermen). Das breitflächige, rasch auswechselbare Blatt wurde zur bestimmenden Größe im Pflanzenwachstum auf der Erde. Gegen Ende der Kreidezeit waren sie schon die vorherrschenden Pflanzengruppen auf weiten Bereichen der Kontinente. Nach der Dinosaurier-Katastrophe und der Wende zur Erdneuzeit florierten die Blütenpflanzen und drängten die Nacktsamer weltweit zurück. Die große Zeit der Insekten begann. Denn sie traten nun in enge Wechselwirkung mit den Blüten, die ihnen Nahrung boten und die sie im Gegenzug bestäubten. Diese Übertragung von Blütenstaub verbesserte die Genauigkeit der Befruchtung ganz außerordentlich.

Die Blütenpflanzen entwickelten signalgebende Blütenblätter und Düfte, welche ganz bestimmte Insekten immer präziser anlockten und damit umgekehrt die Präzision der Übertragung des richtigen Pollens steigerten. Nun setzte sich die Insektenwelt nicht mehr vornehmlich aus langsamen oder bodengebundenen Arten zusammen, die sich von pflanzlichen Abfallstoffen ernährten oder deren Larven im Süßwasser in Bächen, Flüssen und Sümpfen lebten, sondern aus agilen, in die Kronen der Bäume hinauffliegenden Arten, deren Larven auch zunehmend das Blattwerk besiedelten. Die kleinen Echsen, die diesen Insekten nachzustellen versuchten, müssen sich ähnlich schwierigen Umständen ausgesetzt gesehen haben wie die heutigen, die oft genug nur das Nachsehen haben, wenn die angepirschte Fliege davonfliegt. Das war die Chance der Vögel.

Das Flugvermögen versetzte sie in die Lage, die sich explosionsartig entwickelnden Insekten zu nutzen. Sie konnten dieser energetisch wie im Hinblick auf den Eiweißgehalt besonders attraktiven Beute folgen. Das Fliegen wurde tatsächlich zum Motor für die weitere Evolution der Vögel. Im frühen Tertiär, als sich die Wälder besonders weit ausgebreitet hatten, setzte die nächste wichtige Trennung ein. Aus den ursprünglichen, noch verhältnismäßig plumpen Baumvögeln, zu denen von den heutigen Vogelfamilien die Racken, die Kuckucke und einige andere Gruppen gehören, spaltete sich ein Zweig ab, der bald schon die Kronenregion der Wälder mit vielen Arten erfüllte: die Singvögel.

Sie spezialisierten sich in noch stärkerem Maße als ihre Vorgänger auf

Insekten. Eine besondere Entwicklung der Füße, eine verbesserte Flugtechnik mit kurzen, rundlichen Flügeln und die beschleunigte Jungenentwicklung in kunstvoll ausgearbeiteten Nestern sind die äußerlichen Kennzeichen. Die Bezeichnung »Singvögel« verrät aber eine andere, innere Entwicklung: die Ausbildung eines besonderen Kehlkopfes, der Syrinx, die eine weitaus größere Vielfalt an klangvollen Tönen nach sich gezogen hat. Die gegenseitige Verständigung im dichten Blattwerk wurde damit verbessert.

Eine Teilgruppe blieb in der Abgeschiedenheit des westwärts driftenden Teilkontinents, das heutige Südamerika, von der raschen Entwicklung der Singvögel in der Alten Welt abgeschnitten. Es sind dies die südamerikanischen »Schreivögel« (Sub-Oscines), die mit ihrem Parallelweg verdeutlichen, wohin der Trend ging. Beide zusammen bilden mit einigen kleineren, mengenmäßig unbedeutenden Gruppen die Sperlingsvögel (Passeriformes). Sie sind der jüngste Sproß in der Evolution der Vögel, der seine Entfaltung insbesondere der Nutzung von Kleininsekten verdankt. Der Entwicklungstrend zeigt sich in der starken Verminderung der Körpergröße bis hin zu den Grenzen von etwa fünf Gramm Körpergewicht. Der Umsatz im Stoffwechsel wird dann so hoch, daß der Eiweiß- und Fettgehalt der Kleininsekten oder nährstoffreicher Pflanzensamen nicht mehr ausreicht.

Noch weiter konnten aber die nicht zu den Singvögeln gehörenden Kolibris die Miniaturisierung treiben und damit auch noch die winzigsten der Kleininsekten in ihre Ernährung einbeziehen. Diese Vogelzwerge stammen aus der Verwandtschaft der Segler. Sie besitzen von allen Vögeln das höchstentwickelte Flugvermögen. Wozu es gut ist, das ist erst in jüngster Zeit klar geworden: zum Fang von Kleinstinsekten. Diese Eiweißhäppchen sind so schwer zu erreichen, daß die aufwendigste Art der Fortbewegung überhaupt, auch schnellste Jagdflüge von Falken eingeschlossen, dazu notwendig ist. Die Kolibris versorgen sich außerdem in geradezu unglaublicher Trennung von Aufbaustoffwechsel, für den in erster Linie Eiweiß benötigt wird, und Betriebsstoffwechsel, den sie mit dem energiereichen Zucker aus Nektar und Honigtau bestreiten (Reichholf 1990 b).

Fassen wir zusammen: Der Stammeslinie der Vögel fehlte lange Zeit, fast hundert Millionen Jahre lang, ein entsprechendes Massenangebot an Nahrung, die beide Anteile lieferte, das Fett für die aufwendige Energieversorgung und das Eiweiß für den Stoffwechsel und insbesondere für die Federbildung. Solange diese Form von besonderer Nahrung knapp war, konnten sie ihre Überlegenheit nicht ausspielen. Sie gelangte erst dann zur Geltung, als der Evolutionsschub bei den Insekten neue Verhältnisse schuf, die von der Entwicklung der Blütenpflanzen ausgelöst waren. Bis dahin blieben die Vögel noch unbedeutend und gleichsam im Schatten der Flugechsen. Noch mehr im Schatten der vorherrschenden Reptilien war aber die zweite Stammeslinie verblieben, die schon bedeutend früher als die Vögel ihren Anfang genommen hatte und der wir selbst angehören: die Säugetiere. Auch ihre Zeit mußte erst kommen.

9. Der Aufstieg der Säugetiere

Eozostrodon, ein gut zehn Zentimeter langes, spitzmausähnliches Tier, war einer der ersten Vertreter unzweifelhafter Säugetiere. Diese »Maus« lebte im Trias vor mehr als 220 Millionen Jahren. Die fernen Ahnen der Säugetiere reichen damit zurück in eine Zeit, in der auch die Dinosaurier ihren Ursprung hatten. Cotylosaurier wird diese Gruppe von Uralt-Reptilien genannt, aus deren Aufspaltung Schildkröten, Vögel, Dinosaurier, Krokodile, Flug- und Fischsaurier sowie die Säugetiere hervorgegangen sind. Auch wenn man die Säugetiere an die Spitze des Tierreiches zu stellen pflegt, gehörten sie doch eigentlich den Vögeln nachgestellt, weil diese ein weit jüngerer Sproß des Echsengeschlechtes sind.

Eozostrodon hatte, dem Gebiß nach geurteilt, eine Lebensweise geführt, die ziemlich ähnlich der von »modernen« Spitzmäusen gewesen sein müßte. Auch die folgende Entwicklung, soweit sie fossil ausreichend belegt ist, weist keine schwerwiegenden Mängel auf, welche die werdenden Säugetiere erst noch hätten beheben müssen, bevor ihre Linie zum Durchbruch kam. Da sich die Verzögerung in vielen Punkten recht ähnlich darstellt, wie schon bei den Vögeln behandelt, braucht hier nicht mehr so weit ausgeholt zu werden. Fest steht, daß die Säugetierlinie noch länger als die der Vögel im Schatten der Dinosaurier lebte und daß erst nach deren Aussterben eine starke Entfaltung einsetzte, die das Zeitalter des Tertiärs zum Zeitalter der Säugetiere werden ließ.

Wenn die Geschichte der Säugetiere mit einem spitzmausähnlichen Tier angefangen hat, darf man zu Recht annehmen, daß die Insekten auch in der Evolution der Säuger eine wichtige Rolle gespielt haben. Sicher ist das der Fall gewesen. Aber die Entfaltung der Säugetiere ging ungleich mehr in Richtung auf Lebensformen, die früheren Großreptilien entsprechen als in die Richtung der Vögel. Unterschiede sind daher nicht nur als graduell zu beachten. Also zurück zu den Ursprüngen. Wie bei *Archaeopteryx* bildeten sich die Merkmale der Säugetiere anatomisch nicht auf einmal, sondern in verschiedenen Schritten aus. Genügend Zeit stand dafür, von heute zurückblickend, zur Verfügung. Wann jedoch solche Eigenschaften aufgetreten sind, die das Leben und Überleben weit nachhaltiger als Eigentümlichkeiten des Knochenbaus beeinflussen, wie das Lebendgebären der Jungen und die Entwicklung der Milchdrüsen, die den Nachwuchs versorgen, läßt sich aus den Fossilien schwer ablesen.

Die Versorgung der Jungen mit Muttermilch bedeutet zweifellos einen der wichtigsten Schritte auf dem Weg zum Säugetier, weil die Milch alle für das Wachsen und Gedeihen des Nachwuchses nötigen Nährstoffe in bestmöglicher Kombination enthält. Gleichzeitig fehlen aber alle Schadstoffe oder Belastungen, mit denen sich das Jungtier auseinanderzusetzen hätte, wenn es gleich nach der Geburt selbständig Nahrung suchen und aufnehmen müßte. Bei den Vögeln ist diese Problematik gegeben. Nur zwei Gruppen machen eine Ausnahme: die Tauben und die Flamingos. Die Tauben versorgen ihre Jungen mit einer nährstoffreichen Kropfmilch und die Flamingos mit einer blutähnlichen Absonderung aus dem Kropf. Bei den anderen müssen entweder die Vogeleltern besonders bekömmliche Nahrung suchen, oder die Jungen haben sich einfach gleich mit der späteren Erwachsenennahrung abzufinden, sofern ihre Zusammensetzung einigermaßen paßt. Viele beginnen nach dem Schlüpfen auch gleich selbst mit der Suche nach Nahrung (Nestflüchter).

Nun ist ein frisch geschlüpfter oder eben geborener, noch stark wachsender Tierkörper aber keineswegs in der Lage, gleich mit jeder Art von Nahrung zu Rande zu kommen. Eine direkte Ernährung schränkt somit das Spektrum der möglicherweise nutzbaren Nahrungssorten ein. Das wird wiederum bei Vögeln besonders deutlich, die sich auf extreme Formen der Nahrung spezialisiert haben. So verzehrt der afrikanische Honiganzeiger Wachs von Bienenwaben. Seine Jungen könnten davon nicht leben. Der Vogel muß sich als Brutparasit betätigen und andere seine Jungen großziehen lassen, die passendes Futter anliefern.

In einer vergleichbaren Situation befindet sich der europäische Kuckuck. Stachelige, stark behaarte und oftmals mehr oder weniger giftige Raupen bilden seine Nahrung. Die Gifthaare bleiben in der Magenwand stecken. Von Zeit zu Zeit muß er sie abstoßen, um sich davon zu befreien. Es dürfte ziemlich sicher für die Jungkuckucke fatal ausgehen, würden sie mit solcher Nahrung versorgt. Was der Altvogel verträgt, bekommt dem Jungen nicht. Wiederum ist Brutparasitismus die zwingende Folge, denn der Kuckuck könnte mit seinen schwachen Beinen und seinem Gewicht gar nicht die äußeren Zweige erreichen, wo sich bessere Nahrung befindet. Sie gehört in die Domäne der Singvögel – und diese nutzt nun der Kuckuck als Zieheltern aus (Reichholf 1983). Weniger extrem sind die Verhältnisse bei den vielen körneressenden Singvögeln, die ihre Jungen mit mühsam gesuchten Insekten versorgen müssen. Diese können auf das für ihr Wachstum unentbehrliche Insekteneiweiß nicht verzichten und die stärkereiche Körnernahrung erst später vertragen.

Solche und ähnliche Schwierigkeiten mit der Nahrungsversorgung des Nachwuchses bleibt den Säugetieren erspart. Die Milch hat alles, was die Jungen brauchen. Sie ist, genaugenommen, nur eine äußere Fortsetzung der inneren Ernährung über die Nabelschnur, über die auch genau das zugeführt wird, was der wachsende Keimling braucht, und die die Abfallstoffe auch wieder abführt.

Mit dieser fortschrittlichsten Form der Nachwuchsversorgung verbindet sich naturgemäß ein hoher Aufwand. Die Herstellung von Milch kostet Energie und benötigt Nährstoffe; die innere Schwangerschaft belastet zumindest den mütterlichen Organismus. Hinzu kommen die Betriebskosten für die gleichmäßig hohe Körpertemperatur, die bei vielen Säugetieren zwischen 36 und 39 °C liegt und sehr genau eingestellt wird. Für den Grundumsatz sind ähnlich hohe Werte wie bei den Vögeln zu veranschlagen, weil die Säugetiere, zumal die kleineren Arten, nicht so gut wärmeisoliert sind. Den äußeren Schutz besorgt ein Haarkleid, das nur wenige Arten nachträglich wieder rückgebildet haben. Es wird durch Talgdrüsen geschmeidig und wasserabweisend gehalten. Ähnlich, aber nicht ganz so ausgeprägt, wie die Feder den Vogel charakterisiert, kennzeichnet das Haarkleid die Säugetiere.

Wie die Feder entstammt es hornbildenden Schuppenanlagen aus der Reptilienvergangenheit. Doch das Haar wächst beständig nach, während die Feder, wenn sie fertig ausgebildet ist, ein Jahr oder länger funktionsfähig bleibt, bis sie wieder ausgewechselt wird. Dieser Gefiederwechsel, die Mauser, spielt bei den Vögeln eine ungleich bedeutendere Rolle als der Haarwechsel bei den Säugetieren, der mehr eine mengenmäßige Anpassung an winterliche oder sommerliche Verhältnisse ist. Das Haarkleid hat keine vergleichbare zusätzliche Funktion wie die zum Fliegen eingesetzten Federn.

Fast drei Viertel ihrer mehr als 220 Millionen Jahre zurückreichenden Existenzzeit blieben die Säugetiere im Vergleich zu den Reptilien recht unauffällig. Die Umstände legen jedoch nahe, daß sie doch schon ziemlich früh die geregelt hohe Körpertemperatur entwickelt hatten. Das Haarkleid bildete die Hülle dazu. Nun sind aber die Vorläufer der Säugetiere im Gegensatz zu den leichtfüßigen Reptilien, die aus zweibeinigem Lauf heraus auf dem Weg zur Lebensform des Vogels waren, eher schwerfällige Gestalten gewesen. Eine Wechselwirkung mit schneller Bewegung, hohem Energiebedarf, Erhaschen von flinker und energiereicher Beute läßt sich für die Herausbildung der geregelt hohen Körpertemperatur wie bei den Vögeln schwerlich für den Ursprung der Säuger geltend machen.

Tatsächlich waren die Ausgangsbedingungen zu Beginn und in den ersten hundert Jahrmillionen der Säugetierentwicklung ganz andere gewesen als bei den Vögeln. Ihre Anpassung ging in eine ganz andere Richtung. Sie erschlossen sich im Laufe des Erdmittelalters die Nacht als Aktionsraum. Damit wichen sie den tagaktiven Echsen aus, die auf die Wärmezufuhr durch Sonneneinstrahlung angewiesen waren. Für diese Ansicht gibt es ein gutes Indiz: Bei den Säugetieren spielt ganz allgemein der Geruchssinn die wichtigere Rolle als der Gesichtssinn. Die Vögel sind »Augentiere«, die Säuger »Nasentiere«.

Das läßt sich in der Fossilgeschichte auch deutlich ablesen, denn die Bereiche im Gehirn, denen Riechen und Sehen zugeordnet ist, liegen an ganz anderen Stellen. Bei der Entwicklung des Vogelkopfes verlagert sich die Gehirnzunahme nach hinten in die Steuerzentren des Kleinhirns, während beim Säuger das Riechhirn mit starker Betonung des Nasenteils am Schädel in den Vordergrund rückt.

Der Geruchssinn gewinnt die größte Wirksamkeit in »undurchsichtigem« Lebensraum, etwa beim Wühlen in der Bodenstreu und in der Dunkelheit, bleibt aber ein Nahbereichssinn. Für Fernorientierung in der Nacht eignet er sich weniger. Die andere Lösungsmöglichkeit der nächtlichen Orientierung ist bekannt: die Ultraschallpeilung der Fledermäuse und einiger anderer Kleinsäuger. Nur ganz wenige Vogelarten haben eine Art einfacher Ultraschallorientierung entwickelt, so sehr steht bei ihnen der Gesichtssinn im Vordergrund. Die Leistung des Vogelauges übertreffen die der besten Säugetieraugen um ein Vielfaches.

Nun hat das Eindringen in den Lebensbereich der Nacht aber mehr zu überwinden als nur die Orientierungsproblematik. Die beste Nase nützt nichts, wenn ihr Träger in der Kühle der Nacht dahindämmert und bewegungs- bis reaktionsunfähig geworden ist. Der Organismus muß warm genug bleiben, damit Muskeln und Sinne weiterarbeiten können. Das kostet Energie.

Die Isolierung durch das Fell hilft zwar ein wenig, sie würde aber das Auskühlen doch nicht verhindern, wenn keine ausreichende innere Wärmeerzeugung hinzukäme. Fettreiche Kleintiere, wie Würmer und Insektenlarven, die in den obersten Bodenschichten leben, eignen sich ganz gut als »Heizmaterial«, wenn sie gefunden werden. Verbesserter Geruchssinn und Vergrößerung des Suchertrags arbeiten nun zusammen und bedingen sich wechselseitig. Würde ein wühlendes Schwein wirklich nur rein zufällig auf Nahrung stoßen, müßte es verhungern, es sei denn, der Boden wäre voll von Nahrung. Gezielte Suche vermindert den Suchaufwand und spart Kosten, die dem Energiehaushalt zugute kommen. In der Wärme der Tage des Erdmittelalters, als die Kontinente noch weitgehend in einer einzigen großen Masse in äquatorialer Lage zusammengeschlossen waren, hätte ein solcher Anpassungstrend wenig Aussichten auf Erfolg gehabt. Denn der innere Betrieb des warmblütigen Säugetiers paßt viel besser zu kühlen oder kalten Lebensbedingungen als zu warmen. Unter tropischen Verhältnissen wird die innere Wärmeerzeugung schnell zur Belastung, die mit unangemessen hohem Kühlaufwand ausgeglichen werden muß oder zu verminderter anstatt gesteigerter Aktivität zwingt.

Schweifen wir kurz zu den gegenwärtigen Verhältnissen ab. Mehr noch als bei den Vögeln unterliegen wir im Falle der Säugetierverbreitung dem Irrtum, daß unsere eigenen Vorstellungen von günstigen Lebensbedingungen für die Mehrzahl der Säuger zutreffen müßten. Hier ist nun genau das Gegenteil der Fall: Die größten Ansammlungen von Säugetieren mit den größten Biomassen befinden sich erstens im Meer und nicht an Land und zweitens in den Kälteregionen und nicht in den tropischen oder subtropischen Zonen. Sogar nach Zahl der Tiere dürfte der Krabbenesser-Seelöwe *(Lobodon carcinophagus)*, der in wohl mehr als fünfzig Millionen Tieren rund um die Antarktis vorgekommen ist und heute immer noch ähnliche Größenordnungen erreicht, allein schon die gewaltigen Bisonherden der nordamerikanischen Prärien übertroffen haben. Vielleicht konkurrieren die bald sechs Milliarden Menschen erstmals mit den großen Säugetieransammlungen in den kühlen und kalten Regionen.

Das warme Erdmittelalter hätte nicht zu einer Vorherrschaft warmblütiger Säugetiere gepaßt, die in einen ziemlichen dichten Pelz gehüllt sind. Der Vorteil des hohen Grundumsatzes schmilzt bei Außentemperaturen über 15 °C auch schnell dahin. Unter tropischen Bedingungen wird der Kompensationsbereich rasch überschritten, bei welchem kein Wärmefluß von innen nach außen mehr stattfindet. Für die meisten größeren Säugetiere liegt diese sogenannte thermoneutrale Zone zwischen 25 und 30 °C. Nur bei deutlich darunter liegenden Temperaturen bringt die innere Energieerzeugung Vorteile, wenn sie nicht für solche Hochleistungstätigkeiten, wie aktiver Flug mit Muskelkraft, eingesetzt wird. Allein aus diesen Gründen braucht eine Auseinandersetzung mit den Dinosauriern – als Konkurrenten oder Feinden der Säugetiere – nicht im Vordergrund der Überlegungen zu stehen. Sicher verwehrten die höchst erfolgreichen Dinosaurier mancher Seitenlinie der Säugetiere das Eindringen in ihre Domänen und Anpassungsräume. Aber in der generellen Linie dürfte die Konkurrenz die Entwicklung der Säuger nicht gebremst haben.

Sie hatten höchst vorteilhafte Fortschritte gemacht. Aber ihre Zeit kam erst, als sich nach der Wende zum Tertiär die Lebensbedingungen auf der Erde radikal geändert hatten. Daß sie die Vernichtung im großen Faunenschnitt vor 66 Millionen Jahren überstanden, obwohl sie erdgebunden geblieben waren, und nicht wie vielleicht manche Stammeslinie der Vögel in günstigere, weniger betroffene Gebiete wegfliegen konnten, dazu hatte ihr Lebensstil den entscheidenden Überlebensvorteil mitgebracht. Er zählte im Moment der Katastrophe wie auch in der Zeit danach, als der verdunkelte Himmel einen globalen Winter verursachte, der im Szenario den Auswirkungen eines nuklearen Winters gleichgekommen sein mag.

Die hervorragende Nase führte sie zur Nahrung, die auch ohne nenneswerte Pflanzenproduktion weiterexistierte, weil sie von abgestorbenen und nicht von frischen Pflanzen lebte. Würmer, Schnecken oder Insektenlarven blieben erhalten. Die geregelt hohe Körperinnentemperatur sicherte den Säugetieren die Beweglichkeit in dieser Phase des Übergangs in die neue Zeit. Sie brauchten in der Kühle oder Kälte genausowenig zu erstarren, wie sie dies heute in der eisigen Nacht der Tundra tun.

Nach der Katastrophe war die Welt wirklich eine andere geworden. Die Blütenpflanzen, die schon gegen Ende des Erdmittelalters so stark an Boden gewonnen und die Vielfalt der Insekten gefördert hatten, gewannen nun vollends die Oberhand. Sie hatten die Finsternis nach der Katastrophe am Ende der Kreidezeit dank ihrer Samen überstanden. Ein reiches Insektenleben entfaltete sich, reichlicher denn je. Es löste die explosive Evolution der Vögel aus. Doch hier tauchte eine bemerkenswerte Trennung auf. Während diese als Augentiere weitgehend auf die Hellphase des Tages angewiesen blieben, um den Insekten nachzuspüren oder sie in den Baumkronen und im Luftraum zu fangen, brachten die Säugetiere den Vorzug mit, daß sie auch die Nacht nutzen konnten.

Die Spitzmaustypen machten den großen Neuanfang. Von ihnen leiten sich die nächtlichen Konkurrenten der Vögel, die Fledermäuse ab. Sie sind ursprünglich Insektenjäger gewesen und sind es geblieben – wie die Spitzmäuse selbst und wie eine zweite bedeutende Stammeslinie, die »Herrentiere« oder Primaten. Auch sie blieben über viele Millionen Jahre dem Insektenfang verhaftet, und ihre südamerikanische Linie, die Neuweltaffen, sind mit wenigen Ausnahmen Insektenesser geblieben. Früchte oder Blätter nehmen sie nur als Zusatznahrung. Nur einige Arten, stammesgeschichtlich die jüngsten der Neuweltaffen, haben sich auf Blattnahrung spezialisiert.

Doch nicht nur der Evolutionsschub bei den Insekten kennzeichnet das frühe Tertiär. Die Pflanzenwelt erfaßte neue Entwicklungschancen. Zunächst waren es Wälder, dann zunehmend Grasländer, die sich ausbreiteten und Pflanzenverwertern in großem Umfang Biomasse boten. Aber diese gab es nicht mehr. Keine der großen pflanzenverwertenden Echsenfamilien hatte die Katastrophe überlebt. So wurde der Untergang der Dinosaurier zum großen Neubeginn für die Säugetiere, die sich nun sehr schnell zu Pflanzenverwertern entwickelten, die neuen Möglichkeiten ergriffen und auch tagaktiv wurden. Weidegänger entstanden, die nun auf schnellen Beinen durch die Grasländer zogen, während andere Linien sich dem Wasser zuwandten und den Weg zurück ins Meer nahmen, wo der Raum gleichfalls frei von Konkurrenz war.

Aus der Huftiergruppe entwickelten sich die Seekühe, aus der Bärenverwandtschaft die Robben. Die Wale zogen den anderen Meeressäugern davon und bewiesen die Überlegenheit der Säugetier-Organisation. Aber es bedurfte des Umweges! Der Fortschritt des Lebens war also nicht einmal bei den Säugetieren einigermaßen gradlinig.

Es gab zahlreiche Engpässe und Umwege, nicht zuletzt aber den großen Einschnitt am Ende des Erdmittelalters. Vieles spricht dafür, daß die kosmische Katastrophe eines Riesenmeteoriteneinschlages den Weg der Säugetiere freigemacht hatte. Ohne diese radikale Änderung der Lebensbedingungen auf der Erde wären sie möglicherweise zwar vielgestaltiger als früher, aber immer noch unscheinbar und in der Dunkelheit tätig. Dann hätte es allerdings auch den Weg zum Menschen nicht gegeben, denn an unserem fernen Anfang in der Säugetierlinie steht *Eozostrodon*, und es hatte 160 Millionen Jahre gedauert, bis ein noch immer recht ähnliches spitzmausartiges Tier vom Aussehen der Spitzhörnchen (Tupaia) die Entwicklung zu den Primaten einleitete.

An ihrem gegenwärtigen Ende steht der Primat der Primaten, befindet sich der Mensch. War er, war die ganze Evolution ein Produkt von Zufällen und Zufälligkeiten? Würde die »Lotterie des Lebens«, wie Stephen Jay Gould (1991) sie nennt, ganz anders ausgefallen sein, wenn sie noch einmal wiederholt würde? Was sind die Triebkräfte der Evolution? Wir haben uns den Kernfragen genähert. Aber noch liegen zwei Hürden vor dem weiteren Weg. Die eine betrifft das Aussterben, das den Verlauf der Evolution beinahe mehr zu charakterisieren scheint als das Überleben, die andere das Wechselspiel mit der Umwelt.

Evolution vollzieht sich in der Biosphäre. Ihre Entstehung und ihrer Struktur haben wir uns ebenfalls noch zuzuwenden, bevor wir uns den Kernfragen widmen. Denn in der Biosphäre, in der Umwelt, befindet sich das, was die Organismen benötigen – und sie wirkt zurück. Charles Darwin hatte dies klar erkannt, als er sein Konzept der natürlichen Auslese, der Selektion, formulierte. Aber die Umwelt liest nicht nur aus, sie gibt auch – und sie fordert! Die Vorstellung von einem Sieb, durch das die schlecht angepaßten hindurchfallen und welches die guten herausfängt und weitergibt, reicht höchstens für die kleinen Veränderungen im Evolutionsgeschehen. Für die Erklärung der großen Entwicklungen taugt sie nicht. Darwinsche Evolution in immer nur kleinen Schritten hätte weder genügend Zeit zur Verfügung, um wirklich Neues zu schaffen, noch ausreichend konstante Umweltbedingungen. Sie wirkt auf dem Niveau der Art, und sie konserviert mehr, als sie erfindet. Der schöpferische Zufall ist zu selten!

10. Vom Sterben und vom Aussterben

Die allermeisten Arten, die im Lauf der Evolution entstanden sind, gibt es längst nicht mehr. Sie sind ausgestorben. Würden wir die Geschichte aller Arten, die jemals gelebt haben, kennen und eine Bilanz machen, dann wäre ihr zwangsläufiges Ergebnis: Das Aussterben ist die Regel, das Überleben die Ausnahme.

Anhand der Fossilien läßt sich grob abschätzen, wie viele Arten seit Beginn des Lebens ausgestorben sind. Die Werte dürften bei 99 Prozent oder darüber liegen. Das liegt aber keineswegs nur an den zeitweise auftretenden Massensterben, sondern überwiegend daran, daß auch in den Zwischenzeiten, in den vielen Millionen Jahren mehr oder weniger ungestörter Entwicklungen Arten verschwinden.

Der Stammbaum der Organismen bildet daher keinen aufstrebenden Baum, der sich weiter verästelt und in die Höhe wächst, sondern, wie Stephen Jay Gould (1991) es ausdrückte, eher ein wirres Gebüsch. Verständlich, daß er und andere Paläontologen das Überleben der kümmerlichen Reste als glücklichen Zufall deuten. Das Überleben gleicht dem unkalkulierbaren Treffer in einer Lotterie. Wie oft man das Spiel auch wiederholen würde, es käme nie mehr das gleiche Ergebnis heraus. Jeder neue Anlauf würde anders verlaufen und anders verlaufen müssen, weil die glückliche Verkettung von Zufällen einfach unwiederholbar ist.

Wir können daher den Stammbaum wohl zurückverfolgen, hätten aber nicht die geringste Chance, bei einem erneuten Beginn den weiteren Verlauf vorherzubestimmen. Die Entwicklung, der wir selbst unsere Existenz verdanken, hängt an so vielen Unberechenbarkeiten, daß Gould vom »Zufall Mensch« spricht.

Der Evolutionsprozeß als eine Art Lotterie – eine solche Vorstellung verträgt sich nicht mit der Annahme einer Zielgerichtetheit. In dieser Hinsicht unterscheidet sich die Position von Stephen Jay Gould keineswegs von der schon als traditionell zu bezeichnenden Linie von Evolutionsbiologen, die von Charles Darwin ausgeht. Das Beunruhigende steckt in einer anderen Konsequenz: Evolution als Lotterie stellt auch die Ursächlichkeit des Zustandekommens und der Weiterentwicklung bestimmter Anpassungsformen in Frage. Darin unterscheidet sie sich in der Tat grundlegend von der Position Darwins.

Die »Gewinner« im Lotteriespiel des Lebens hätten nicht deshalb überlebt, weil sie die besser angepaßten Formen waren, sondern eben wegen des Zufalls in diesem lotterieartigen Geschehen. Dann wären nicht nur die kleinen Schritte der Evolution, die Mutationen, zufällig, sondern auch die großen Linien und ihr Überleben beliebig.

Dagegen sträubt sich die Logik, die von Ursache und Wirkung, von der Bedingtheit von Vorgängen in der Natur ausgeht. Die Problematik des Aussterbens berührt daher einen Kernpunkt der Evolutionstheorie. Ohne tieferes Verständnis des Aussterbens läßt sich das Überleben nicht verstehen. Hierbei begeben wir uns auf ein besonders schwieriges Gebiet. Aber wir können uns nicht um diesen Kernpunkt drücken.

Aussterben bezieht sich auf die ganze Art. Es ist das Endergebnis des Sterbens aller Angehörigen der Art. Folglich müssen wir zunächst das Sterben von Individuen betrachten.

Nehmen wir uns selbst, die Art Mensch, als Beispiel. Natürlich sind mehr als 99 Prozent aller Menschen ausgestorben, weil sie einfach verstorben sind. Nehmen wir an, daß die Art Mensch seit etwa 180 000 Jahren existiert und daß über den größten Teil der Zeit wie auch gegenwärtig im größeren Teil der Weltbevölkerung die mittlere Lebenserwartung um die dreißig Jahre beträgt, dann müssen zwangsläufig die meisten Menschen längst gestorben sein. Die Bevölkerungsexplosion der letzten Jahrzehnte verzerrt die Verhältnisse zugunsten der heute (noch) Lebenden. Aber grundsätzlich ändert sie nichts an der Tatsache, daß die Lebensspanne eines Menschen begrenzt ist und daß dies auch für fast alle anderen Lebewesen gilt. Ob ein Baum mehrere tausend Jahre alt werden kann oder irgendein Kleintier nur ein paar Tage, spielt angesichts der langen erdgeschichtlichen Zeiträume keine Rolle. Abgesehen von den potentiell unsterblichen Mikroorganismen und einigen anderen, noch sehr einfach organisierten Lebewesen, die sich durch Teilung vermehren, ist der Tod für jedes Lebewesen unausweichlich. Er gehört zum Leben!

Wenn wir nun einfach annehmen, daß jede Art eine begrenzte erdgeschichtliche Existenzzeit hat, so wie jedes Individuum ein durchschnittliches Lebensalter zu erwarten hat, dann würde sich das Problem des Aussterbens in ein Scheinproblem auflösen. Wir wissen ja, daß die individuelle Lebenserwartung bei den verschiedenen Arten von Tieren und Pflanzen recht verschieden lang sein kann. Bäume leben mehrere Jahrhunderte bis Jahrtausende, wenn sie nicht vor ihrem überalterungsbedingten Zusammenbruch entsprechend geschädigt werden. Schildkröten können weit über hundert Jahre alt werden. Der Mensch erreicht ohne vorzeitige Erkrankungen, massive Beeinträchtigungen seiner Gesundheit oder gewaltsamen Tod ein Alter von siebzig bis achtzig Jahren, in Ausnahmefällen bis über hundert Jahren, Pferde werden selten über dreißig Jahre alt, Katzen und Hunde erreichen dieses Alter gewöhnlich nicht. Würmer oder manche Wasserinsekten leben mehrere Jahre, andere Insekten nicht einmal ein Jahr und so fort.

Die ganze Fülle der Arten läßt sich unterschiedlichen Lebenserwartungen zuordnen, die nur ganz grob mit der Körpergröße zusammenhängen. Die gewaltigen Elefanten werden nicht wesentlich älter als der Mensch, und er wird von kleinen Schildkröten glatt überlebt. Auch bei den Pflanzen gibt es kurzlebige, ein- bis mehrjährige Arten und solche, die sehr alt werden können. Wiederum ist es nicht nur eine Frage der Größe, auch wenn diese Größe als solche entsprechend lange Wachstumszeiten erfordert. Jedenfalls ist die Bandbreite der Lebensspannen, die erreicht werden können, groß genug, um die oberflächliche Übereinstimmung mit dem Überleben beziehungsweise Aussterben in der Evolution damit in Beziehung bringen zu können. Man braucht nur die Zeitskala der Erdgeschichte mit der Zeitskala des individuellen Lebens entsprechend geschickt zu überlagern. Dann wären Geburt und Sterben nichts weiter als das Werden und Vergehen im erdgeschichtlichen Maßstab.

Die Übereinstimmungen lassen sich sogar noch vertiefen. Jedes Individuum ist eine einmalige Ausgabe seiner Art, zumindest bei den komplexer organisierten Lebewesen. Kein Mensch wird in gleicher Form und mit gleicher Ausstattung des Erbgutes jemals wiederkommen, wenn er einmal gestorben ist. Seine besondere Zusammensetzung des Erbgutes, sein individueller Genotyp, ist nicht wiederholbar. Zu groß sind die Kombinationsmöglichkeiten der Zehntausende von Genen. Jeder weiß das, und niemand zweifelt ernstlich daran, daß es keine zwei gleichen Menschen gibt. Somit verschwindet mit jedem individuellen Tod eine einmalige Kombination von Erbanlagen. Jeder Todesfall wird damit, genaugenommen, zum Ende einer bestimmten genetischen Linie. Selbst wenn sich ihr Träger reichlich fortgepflanzt hatte, begründete er dabei wieder neue, von seiner eigenen abzweigende genetische Linien. Eine geradlinige Fortpflanzung wäre nur durch Teilung und Verdoppelung – ohne Veränderung im Erbgut – möglich.

Der naheliegende Einwand, der individuelle Tod schadet im Grundsatz deswegen nichts, weil über die Fortpflanzung sichergestellt worden ist, daß das Leben in dieser Stammeslinie weitergetragen wird, trifft daher doch nicht so ganz den Kern des Geschehens. So bleibt vorerst nichts weiter übrig, als festzuhalten, daß sich das Leben den Tod »leistet«.

Kann es sich auch das Aussterben im Evolutionsprozeß leisten? Die bloße Tatsache unserer Existenz und die von Millionen anderer Arten scheint auf den ersten Blick ganz klar diesen Sachverhalt zu bestätigen. Natürlich kann sich das Leben in seiner Gesamtheit dies leisten, sonst gäbe es die ganze Vielfalt der Arten nicht. Ausgestorben sind nach Darwinscher Sicht einfach all jene, die nicht so gut angepaßt waren wie jene, die überlebten: Survival of the fittest – Überleben der Geeignetsten, hatte Charles Darwin das genannt.

Doch Stephen Jay Gould und andere halten dagegen: Zu viele Arten sind ausgestorben; viele davon so hervorragend angepaßt, als daß ihr Verschwinden einfach damit abgetan werden könnte, sie wären nicht fit genug für diese Welt gewesen. Wenn kosmische Katastrophen über die Erde hereinbrechen, wie vor rund fünfundsechzig Millionen Jahren, als die Dinosaurier und viele andere Lebensformen schlagartig ausgelöscht wurden, dann zählt das Fitsein nicht mehr. Die Vernichtung schlägt blind zu, und wer überlebt, hat Glück gehabt.

Tatsächlich scheint eine solche Sichtweise einiges für sich zu haben. So verschwanden schon verhältnismäßig früh die merkwürdigen Tierformen, deren letzte Reste versteinert in der sogenannten Ediacara-Fauna von Nordaustralien gefunden wurden. Sie gehören zu den ältesten Fossilien überhaupt. Auch von der phantastischen Tierwelt der Burgess-Schiefer von Kanada ist nicht viel übriggeblieben. Damals, vor vierhundertvierzig Millionen Jahren, und schon achtzig Millionen Jahre darauf noch einmal, wurden die Lebensformen im Meer empfindlich dezimiert. Vorsichtige Schätzungen gehen von 70 Prozent Verlust aller wirbellosen Tierarten aus. Das verheerendste Massensterben markiert das Ende des Perm-Erdzeitalters vor etwa zweihundertfünfzig Millionen Jahren. 75 bis 90 Prozent aller Arten von Lebewesen im Meer fielen ihm zum Opfer. Fast die Hälfte aller Familien wurde ausgelöscht. Und im weiteren Verlauf der Erdgeschichte kam es immer wieder zu Massensterben. Dem letzten größeren erlagen viele Großtierarten am Ende der letzten Eiszeit. Gegenwärtig verursacht die Zerstörung der Tropischen Regenwälder und anderer artenreicher Lebensräume ein Aussterben von Arten, wie es vielleicht in den vergangenen fünfundsechzig Millionen Jahre nicht mehr vorgekommen ist.

Ohne auf die unterschiedlichen Ursachen näher eingehen zu wollen, die von Einschlägen der Riesenmeteoriten bis zur destruktiven Tätigkeit des Menschen reichen, läßt sich daraus ableiten, daß es anscheinend wirklich kein allmähliches, kontinuierliches Werden und Vergehen gegeben hat. Vielmehr gab es Phasen, in denen die Aussterberate weit höher lag als die Neubildungsrate der Arten. In diesen Krisenzeiten ging die Artenvielfalt, die Diversität des Lebens, spürbar bis katastrophal zurück. Dann gab es wieder mehr oder minder lange Zeiten, in denen die Aussterberate von der Neubildungsrate ausgeglichen werden konnte, so daß es in der Nettobilanz zu keinen Artenverlusten kam. Schließlich müssen aber immer wieder auch Perioden gekommen sein, in denen sich recht schnell neue Arten herausdifferenzierten, wie etwa die Entfaltung der Säugetiere am Anfang des Tertiärs.

Die Fakten und Befunde schließen also eine allgemeine Gültigkeit des Modells aus, nach dem das Aussterben der Arten dem Tod der Individuen vergleichbar wäre und somit ohne Belang für die Evolution. Allein die Tatsache, daß sich die Erdgeschichte recht klar in verschiedene Erdzeitalter gliedern läßt, widerspricht einer Sichtweise, wie sie eigentlich aus dem Darwinschen Evolutionsverständnis abgeleitet werden müßte. Wenn Arten kontinuierlich aus kleinen Schritten und als Folge kleiner Veränderungen im Erbgut entstehen, müßten sie auch auf eine ähnliche Weise wieder verschwinden.

Ein solcherart gleichmäßiger Lebensstrom dürfte sich nicht klar in verschiedene Abschnitte untergliedern lassen. Die Zeitgrenzen hätten dann nicht nur genausogut, sonder sogar besser, weil einfacher, an glatten Zahlen, wie zehn, fünfzig, hundert Millionen Jahren und so fort, festgelegt werden können. Daß die Erdzeitalter hingegen in ähnlich unregelmäßiger Weise wie die Perioden der Menschheitsgeschichte festgelegt werden müssen, unterstreicht sowohl die Geschichtlichkeit des Evolutionsprozesses als auch die herausragende Bedeutung des Aussterbens von Arten.

Die Evolutionsbiologie steckt somit in der Klemme. Nimmt sie den Darwinschen Prozeß als den richtigen an, so gerät sie mit den paläontologischen und geologischen Fakten in Konflikt. Das Evolutionsmodell des Überlebens der Tauglichsten durch natürliche Auslese, durch Selektion, versagt ganz offensichtlich in den für den Fortgang der Evolution entscheidenden Phasen der Erdgeschichte. Es kann das Aussterben nicht hinreichend erklären. Die Gegenposition, das zufällige Überleben als Lotterietreffer, das Gould und andere Paläontologen und Biologen favorisieren, kommt mit der Höher- und Weiterentwicklung der Organismen nicht zurecht. Konsequenterweise lehnt sie diese ab oder unterstellt dem Menschen Selbsttäuschung, wenn er im Evolutionsprozeß eine Höherentwicklung zu sehen glaubt und sich selbst an die Spitze dieser Entwicklung stellt.

Läßt sich dieses Dilemma lösen? Oder scheiden sich daran unweigerlich die Geister? Die Problematik führte zu zwei unterschiedlichen wissenschaftlichen Lagern, den Gradualisten und den Punktualisten. Die Gradualisten folgen dem ursprünglichen Modell von Charles Darwin. Sie nehmen auch für die Phasen schnelleren Wandels der Arten in der Erdgeschichte die sich aufschaukelnde Wirkung vieler kleiner Erbänderungen (Mutationen) an, die sich der natürlichen Auslese stellen mußten und die sich bewährt hatten. Wenn sich die äußeren Bedingungen rasch ändern, sterben auch vielfach die Arten schneller aus als in Zeiten verhältnismäßig ruhiger Entwicklung. Aber immer bleibt der Übergang graduell, also allmählich, und daher werden die Vertreter dieser Richtung Gradualisten genannt.

Die Gegenposition der Punktualisten geht von den kurzzeitigen, den punktuellen Veränderungen in der Erdgeschichte aus, bei denen es zum Massensterben kam. Für sie ist weniger die Rate, mit der sich neue Arten bilden, der Motor der Evolution als vielmehr die Rate des Aussterbens. Liegt sie hoch, weil Katastrophen über die Erde hereingebrochen sind, wird das über die Zeiten ruhiger Entwicklung aufgebaute Gleichgewicht punktuell unterbrochen und der Lebensstrom unter Umständen in neue Bahnen gelenkt. Darwinsche Evolution spielt sich demnach nur in den ruhigen Zeiten der Erdgeschichte ab, während in den unruhigen Epochen vor allem durch das Massenaussterben neue Rahmenbedingungen gesetzt werden.

Für eine Entscheidung zwischen diesen beiden Möglichkeiten fehlen an dieser Stelle des Buches noch wichtige Bausteine zum Verständnis des Evolutionsprozesses. Deshalb soll hier auch noch nicht weiter geurteilt werden. Es reicht aus festzustellen, daß beide Modelle im wesentlichen den Vorgang beschreiben, aber keine nennenswerte Hilfestellung bieten können, wenn es um die Frage nach den Ursachen der Evolution geht. Doch etwas anderes geht aus der Auseinandersetzung zwischen Gradualisten und Punktualisten klar genug hervor: An der Beurteilung des Aussterbens wird sich der Erfolg des Überlebens bemessen lassen.

Blenden wir noch einmal zum Eingangsbeispiel dieses Kapitels zurück. Das so selbstverständliche Sterben von Individuen schien kein geeignetes Vorbild für das Aussterben in der Evolution zu sein. Und doch hat das Beispiel seine Berechtigung. Denn es beinhaltet auf der innerartlichen Ebene den gleichen Vorgang, um den es in der Evolution geht. Die Art Mensch ist nicht ausgestorben, obwohl tagtäglich viele Menschen sterben, in der Evolution dagegen sind zahllosen Arten verschwunden. Deswegen wird der Vergleich gewöhnlich als unangemessen erachtet. In der Evolution geht es aber genausowenig um die Arten, wie es innerhalb der Art Mensch um die einzelnen Individuen geht. Der einzelne Mensch ist zwar einmalig, aber, für sich genommen, reichlich unerheblich für das Menschengeschlecht. Die Stammeslinie des Menschen läuft so lange weiter, so lange es vermehrungsfähige Menschen gibt. In der Evolution entsprechen die großen Kategorien den großen Zeiträumen. Im Zeitmaß der Jahrmillionen geht es um die Familien und Ordnungen, im noch größeren der Hunderte von Jahrmillionen um die Klassen und, auf den Gesamtzeitraum der Existenz von Lebewesen bezogen, um die Stämme.

Die Art Mensch, *Homo sapiens*, entstand vor mehr als 100 000 Jahren. Sie gehört zur Gattung Mensch, Homo, deren Wurzeln zwei bis drei Millionen Jahren zurückreichen in die Familie der Menschenartigen, der Hominiden, die zur Ordnung der Primaten gehören. Sie entstand im Tertiär in einer zehnmal längeren Zeitspanne. Die Primaten sind ein Sproß der Klasse der Säugetiere, deren Ursprung bereits ins Erdmittelalter zurückreicht, also wiederum eine Größenordnung in der Zeitskala weitergeht. Die mehr als 220 Millionen Jahre alte Klasse der Säugetiere gehört zum Stamm der Chordatiere, von denen Vertreter bereits in der berühmten Burgess-Schiefer-Fauna zu finden waren. Als vielzellige Tiere überschreitet ihre Stammeslinie die Milliardengrenze der Jahre und vereinigt sich mit dem Ursprung der komplexen Zelle, der im Kapitel über die Zellevolution und die Entstehung des Lebens zu behandeln ist.

Diese höheren Einheiten der Organisation der Lebewesen entsprechen den größeren Einheiten im Zeitmaß der Evolution. Der Verlust von zahllosen Arten fällt nun in die Kategorie des Verlustes von Individuen innerhalb der Arten, ohne daß die Anpassungslinie, welche die betreffende Art repräsentiert, dadurch ausgelöscht worden wäre. Der Verlust von Gattungen wiegt schwerer, betrifft er doch bereits erheblich stärker abweichende Organisationsformen. Noch mehr trifft dies für die Familien und die Ordnungen zu. Viele Familien sind in der Tat im Laufe der

Jahrmillionen ausgestorben; rund die Hälfte aller vorhandenen beim besonders großen Massensterben am Ende des Perm. Aber selbst solche Super-Katastrophen löschten die meisten Ordnungen und Klassen nicht aus. Nahezu alle Stämme überlebten!

So betrachtet verlagern sich die Gewichtungen bei der Beurteilung des Aussterbens von Arten oder Gattungen ganz gewaltig. Die Katastrophe am Ende der Kreidezeit, der die damals noch vorhandenen Dinosaurier zum Opfer fielen, löschte keine der großen Echsen-Stammeslinien aus. Schildkröten, Echsen, Schlangen, Krokodile und Blindwühlen überlebten. Der Bauplan der Reptilien blieb erhalten, auch wenn die Großformen verschwunden sind. Als der eiszeitliche »overkill« die Großtiere, die Megafauna, drastisch reduzierte, blieben zwar Mammut und Wollhaarnashorn, Höhlenbär und Höhlenlöwe, Riesenhirsch und ander Arten auf der Strecke, aber weltweit überlebten Elefanten und Nashörner, Bären und Löwen, Elch, Wapiti und andere Hirscharten. Die Vernichtung eindrucksvoller Arten löschte keine Baupläne von Familien oder noch höheren Organisationsstufen aus. Hätten Pest und Cholera im ausgehenden Mittelalter alle Angehörigen der Weißen vernichtet, so wäre zwar gewiß ein großer Teil der Art Mensch verschwunden, aber die Art als solche würde weiterleben. Das Aussterben darf deshalb nicht einfach als Mengenbilanz von Arten gewertet werden. Was letztlich zählt, das sind die Überlebenden und die Baupläne, die Organisationsformen, die sie repräsentieren. Diese Baupläne haben, im krassen Gegensatz zu den hohen Vernichtungsraten von Arten, die fossil belegt sind, geradezu überraschend gut durchgehalten. Nicht einmal die offensichtlich einfacheren und schwächeren Vertreter sind verschwunden. Wären sie es, hätte die Biologie größte Schwierigkeiten, die verwandtschaftlichen Verhältnisse im Tier- und Pflanzenreich zu erkennen.

So gibt es aller Überlegenheit der stammesgeschichtlich modernen Blütenpflanzen zum Trotz immer noch eine beachtliche Vielfalt von Lebermoosen, Moosen, Farnen und Schachtelhalmen; von Pflanzengruppen also, die früher einmal in der Erdgeschichte vorherrschend gewesen waren. Die Neuentwicklungen haben sie zwar weit zurückgedrängt, aber nicht gänzlich verdrängt. Ähnliches gilt für das Pflanzenleben im Meer und die dortige Vielfalt an Tierstämmen und Bauplänen. Schwämme, Korallen, Quallen oder Stachelhäuter, Meeresschnecken und Muscheln gibt es schon seit den Urzeiten der vielzelligen Lebewesen. Auch Krebstiere, verglichen mit den Knochenfischen oder gar den ins Meer eingedrungenen Säugetieren, leben dort schon seit langer Zeit. Dennoch haben ihre Organisationsformen die Krisen in der Erdgeschichte überdauert und die Konkurrenz der Moderneren ausgehalten.

Beziehen wir nun, diese Fakten berücksichtigend, die größeren Einheiten in die Betrachtung von Werden und Vergehen ein, dann ergibt sich, daß trotz schwerer Rückschläge und großer Verluste in der Erdgeschichte die Neubildungsraten von Familien und Ordnungen der Aussterberate dieser höheren Kategorien weitgehend entsprechen. Klassen sind nur wenige ausgestorben und auch nur wenige im Lauf der Zeit hinzugekommen. Verluste bei den Tierstämmen gibt es möglicherweise überhaupt keine, und niemals ist das Pflanzen- oder das Tierleben der Erde gänzlich verschwunden. Das Überleben entspringt folglich nicht dem Zufall, wie auch das Aussterben keine unabänderliche Begleiterscheinung des Lebens ist. Überleben und Aussterben sind auf die jeweils zugehörenden Ebenen zu beziehen. Das Ende von Arten bedeutet in aller Regel nicht das Ende der Klasse, der sie angehören.

Ob eine Art oder ob eine Gattung überlebt, hängt vom Ausmaß ihrer Verbreitung weltweit und von der Häufigkeit, mit der sie vorkommt, ab. Je häufiger und je weiter verbreitet, desto geringer ist die Gefahr des Aussterbens – und umgekehrt. Kleine, isolierte Vorkommen sind ungleich mehr gefährdet als große und ausgedehnte. Ob sich aber die Arten entsprechend ausbreiten und in eine Vielzahl weiterer Anpassungsformen aufspalten können oder nicht, das hängt eng mit den Bedingungen ihrer Umwelt zusammen: Sie sind eingebunden in das Wechselspiel zwischen Organismus und Umwelt. Ohne Berücksichtigung der Umwelt und ihrer Veränderungen sind weder die Überlebensfähigkeit der Arten noch der Gang der Evolution zu verstehen. Denn über Leben und Überleben entscheiden keineswegs nur kosmische Katastrophen oder andere Krisen in der Erdgeschichte, sondern auch die Verbreitungs- und Häufigkeitsverhältnisse. Und Verbreitung und Häufigkeit hängen eng mit der Nutzung der Umwelt zusammen.

Das Spiel der Evolution benutzt die Bühne des ökologischen Theaters, wie es der amerikanische Ökologe G. Evelyn Hutchinson (1965) ausdrückte. Diese Bühne hat sich im Laufe der Jahrmillionen stark verändert, unter Beteiligung der Organismen. Ihre Wechselwirkung mit der Umwelt hat veränderte Bedingungen hervorgebracht. Die Erde war nicht von Anbeginn so, wie sie gegenwärtig ist. Ohne die Wirkungen des Lebens würde sie anders, ziemlich anders aussehen.

11. Die Evolution der Biosphäre

Im Laufe der Erdgeschichte veränderten sich die Lebensbedingungen sehr stark. Der gegenwärtige Zustand der lebenerfüllten Hülle der Erde, Biosphäre genannt, stellte sich erst in erdgeschichtlich junger Vergangenheit ein. Die Organismen waren daran selbst maßgeblich beteiligt. Sie hatten sich Veränderungen anzupassen, die sie selbst verursacht oder zumindest mitverursacht hatten.

Daß sich das Leben zunächst im Meer entfaltete, hat triftige Gründe. Das Festland war lange Zeit, viele Millionen Jahre, völlig ungeeignet für eine Besiedlung. Anfangs gab es auch das Meer nicht. Die sich verfestigende Erdkruste war viel zu heiß. Alles Wasser, das aus den Schloten der Vulkane ausgaste, verdampfte und formte zusammen mit Methan und Ammoniak eine höchst lebensfeindliche Atmosphäre. Erst als die Erdkruste kühl genug geworden war, daß sich der Wasserdampf verdichten und zu Wasser werden konnte, bildeten sich die ersten Meere.

Rückblickend erscheint uns das alles als eine so ferne, so bedeutungslos gewordene Vergangenheit, daß selbst Wissenschaftler dazu neigen, die Bedingungen der Uratmosphäre (Fisher 1987) und jener im Urozean als unwesentlich für das heutige Leben einzustufen. Aus zwei bedeutenden Gründen ist diese Vergangenheit keineswegs bedeutungslos: Die uns so außerordentlich fernliegenden Verhältnisse wirken bis heute nach, weil sie damals die Rahmenbedingungen abgegeben hatten für die Entstehung des Lebens. Der zweite Grund hängt mit der Zeitdauer zusammen. Es gibt erst seit etwa vierhundert Millionen Jahren den heutigen vergleichbare Lebensbedingungen. Diese Zeitspanne macht nicht einmal ein Zehntel der Existenzzeit der Erde aus. Wir müssen daher damit rechnen, daß die uns so ferne Vorzeit, die erdgeschichtlich nichts weiter als jüngste Vergangenheit ist, stärker als erwartet nachwirkt. Bei den Überlegungen zur Entstehung des Lebens werden wir ganz besonders die früheren Bedingungen zu berücksichtigen haben.

Stellenweise gibt es auch heute noch Verhältnisse, die wahrscheinlich denen recht nahekommen, die in der fernen Erdvergangenheit, als das Leben entstand, geherrscht hatten. Solche Stellen, die jeder zunächst als äußerst lebensfeindlich einstufen würde, finden sich an aktiven Vulkanen, in heißen Mineralquellen sowie in untermeerischen Schloten an Rissen in der Kruste des Ozeanbodens. Diese »hydrothermischen« Schlote und die ihnen vergleichbaren Geysire oder Dampf- und Schwefelquellen haben zwei Eigenschaften gemeinsam, nämlich sehr hohe Temperaturen bis über 100 Grad Celsius und einen außerordentlich hohen Mineralstoffreichtum.

Wenn die ersten Lebewesen unter solchen oder ähnlichen Bedingungen entstanden sind, dann war ihre Umwelt einer fast kochendheißen Mineralstoffbrühe gleichzusetzen, in der es weder an Wärme noch an Mineralien mangelte. Mit der Füllung der Ozeane sank die Temperatur und verdünnte die Mineralstofflösung auf geringe Bruchteile der früheren Konzentrationen. Diese erste große Umweltveränderung für die Organismen muß folglich mit der Ausbreitung des Lebens im Meer verbunden gewesen sein.

Wasser, heute ein Garant des Lebens, bedrohte die allerersten Lebensformen, weil die Wassermoleküle die komplizierteren Stoffe, die sich schon gebildet hatten, auflösten, verdünnten, und – was noch ungünstiger war – wieder spalteten. Es sieht ganz so aus, als ob sich die Urformen des Lebens erst hatten »wasserfest« machen müssen, bevor die Ausbreitung im Meer gelingen konnte. Wie sie das machten, wird im Kapitel über die Entstehung des Lebens näher ausgeführt. Jedenfalls entstand ohne Zweifel die zwingende Notwendigkeit, eine Grenze zur Außenwelt zu schaffen, sich abzuschotten. Erst danach wurde es den werdenden Organismen möglich, den Zufluß von Stoffen und die Abfuhr nicht mehr benötigter unter Kontrolle zu bringen. Die Aufrechterhaltung eines inneren Gleichgewichtszustandes, die Homöostase, ist die Grundbedingung für die Weiterexistenz, für die Überlebensfähigkeit, sogenannter präbiotischer Gebilde, die in ihrer inneren Struktur auf dem Weg zum Leben waren. Die Rahmenbedingungen setzte die Umwelt. Diese bestand nun für die nächsten gut drei Milliarden Jahre im wesentlichen aus Wasser.

Der Weltozean, der sich aus dem von der Erde selbst abgegebenen Wasser gebildet hatte und der von einem unablässigen Hagel von Kometen aus Eis, die aus dem Weltall kamen, weiter aufgefüllt wurde, war auf jeden Fall die Wiege des höheren Lebens. Gleich, ob Leben an sich direkt im Meer entstanden ist oder ob es der infernalischen Welt heißer Schwefelquellen entstammt, die eigentliche Entwicklung der Organismen hat im Meer stattgefunden. Die Vorstufen, heute noch als Archaebakterien (Hartman u. a. 1987) zu finden, von deren Existenz die Wissenschaft vor gut zwei Jahrzehnten noch keine Ahnung hatte, konnten sich unter den Bedingungen hoher Temperaturen und extremer Mineralstoffverhältnisse an Ort und Stelle nicht weiterentwickeln. So, wie die Umwelt der Archaebakterien im wesentlichen seit Urzeiten der Erde unverändert geblieben ist, sind sie selbst offenbar keiner Veränderung unterworfen gewesen. Die Entwicklung fand abseits des Ursprungs, im Meer, statt.

Hier herrschten gänzlich andersartige Lebensbedingungen. Die Nährstoffe waren fein verteilt, und die große Wassermasse dämpfte Temperaturschwankungen so sehr, daß ein sich kaum änderndes Gleichmaß besteht. Lichtenergie, eine höchst bedeutsame Energiequelle, läßt sich im Meer nur in den obersten Schichten, die gut genug durchlichtet sind, ausnutzen. Außerhalb des Meeres war die Einstrahlungsintensität hingegen so hoch, daß die empfindlichen biologischen Strukturen in kürzester Zeit zerstört worden wären. Denn noch enthielt die Atmosphäre keinen Sauerstoff, aus dem sich ein schützender Ozonschild hätte ausbilden können.

Deshalb waren an Land die Verhältnisse so lange lebensfeindlich, bis der Sauerstoff in die Luft kam und sich ansammelte, während im Meer Leben bereits in den vielfältigsten Formen entwickelt war. Sie veränderten im Laufe der Jahrmillionen die Bedingungen durch ihre Lebenstätigkeit. So setzten Schwefelbakterien Schwefel um, Eisenbakterien nutzten den Energiegewinn, der sich aus der »Verbrennung« von zweiwertigem zu dreiwertigem Eisen ergibt. Dazu ist allerdings Sauerstoff notwendig. Diesen stellten Cyanobakterien her, die sich der Photosynthese bedienten. Sauerstoff war und ist ein Stoffwechselendprodukt von grünen Pflanzen und sogenannten photoautotrophen Bakterien vom Typ der Cyanobakterien (Blaualgen).

Für die Lebewesen im Meer bedeutete die zunehmende Aktivität der Cyanobakterien, gelinde ausgedrückt, eine Katastrophe. Sie verbrannten gleich mit, weil ihre Körper nicht genügend geschützt gegen den Sauerstoff waren. Die Lage ist der vergleichbar, die entsteht, wenn aus dem Sauerstoff heute das viel reaktivere Ozon entsteht, das dann große Schäden verursacht, weil der Schutz der Zellen nicht ausreicht.

Wir können daher annehmen, daß mit dem Aufkommen der Photosynthese ein Massensterben anderer Organismen verbunden war, die von diesem Stoffwechselgift getötet wurden. Die Lebensbedingungen im Meer änderten sich radikal. Nicht nur die Mehrzahl der organischen Gebilde zerstörte der Sauerstoff, er oxidierte auch die Metalle und entzog sie damit weitgehend der Nutzung durch die von ihnen abhängigen Organismen. Nur an sauerstoffarmen oder ganz vom Zugriff des Sauerstoffs verschont gebliebenen Stellen konnten die sauerstoffempfindlichen Organismen, die von Gärung und Fäulnis leben, sich retten. Sie sind heute noch existierende Zeugen der fernen Vorzeit.

Wenn in unserer Zeit katastrophale Gewässerverschmutzung dazu führt, daß der ganze im Wasser gelöst vorhandene Sauerstoff aufgebraucht wird, dann stellen sich zum Teil wieder ähnliche Verhältnisse ein, wie sie im noch sauerstofffreien Urmeer geherrscht hatten. Ein gewichtiger Unterschied bleibt aber bestehen: Die Metalle sind längst oxidiert, so daß sich nur wenige Mikroben in diesen »gekippten« Gewässern vermehren können. Es gibt deswegen kein Zurück mehr. Der Sauerstoff hat die Erde so stark verändert, daß ein Anfang wie vor der Zeit seiner Freisetzung nicht mehr möglich ist. Wo immer neues Leben entstehen könnte, das nicht bereits von vorhandenem abstammt, es würde vom Sauerstoff unweigerlich zerstört werden.

Dem anfänglichen Giftgas Sauerstoff hatten die übrigen Organismen nichts entgegenzusetzen. Keine andere verfügbare chemische Reaktion lieferte soviel Energie, als daß sie in Konkurrenz zu den Erzeugern des Sauerstoffs hätten treten können. So füllte sich zunächst das Weltmeer auf, bis die Löslichkeit überschritten wurde und alles im Meer Verbrennbare auch vom Sauerstoff oxidiert war. Immer stärker trat das Gas nun in die Atmosphäre aus. Die gigantischen Riffe aus dem Präkambrium, die vor mehr als sechshundert Millionen Jahren entstanden sind, zeugen von diesem Vorgang, bei dem winzigkleine Lebewesen unvorstellbar große Kalkmassen aus dem Meerwasser entnahmen und zu untermeerischen Gebirgen formten, während gleichzeitig die entsprechenden Mengen Sauerstoff frei wurden und die Atmosphäre für den Landgang der Organismen vorbereiteten.

Diese hatten sich mittlerweile auf den Sauerstoff nicht nur eingestellt, sondern aus der Not eine Tugend gemacht. Das ursprüngliche Giftgas eignet sich nämlich vorzüglich dazu, vorhandenes organisches Material zu verbrennen und dabei nutzbare Energie zu gewinnen. Der Vorgang mußte allerdings streng kontrolliert ablaufen, damit neben den organischen Nahrungsstoffen nicht auch Bestandteile der Lebewesen selbst mitverbrannten.

Dieser Rückgriff auf das dritte Kapitel ist deswegen notwendig, weil sich daraus die Entwicklung des ersten funktionierenden Ökosystems ableitet. Es gründet sich auf der Zwischenlagerung des Sauerstoffs in der

Atmosphäre oder im Wasser gelöst, und zwar in der weniger reaktiven Form des gewöhnlichen Sauerstoffmolekühls, das aus zwei Sauerstoffatomen (O_2) besteht. Für die Reaktionen in der Zelle wird atomarer Sauerstoff gebraucht; genau jene Form, die beim Zerfall von Ozon (O_3) entsteht und die so riskant ist.

Die Zwischenlagerung bewirkt, daß die Gleichung der Photosynthese nicht sofort wieder rückläufig wird. Ihre Umkehrung wird Atmung genannt, weil sie die Grundlage für das abgibt, was bei unserer Atmung geschieht. Handelte es sich bei der Photosynthese/Atmung um einen rein chemischen Vorgang einer Gleichgewichtsreaktion, wäre überhaupt nichts gewonnen. Abhängig von den jeweiligen Außenbedingungen würde gerade soviel wieder zerlegt, wie aufgebaut wird – und umgekehrt. Auf die chemische Formel bezogen, würde dies so aussehen:

$$6\,CO_2 + 6\,H_2O \underset{\text{Atmung}}{\overset{\text{Photosynthese}}{\rightleftarrows}} C_6H_{12}O_6 + 6\,O_2$$

Der entscheidende Unterschied zu einer solchen chemischen Gleichgewichtsreaktion ergibt sich aus der Trennung beider Vorgänge durch die Organismen. Bei der Photosynthese läuft die Reaktion nur in die eine Richtung, in der hier gewählten Schreibweise nach rechts, ab. Bei der Atmung ist es umgekehrt. Hin- und Rückreaktion trennt der Organismus der Pflanzen. Bei Tieren gibt es nur die Rückreaktion, wie auch bei allen Mikroben, die unter Sauerstoffnutzung organische Stoffe zerlegen.

Für die Pflanzen ist die Trennung lebensentscheidend. Würden sie den Sauerstoff nicht zunächst wieder loswerden, könnten sie nicht wachsen, weil keine Grundstoffe dafür gebildet würden. Wachstum ist Zuwachs an Biomasse, und diese entsteht bei den grünen Pflanzen vornehmlich durch die Erzeugung von Zucker (Kohlenhydrate) in der Photosynthese. Je schneller die Rückreaktion, die Atmung, einsetzt, um so weniger Wachstum ist möglich. Die raschlebigen, winzigkleinen Algen und Cyanobakterien behelfen sich mit schneller Vermehrung. Sie können nicht zu größeren Formen heranwachsen, weil die energieliefernde Rückreaktion der Atmung zu schnell einsetzt. Erst wenn die bei der Photosynthese erzeugten Stoffe widerstandsfähig genug sind und beispielsweise in Form von Stärke oder Zellulose abgelagert werden, ist anhaltendes Wachstum möglich. Der Sauerstoff zerstört diese Verbindungen nicht mehr. Tiere als Nutzer dieser Pflanzenproduktion benötigen spezielle, die Stärke spaltende Enzyme. Der Sauerstoff allein genügt ihnen zur Verwertung dieser Stoffe nicht. Noch viel schwieriger läßt sich die Zellulose abbauen. Nur wenige Mikroben sind dazu in der Lage und auch nur unter besonderen Bedingungen ausreichender Wärme und Feuchtigkeit.

An diesem Ungleichgewicht zwischen Photosynthese und Atmung liegt es, daß in der Folgezeit kein Gleichgewicht zustande kam. Als die Pflanzen dank des vom Ozon gebildeten Schutzes das Land erobern konnten, produzierten sie anhaltend gewaltige Überschüsse. Wir finden und nutzen sie heute in den Kohle- und Erdölvorkommen.

Als Nebenergebnis verschob sich das Verhältnis zwischen Sauerstoff und Kohlendioxid in der Erdatmosphäre höchst einseitig zu 0,03 Prozent Kohlendioxid, das als Grundstoff für das Pflanzenwachstum nun ein knappes Gut geworden ist, und knapp 21 Prozent Sauerstoff, der für die Atmung in Überfülle zur Verfügung steht. Aus diesem ungleichen Verhältnis leitet sich auch das Verhältnis von pflanzlicher zu tierischer Biomasse ab, wie wir es heute auf der Erde vorfinden.

Auf dem Höhepunkt der Entfaltung des Pflanzenlebens vor rund dreihundert bis vierhundert Millionen Jahren lag der Sauerstoffgehalt der Atmosphäre wahrscheinlich sogar noch höher und dürfte knapp 30 Prozent erreicht haben. Das gestattete damals die Entstehung von Großinsekten, wie den Riesenlibellen der Kohlesumpfwälder mit Flügelspannen bis 70 Zentimeter. Die Atmung der Insekten war unter diesen Bedingungen leistungsfähiger als danach, als der Sauerstoffgehalt, besser, sein Anteil am Gesamtdruck der Atmosphäre (Partialdruck), um fast ein Drittel zurückgegangen war.

Warum kam es zu dieser Überproduktion, die sich in den Kohle- und Erdölmassen einerseits und im Sauerstoffgehalt der Atmosphäre andererseits anhäufte? Warum holte die Atmung nicht auf und führte die Produkte der Photosynthese schnell genug wieder in ihre Ausgangsstoffe zurück? Unsere heutigen Vorstellungen von einem ausgeglichenen Naturhaushalt setzen dies voraus. Aber es war nicht so.

Betrachten wir Photosynthese und Atmung als die einfachste Ausführung eines Ökosystems, in dem Aufbau und Abbau aufeinander folgen, dann tritt eben jener merkwürdige Befund zutage, daß sich Aufbau und Abbau viele Jahrmillionen lang nicht ausgeglichen haben.

Dabei ließen sich Photosynthese und Atmung so überzeugend einfach zu einem Kreisprozeß zusammenfügen: Aus den unbelebten (anorganischen) Grundstoffen Kohlendioxid und Wasser bauen die grünen Pflanzen unter Ausnutzung der Energie des Sonnenlichtes Kohlenhydrate (organische Stoffe) auf und geben dabei Sauerstoff ab. Die Lichtenergie wird im Photosyntheseprodukt gespeichert und von der Rückreaktion wieder genutzt, bei der die Pflanzen zum Teil selbst, vor allem aber Tiere und Mikroorganismen das organische Material unter Einsatz von Sauerstoff wieder zu Kohlendioxid und Wasser abbauen, »veratmen«, und daraus ihre Lebensenergie schöpfen. Produktion und Verbrauch sollten daher in einem ausgewogenen Verhältnis zueinander stehen. Das tun sie nicht einmal in den Pflanzen selbst, die unter Ausnutzung des Ungleichgewichts zwischen Photosynthese und Atmung wachsen, also Biomasse zulegen.

Kreisläufe kommen freilich zustande, aber mit erheblichen Zeitverzögerungen, die im Falle der mehr als hundert Millionen Jahre anhaltenden Überproduktion im ersten Viertel der Landbesiedlung durch Pflanzen wohl nicht mehr als Verzögerungen einzustufen sind: Die Rückführung der damals gebildeten Kohlenhydrate findet jetzt erst statt, seit wir in großem Umfang Kohle und Erdöl verbrennen. Auch in Hochmooren kommt es zur kontinuierlichen Akkumulation von organischem Material, da nur ein geringer Teil über die Atmung in den Kreislauf zurückfließt. Deshalb wachsen die Torfmassen trotz geringer Zuwachsraten pro Jahr im Lauf der Zeit höchst beachtlich an.

Geschlossene Kreisläufe finden wir hingegen überall dort, wo die Grundstoffe für die Produktion knapp (geworden) sind. So etwa im Tropischen Regenwald oder in stark von Großtieren beweideten Savannen. Produktion und Verbrauch halten sich dann im Jahreslauf in etwa die Waage; zu einer Anhäufung von Material kommt es nicht. Allerdings gibt es unter solchen Bedingungen auch keine nutzbaren Überschüsse mehr.

Wir müssen daher kurz abschwenken und die Rolle der Tiere etwas näher betrachten. Aus der Sicht der Pflanzenproduktion wären sie nicht nur entbehrlich, sondern vielleicht sogar Hindernisse in der Einstellung der Kreisläufe, da der bakterielle Abbau genügend Kohlendioxid liefert. Wiederum vermitteln Photosynthese und Atmung die Vorstellung vom Grundablauf. Die Pflanzen bauen auf, sie sind die Produzenten. Abbauer waren ursprünglich und sind bis heute im wesentlichen die Mikroben, die das pflanzliche Material wieder in die Grundstoffe zerlegen. Eine Welt aus Pflanzen und Mikroben müßte daher funktionieren können. Aber eben nur dann, wenn die Mikroben schnell genug arbeiten und die Produktion abgebaut haben, bevor der nächste Produktionszyklus beginnt. Das geht schlecht unter tropischen Bedingungen, weil dort Auf- und Abbau praktisch gleichzeitig ablaufen. Unter außertropischen Bedingungen folgt auf die Produktionszeit des Sommers eine Winterruhe, in der auch die Abbauer nicht oder nicht voll aktiv sein können. Der sommerliche Überschuß wird unvollständig aufgearbeitet, bis die nächste Produktionsphase beginnt.

Produktion und Verbrauch fügen sich nur ausnahmsweise so nahtlos ineinander, daß geschlossene Kreisläufe entstehen. Fast immer entstehen mehr oder minder ausgeprägte Verzögerungszeiten. Kämen sie nicht zustande, hätten die Tiere keine Chancen gehabt zu entstehen. Die Masse der Tiere und auch die Menschen, leben von den Verzögerungszeiten, in denen energiereiche Biomasse zur Verfügung steht.

Die Rolle der Tiere als sogenannte Konsumenten besteht darin, falls man überhaupt von einer Rolle sprechen kann, die Verzögerungszeiten auszunutzen. Sie bauen damit weiter Biomasse auf, die im Hinblick auf den Gehalt an »wertvollen« Stoffen – wie Eiweiß, energiereiche Phosphorverbindungen und bestimmte Fettstoffe (Lipide) – konzentrierter als das ursprüngliche Pflanzenmaterial ist. Die Kohlenhydrate spielen dabei eine weit geringere Rolle, als ihnen gewöhnlich zugemessen wird. Sie sind Energielieferanten, aber an den wesentlichen Stoffen, an denen das Leben hängt, sind sie so gut wie nicht beteiligt.

Die ökologischen Ungleichgewichte zwischen Aufbau (Produktion) und Abbau (Reduktion) ermöglichen daher die Entwicklung höherer Lebensformen. Sind die Kreisläufe gut und dicht geschlossen und laufen Auf- und Abbau schnell ab, wie im Tropischen Regenwald, bleibt der Anteil des Tierlebens, insbesondere der von größeren Arten eingenommene, außerordentlich gering. Der großen Pflanzenmasse steht dann nur eine wenige Promille oder Bruchteile davon umfassende tierische Biomasse gegenüber. Je stärker verzögert die Biomasseumsetzungen ablaufen, um so größere tierische Biomassen können sich aufbauen.

Eine zu idealistische Sicht von Ökosystemen und vom Funktionieren des Naturhaushaltes führt daher zwangsläufig in die Irre und lenkt von den gestaltenden Prozessen im Verlauf der Evolution ab, die maßgeblich den Gang des Lebens beeinflußt haben.

Ökosysteme gleichen nicht, wie vielfach angenommen oder unterstellt wird, den Organismen. Es fehlen diesen ganz unzutreffend »Funktionseinheiten der Natur« genannten Konzepten der ökologischen Forschung drei Grundeigenschaften, die Organismen auszeichnen:

- Ökosysteme haben kein Innen und Außen, keine Abgrenzung; sie wird von der Fragestellung der Untersuchung (willkürlich) vorgegeben;
- Ökosysteme können sich nicht fortpflanzen;

– Ökosystemen fehlt eine zentrale Funktionssteuerung, die sie, der Homöostase von Organismen vergleichbar, in einem bestimmten Funktionszustand erhalten würde.

Aus diesen grundlegenden Unterschieden ergibt sich, daß Ökosysteme keine »Super-Organismen« sind und auch nicht als solche wirken können. Ökosysteme brechen nicht zusammen; vielmehr gehen sie bei Änderungen in den Bedingungen in beliebig andere Funktionszustände über. Eine gewisse Selbstregulation kommt durch Mangelverhältnisse zustande, wenn wichtige Grundstoffe für Produktion oder Nutzung knapp geworden sind. Die sich daraus ergebende, scheinbare Stabilität ist die Folge der Verknappung und nicht etwa eine den Ökosystemen innewohnende Eigenschaft.

Deswegen erweisen sich, vorurteilsfrei betrachtet, vom Menschen genutzte und gesteuerte Ökosysteme in der Tat als stabiler, das heißt geringeren Fluktuationen unterworfen, als natürliche Ökosysteme mit vergleichbarem Produktivitätsniveau. Wenn hingegen hochproduktive landwirtschaftliche Kulturen mit der Beständigkeit sehr nährstoffarmer, natürlicher Biotope verglichen werden, ist es klar, daß letztere wegen der weit geringeren Umsätze an Mineralstoffen und Energien »stabiler« als die intensiv genutzten Produktionssysteme sind.

Was hat diese Abschweifung in die – häufig mißverstandene – Ökologie mit dem Kernthema der Evolution zu tun? Es gibt mehrere Gründe dafür, die Tatsache der langen, massiven Ungleichgewichte im Naturhaushalt als höchst wirksame Rahmenbedingungen für den Evolutionsprozeß zu sehen und zu berücksichtigen. Wir werden darauf im zweiten Teil zurückkommen. Hier mag der Hinweis genügen, daß wir die Ungleichgewichte bei der Behandlung des Evolutionsprozesses weit stärker als die Gleichgewichte hervorheben werden.

Die Erde, das globale Ökosystem, befindet sich erdgeschichtlich erst seit verhältnismäßig kurzer Zeit in einer nach wie vor schlecht definierten Art eines Gleichgewichtszustandes. Die letzten größeren, nachhaltig wirksam gewordenen Schwankungen liegen erst ein paar zehntausend Jahre zurück, als weite Teile der Erde den Wechselbädern der Eiszeit unterworfen waren. Und an dieser Stelle sei schon vorausgegriffen: Die großen Veränderungen im Evolutionsprozeß fanden nicht zu Zeiten relativen Gleichgewichtes statt. Diese Feststellung führt uns zum Kern der Fragestellungen. Was steckt hinter den evolutionären Wandlungen und Veränderungen? Welches sind die Triebkräfte der Evolution?

Zweiter Teil

Sechs Kapitel über die Triebkräfte der Evolution

1. Das Darwinsche Modell: Mutation und Selektion

Die beiden »großen Konstrukteure des Artenwandels« nannte Konrad Lorenz (1963) die Erbänderungen (Mutationen) und die natürliche Auslese (Selektion). Sie bilden den Kern der »neuen Synthese«, die von Evolutionsbiologen und Genetikern der ersten Hälfte des 20. Jahrhunderts auf der Basis des epochalen Werkes von Charles Darwin (1859) erarbeitet worden ist. Darwin konnte mit der natürlichen Auslese nur einen der beiden Grundmechanismen zur naturwissenschaftlichen Begründung des Evolutionsprozesses anbieten. Die Kenntnisse zur Genetik waren in der Mitte des vorigen Jahrhunderts noch nicht weit genug gediehen. Daher kannte Darwin nur, was sich äußerlich sichtbar, in Verhalten und Physiologie beobachtbar oder meßbar an Veränderungen zeigte. Die Natur der Vererbung blieb ihm verborgen. Er betonte immer wieder die Bedeutung der Variation der Organismen. Würden sie nicht variieren, könnte die Selektion nicht die besseren, also die tauglicheren fördern und die weniger geeigneten »durch Auslese« entfernen. Der Mechanismus ließ sich daraus ganz klar ableiten, obwohl die eigentliche Natur des Erbgutes noch fast unbekannt war.

Die meisten Biologen und viele Vertreter anderer naturwissenschaftlicher Richtungen zweifelten daher nicht an der »Entstehung der Arten durch natürliche Auslese«, wie sie Darwin vorgeschlagen hatte. Widerstände gegen das in langen Zeiträumen sich vollziehende Werden der Organismen kamen vorwiegend aus anderen Bereichen, vornehmlich aus solchen, in denen das Dogma der biblischen Erschaffungsgeschichte der Erde, des Lebens und des Menschen der zentrale Glaubensinhalt war. Auch Biologen blieben davon nicht ausgenommen. Zu den stärksten Gegnern der neuen Darwinschen Sicht gehörten sogar besonders anerkannte Biologen wie Jean Louis Agassiz (1807–1873) in Amerika oder Hans Driesch (1867–1941) in Deutschland; letzterer wurde sogar eine der zentralen Figuren des »Neovitalismus« (Driesch 1905). Die Vitalisten weigerten sich, die Lebensprozesse und die Entstehung des Lebens als Ergebnis physikalischer und chemischer Vorgänge anzuerkennen. Infolgedessen kam es um die Wende vom 19. zum 20. Jahrhundert auch zu mehr oder weniger heftigen Konflikten mit den als »mechanistisch« verschrienen Biologen der anderen Seite. Im deutschsprachigen Raum tat sich vor allem Ernst Haeckel (1834–1919) als Verfechter der Darwinschen Evolutionstheorie hervor.

Versucht man, trotz aller Unterschiedlichkeiten im Detail, eine grobe Bilanz der unterschiedlichen Schulen, so ergibt sich ein merkwürdiger Befund: Anhänger Darwins kamen vornehmlich aus dem ökologischen Bereich sowie aus der Physiologie, während die Gegner insbesondere unter Vertretern der Entwicklungsbiologie zu finden waren. Die einen befassen sich mit der Außenwelt der Organismen, die anderen mit der inneren Organisation, mit dem organismischen Werden. Dies läßt sich bis in die Gegenwart weiterverfolgen. Entwicklungsbiologen und Ärzte stehen dem Darwinschen Evolutionsmodell reserviert bis kritisch, mitunter sogar ablehnend gegenüber, während Ökologen, Physiologen und zum Teil auch Morphologen überall Anpassungen im Darwinschen Sinne sehen und erforschen.

Die breite Zustimmung, die sich im 20. Jahrhundert einstellte, überrollte die meisten Vertreter kritischer Richtungen, weil zur schon von Darwin entdeckten und in der Folgezeit vielfach experimentell überprüften Selektion der zweite Konstrukteur des Artenwandels gefunden worden war: die Mutation. Nur wenige Biologen, im deutschsprachigen Raum gab es mit Adolf Portmann (1897–1982) und Joachim Illies (1925–1982) eigentlich nur zwei herausragende Persönlichkeiten, versuchten noch, Widerstand gegen die ihnen zu mechanistische Erklärung des Evolutionsprozesses zu leisten. Die phänomenalen Erfolge der Genetik wogen zu schwer. Was Darwin nur vage vermutet hatte, schälte sich noch klarer heraus, als selbst die überzeugtesten Befürworter der Darwinschen Sicht es für möglich gehalten hatten.

Mit der Entdeckung der Chromosomen und der Aufklärung der Grundvorgänge bei der Vererbung ergab sich ganz von selbst der Schlüssel zum biologischen Verständnis des Artenwandels. Darwin hatte recht: Änderungen in der Erbinformation bewirken Veränderungen im Aussehen oder in der Leistungsfähigkeit der Organismen. Die ungeheuere Informationsfülle, die im Erbgut steckt, bildet die stoffliche Basis für die zu Darwins Selektionstheorie notwendigen Variation. Die Erbänderungen, die ungerichteten, zufälligen Mutationen liefern das Rohmaterial für die natürliche Auslese, für die Selektion.

Schon zu Beginn des 20. Jahrhunderts war dieser enge Zusammenhang deutlich geworden, obwohl es bis zum Jahr 1953 dauerte, bis James

Watson und Francis Crick die Natur der Erbinformation erkannten. Ein Doppelstrang, eine Doppelhelix, weil die beiden Stränge schraubig umeinander gewunden sind, erwies sich als der eigentliche Träger der Erbinformation. Er enthält in verschlüsselter Form die Anweisungen für die Synthese der Enzyme, die das weitere Geschehen in den Zellen lenken. Die Querverbindungen zwischen den beiden Einzelsträngen sind das »Alphabet des Lebens«. Vier ringförmig gebaute, einander paarweise ergänzende Stoffe, das Adenin und das Cytosin einerseits, das Guanin und das Thymin andererseits, bilden wie in einem Morsealphabet die Informationsträger. Aus nur vier Buchstaben in jeweils zwei zueinander passenden Kombinationen (A-T und C-G) setzt sich demnach der gesamte Informationsgehalt der Organismen zusammen. Der geringen Zahl unterschiedlicher Zeichen entsprechend, sind sehr viele Wiederholungen nötig, bis sich »sinnvolle Sätze« ergeben, die in Enzyme umgesetzt werden können.

Mit diesen bahnbrechenden Entdeckungen der Genetik wurden die Erbeigenschaften nun zu konkreten Gebilden, nämlich zu den Genen. Ihre Gesamtheit, das Genom, ergibt den Informationsgehalt der Organismen. Durch Mutation verändern sich einzelne »Buchstaben«. So wird vielleicht aus einer A-T-Querverbindung eine C-G-Brücke. Nun kann es vorkommen, daß dadurch beim Aufbau eines Enzyms Veränderungen in dessen Struktur zustande kommen, die diesem Eiweißstoff neue Eigenschaften verleihen. Jetzt kann die Selektion einsetzen und die neue Variante auf ihre Tauglichkeit prüfen.

Erweist sie sich als vorteilhafter als die nicht veränderte Form, wird sie sich im Lauf der Generationen ausbreiten und durchsetzen. Andernfalls verschwindet sie wieder oder wird als bedeutungslose Änderung (neutrale Mutation) mitgeschleppt. Wie diese Ausbreitung von neuen Erbanlagen vor sich geht, hatten schon im ersten Drittel des 20. Jahrhunderts die Genetiker Sewall Wright und Ronald Fischer ermittelt und daraus das Maß für die Stärke der Selektion abgeleitet. Das alles paßte jetzt sehr genau mit den neuen Entdeckungen zur Struktur des Erbgutes zusammen.

Es kam nur noch darauf an, das Alphabet des Lebens auch lesen zu lernen. Ganz so einfach war dies aber nun auch wieder nicht. Die zur Doppelschraube aufgewickelte, fadenförmige Struktur ist chemisch ziemlich kompliziert gebaut. Das drückt sich in ihrem Namen aus: Desoxyribonucleinsäure, kurz DNS. Zwischen den Fäden, in denen die DNS vorliegt, knüpfen wie in einer außerordentlich langen Strickleiter die genannten Kernbasen Adenin und Thymin, Cytosin und Guanin die Querverbindungen, die den Informationsgehalt ergeben. Energiereiche Strahlen oder bestimmte chemische Substanzen, die auf das Erbgut einwirken, lösen die Mutationen durch Wechsel in den Kernbasen aus. Da die Information verschlüsselt vorliegt, also erst bei der Synthese der Enzyme »übersetzt« werden muß, können die Mutationen gar nicht anders als zufällig zustande kommen.

Darauf begründete der Genetiker und Biochemiker Jacques Monod (1910–1976) seine Sicht der Evolution als reine Verkettung von Zufällen, die uns Menschen als Verlorene am Rande des Universums zurückläßt. Denn, so Monod, wenn schon die Mutationen zufällig auftreten, muß das Ergebnis zwangsläufig vom Zufall geprägt sein, auch wenn Selektion dahinter steht. Vereinfacht ausgedrückt: Der Zufall schreibt neue, sinnvolle Texte.

Eine noch mechanistischere Vorstellung von der Verursachung der Evolution läßt sich kaum denken. Ein »Blinder Uhrmacher«, so der Soziobiologe Richard Dawkins (1988), gestaltet das Räderwerk des Fortschrittes im Reich der Organismen. Er liegt mit dieser Metapher auf der gleichen Linie wie Konrad Lorenz, der dem blinden Zufall der Mutation den Rang des zweiten großen Konstrukteurs im Artenwandel einräumte. Die »neue Synthese« der Evolutionsbiologen aus der ersten Hälfte des 20. Jahrhunderts, angeführt von Theodosius Dobzhansky (1951) und Ernst Mayr (1967), die mit ihren großartigen Werken ganz entscheidend das biologische Weltbild mitprägten, feierte Triumphe. Was ihre Begründer angenommen oder erwartet hatten, trat ein und bestätigte sich tausendfach im sich überstürzenden Fortschritt der Genetik. Längst war sie zur beherrschenden Disziplin innerhalb der Biologie geworden: das Leben, ein komplexes, aber durchschaubares Räderwerk aus biochemischen Regelkreisen und Wechselwirkungen, gesteuert von den Anweisungen aus dem Erbgut, den Genen! Auf diese Kurzform läßt sich im wesentlichen die Biologie bringen.

Ähnlich kurz und prägnant lautet der Kernsatz der damit verbundenen Evolutionsbiologie: Evolution ist Verschiebung von Genfrequenzen. Häufigkeitsänderungen von Erbeigenschaften, deren Träger die konkreten Informationseinheiten der Gene sind, verursachen den Evolutionsprozeß. Die Selektion wirkt wie ein Sieb. Aus dem Angebot – der Population und ihrem Nachwuchs – entnimmt sie die Tauglichen und läßt die Untauglichen durch ihr Maschenwerk hindurchfallen. Was übrig bleibt, ist besser angepaßt als die Vorgängergeneration, und so fort. Mit jedem neuen Vermehrungsschritt filtert die Selektion und vermindert dabei die Variation, aber die Mutationen sorgen dafür, daß immer wieder neue Variationen hinzukommen.

Daß Neues und Altes auch genügend gemischt werden, das bewirkt die geschlechtliche Fortpflanzung, denn sie bringt immer wieder neue Kombinationen zusammen und löst alte auf. Kurz: Sie würfelt das Erbgut durcheinander, mischt es auf, so daß die Selektion stets neue Kombinationen auf ihre Tauglichkeit testet. Schon ein paar dutzend Gene, frei kombinierbar angeordnet, reichen aus, um astronomisch hohe Zahlen von Kombinationsmöglichkeiten zu ergeben. An Variation sollte es der Selektion daher nicht mangeln, wenn die Organismen Tausende, ja Zehntausende von Genen oder Genkomplexen und viele Millionen einzelner »Buchstaben« im Alphabet des Lebens für die Neuzusammensetzung, die Rekombination, einbringen.

Doch genau an diesem Punkt tat sich schon bald eine Schwäche auf, die nun weniger von Biologen, die der Evolutionstheorie kritisch gegenüberstanden, als vielmehr von Physikern zu massiven Angriffen auf diesen »Neodarwinismus« genutzt wurde. Wenn es tatsächlich diese ungeheuere Vielfalt an Kombinationsmöglichkeiten gibt, und alle konkreten Befunde sprechen dafür, dann steigt umgekehrt die Unwahrscheinlichkeit ebenso ins Astronomische, wenn eine bestimmte Kombination aus vielen Einzelelementen benötigt wird: Die Rezeptur der Erbinformation, die beispielsweise zur Ausbildung eines funktionstüchtigen Wirbeltierauges führt, würde, käme sie in voneinander unabhängigen Zufallsschritten zustande, so viele »richtige« und »passende« Mutationen erfordern, daß der große Konstrukteur Zufall restlos überfordert wäre.

Ohne Überlebenswert der allerersten Anfänge lichtempfindlicher Stellen an der Körperoberfläche und funktionsfähiger Zwischenstadien, die es tatsächlich in großer Zahl gibt, könnte ein solches Gebilde nicht zustande kommen. Die ganze Existenzzeit des Universums würde nicht ausreichen, daß per Zufall ein Auge ohne Zwischenstadien entstehen könnte.

Zufall dieser Art aber steckt im Begriff des Lotteriespiels. Für Entstehung und Entfaltung des Lebens gibt er keinen Sinn. Denn am Organismus kann die Selektion immer nur in ganz kleinen Schritten angreifen und die eingetretenen Mutationen dem Tauglichkeitstest unterziehen. Für größere Veränderungen sind aber Tausende kleinster Schritte nötig, die aufeinanderfolgen müssen.

Das Erbgut selbst arbeitet dagegen. Unerwartet wirkungsvolle Reparaturmechanismen bewirken, daß Fehler aus Mutationen immer wieder ausgemerzt werden. Die Mutationsrate liegt mit einer Spanne zwischen einem Zehntausendstel und einem Zehnmilliardstel pro Gen so niedrig, daß es schwerfällt, die ganz allmähliche Anhäufung neuer Eigenschaften bis zur Entstehung neuer Anpassungstypen zu akzeptieren.

Manche Biologen, wie Richard Goldschmidt (1940), hatten dies schon vor Entdeckung der Gene erkannt. Sie nahmen eigenständige Großmutationen, sogenannte »hopeful monsters«, als Ursachen für die Entstehung neuer Familien, Ordnungen, Klassen oder gar neuer Stämme an. Die moderne Genetik machte diese Vorstellungen zu einem »hoffnungslosen Monster« in der Theoriensammlung der Biologie. Von seiten des Genoms ergaben sich nicht die geringsten Hinweise auf solche Großmutationen als Eröffner neuer Anpassungswege und Begründer neuer Stammeslinien.

Auch mit der Erwartung, in der direkten Auseinandersetzung mit der Umwelt erworbene Eigenschaften könnten ins Erbgut aufgenommen und weitervererbt werden, räumte die Genetik gründlich auf. Eine Vererbung erworbener Eigenschaften gibt es nicht. Das zeigte eine Serie brillanter Experimente. So werden Bakterien nicht etwa resistent, weil sie einem Antibiotikum ausgesetzt worden sind. Vielmehr war(en) die resistente(n) Mutante(n) schon vorher vorhanden. Das für die große Mehrzahl der Bakterien in einer Kultur tödliche Antibiotikum löschte nur all die anderen aus. Die resistenten blieben übrig und fingen an, sich zu vermehren.

Was hier durch eine äußerst wirksame Selektion durch ein Antibiotikum schnell zutage tritt, zeigt sich bei gewöhnlichen Mutationen und normalen Freilandverhältnissen oft erst nach vielen Generationen. Die neue Mutante setzt sich nicht sofort durch, auch wenn sie deutliche Vorteile mit sich bringt. Ihre Ausbreitung hängt von der Stärke des Selektionsdruckes ab, der herrscht; die »Hardy-Weinberg-Regel« der Populationsgenetik drückt dies aus. Sie besagt, daß sich die Häufigkeitsanteile zweier Merkmale, die in einer Population vorhanden sind, nicht verschieben, solange keine Selektion stattfindet, vorausgesetzt die Population ist groß genug und die Mitglieder vermischen sich untereinander ohne besondere Einschränkungen. (Die Populationsgenetik nennt das eine panmiktische Population.) Es ist gleichgültig, ob sich die Population schon vermehrt hat oder wie oft sie sich in einem gegebenen Zeitraum fortpflanzt: Ohne Selektion gibt es keine Verschiebung der Häufigkeitsverhältnisse zwischen den Merkmalen.

Stellt man aber dennoch eine Verschiebung fest, die sich nicht mehr innerhalb statistischer Schwankungsbreiten (Zufallschwankungen) bewegt, kann das zwei Ursachen haben. Entweder war die Population zu klein, oder Selektion hat eingesetzt. Bei kleinen Populationen kann es vorkommen, daß sich die Merkmalshäufigkeiten durch die sogenannte genetische Drift verschieben. Zufällige Verpaarungen bestimmter Merkmalsträger, die zu einem guten Fortpflanzungserfolg führen, können die Häufigkeitsverhältnisse der Gene auch ohne Selektion verändern. Dieser Vorgang läßt sich in Neuansiedlungen besonders gut registrieren, weil diese als »Gründerpopulationen« nur einen Ausschnitt aus dem gesamten Erbgut beinhalten, das in der Art vorhanden ist.

Je nachdem, welche Individuen an diesen Gründerpopulationen beteiligt sind, gleicht ihr Nachwuchs der Normalform der Art oder weicht davon mehr oder minder deutlich ab. Trotz einsetzender Ausbildung von Unterschieden hat in diesem Fall also keine Selektion stattgefunden. Die Gründerpopulation war nur keine repräsentative Stichprobe gewesen. Bei der Besiedlung neuer Gebiete, beispielsweise ozeanischer Inseln oder von inselartigen Lebensräumen auf dem Festland, können genetische Drift und Gründerpopulationen eine Bedeutung für die Aufspaltung von Arten gewinnen.

Finden die Veränderungen hingegen in ausreichend großen Populationen statt, dann scheiden Zufallsereignisse nach der Hardy-Weinberg-Regel aus. Die Häufigkeitsverschiebungen von Erbmerkmalen drücken vielmehr Stärke und Richtung der Selektion aus. Je mehr sich die Merkmalsverhältnisse von Generation zu Generation verschieben, um so stärker ist die Selektion – und umgekehrt. Verschiebungen im Hardy-Weinberg-Gleichgewicht messen daher direkt die Stärke der Selektion. Wo sich dies beobachten läßt, handelt es sich um »Evolution in Aktion«.

Dazu ein Beispiel: Der Birkenspanner *(Biston betularia)* ist eine in weiten Gebieten Europas häufige Art aus der Schmetterlingsfamilie der Spanner. Der Falter ist normalerweise weißlich gefärbt und fein schwarz, wie mit Pfeffer bestreut, punktiert. Nach der zoologischen Klassifizierung handelt es sich dabei um die Normalform. Es gibt aber auch eine völlig schwärzliche Mutante, *forma carbonaria* genannt. Sie trat im vergangenen Jahrhundert vermehrt in England und in einigen anderen Gebieten auf. Nehmen wir an, diese schwarze Form hätte einen Anteil von 5 Prozent im örtlichen Bestand ausgemacht, dann bliebe dieser Wert über die Jahre hinweg mit nur geringfügigen Schwankungen konstant, gleich ob es gerade viele oder weniger Birkenspanner gibt. Man kann nicht mehr feststellen, wann diese schwarze Mutante entstanden ist. Es kann sie schon seit Tausenden von Jahren gegeben haben. Doch Ende des 19. Jahrhunderts nahm sie ziemlich plötzlich stark zu. Gebietsweise wurde sie so häufig, daß von der weißlichen Normalform nur noch wenige Falter zu finden waren.

Die Umweltbedingungen hatten sich für den Birkenspanner geändert: Mit der zunehmenden Industrialisierung verrußten weite Gebiete in England. Die Stämme der Birken, auf denen die Falter ruhten, waren nicht mehr weiß, sondern vom Ruß grau bis schwarz geworden. Auf diesem Untergrund war die schwarze Mutante weit besser getarnt als die helle, die nun von den Vögeln leicht aufgespürt werden konnte. Das Häufigkeitsverhältnis zwischen weißlicher Normalform und schwarzer Mutante verschob sich von Generation zu Generation zugunsten der Schwärzlinge. Die industriell verursachte Verrußung der Landschaft steuerte die veränderten Umweltbedingungen bei und veränderte damit die »Selektionslandschaft«. Die Änderung in den Genfrequenzen ergab das Maß für die Stärke der Selektion.

Die synthetische Theorie der Evolution hatte genau solche Vorstellungen entwickelt. Bei der Paarung durften sich auch keine Bevorzugungen oder Ablehnungen zwischen Mutante und Wildform einstellen, denn freie Mischung des Erbgutes gehört gleichfalls zur Voraussetzung für das Funktionieren des Hardy-Weinberg-Gleichgewichtes. Nichts deutete darauf hin, daß der Birkenspanner diesen Spielregeln nicht folgte. Der Aufstieg der schwarzen Mutante und ihr erneuter Rückgang, als die lufthygienischen Verhältnisse besser geworden waren, gelten als klassisches Beispiel für einen beobacht- und nachvollziehbaren Evolutionsvorgang. Mutation und Selektion sind die Konstrukteure dieses Vorganges.

Die Evolutionstheorie hatte damit den Zustand eines Konzeptes oder einer Hypothese überwunden. Sie war zur naturwissenschaftlichen Theorie geworden, die nicht nur von diesem Beispiel, sondern von zahllosen anderen, ähnlich gelagerten getragen und gestützt wird. Ohne Evolution, so konnte resümiert werden, hätte so gut wie nichts mehr Sinn in der Biologie. Die Evolution, der gemeinsame Ursprung und die Zusammenhänge der Organismen, bildet die allumfassende Klammer dieser Wissenschaft. Evolution ist Tatsache und keine Spekulation. Sie stellt die Zeitachse im Geschehen der Natur dar, denn über den biologischen Bereich hinaus bestimmen Entstehungs- und Entwicklungsprozesse das Werden und Vergehen auch in der unbelebten Natur und im Kosmos. Der Wiener Biologe Rupert Riedl (1975, 1976) und zahlreiche andere

Naturwissenschaftler haben diese zentrale Rolle der Evolution im Kosmos erkannt und vertreten.

Im Überschwang des Fortschritts der Genetik trat aber eine äußerst wichtige Unterscheidung in den Hintergrund, nämlich die simple Feststellung, daß mit der Klärung des »Wie« nicht automatisch die Frage nach den Ursachen der Evolution beantwortet ist. Sind Mutation und Selektion wirklich die beiden großen Konstrukteure? Oder sind sie womöglich nicht mehr als ein Mechanismus, der aus anderer Quelle gespeist sein muß, um funktionieren zu können?

Was sagen die Musterbeispiele aus über die Triebkräfte der Evolution? Ist es erheblich oder unerheblich, daß oder ob die Mutation bei jenen Bakterien schon vor Verabreichung des Antibiotikums vorhanden war oder nicht? Was hat sich in den rund hundert Jahren seit Auftreten der schwarzen Birkenspanner-Mutante am Birkenspanner selbst eigentlich verändert? Welchen Bereich innerhalb des tatsächlichen Ausmaßes der Evolution – von den Fossilfunden und den Unterschieden zwischen den großen Gruppen der Lebewesen bestens belegt – decken die Beispiele ab?

Genau betrachtet, doch nur einen der Ökologie zuzurechnenden Bereich. Die winzigen Bakterien wie auch der stattliche Birkenspanner haben auf Umweltveränderungen reagiert – jedoch ohne jeweils die eigene Organisation in nennenswerter Weise zu verändern. Der Birkenspanner ist Birkenspanner geblieben. Die getesteten Bakterien haben ihre »Art« nicht geändert, sofern man bei Bakterien von Arten im Sinne vielzelliger Organismen sprechen kann. Wenn es beim Birkenspanner fünfzig oder hundert Generationen gedauert hat, bis – entsprechend den Gesetzmäßigkeiten der Populationsgenetik – sich nur das eine Merkmal, die veränderte Flügelfärbung, durchsetzte, obwohl die Umweltveränderungen schroff und die Selektionswirkungen hoch anzusetzen waren, wie lange würde es wohl dann gedauert haben, bis sich substantielle Änderungen vollzogen hätten, die etwa aus dem Birkenspanner einen ganz neuen Anpassungstyp innerhalb der Ordnung der Schmetterlinge gemacht hätten?

In der ähnlich freien Kombination von Merkmalen und nach den populationsgenetischen Gesetzen errechnen sich schon beim Versuch, nur rund zehn Merkmale zusammenzubringen, Zeiträume, die weit über die Existenzzeit der Ordnung der Schmetterlinge hinausgehen. Übertragen auf uns Menschen, würde das bedeuten, daß für so winzige Unterschiede wie Hautfarben und ihre Durchsetzung in den Populationen allein schon Hunderte von Generationen in Anspruch genommen würden. Die paar Millionen Jahre, die unsere Gattung von den Vorfahren der Gattung *Australopithecus* trennen, können schwerlich ausgereicht haben, um die massiven Unterschiede zu verursachen, die den zwar aufrechtgehenden, aber noch menschenaffenartigen *Australopithecus* von Menschen unserer Gattung unterscheiden.

Daher muß eine neue Überlegung in die Diskussion eingreifen: Sind vielleicht Mutation und Selektion nicht viel mehr als die Handlanger, vielleicht nur die kleinen Baumeister der Evolution? Denn es scheint den Tatsachen angemessener zu sein, sie im Kleinen wirken zu sehen, während ihr Einfluß auf die großen Veränderungen schwer auszumachen ist. Um im Bild zu bleiben: Es fehlen die überzeugenden Belege, daß Mutation und Selektion die epochemachenden Architekten gewesen sind, da sie nur den Weg der kleinen Schritte zeigen. Was Mutation und Selektion nachweislich vollbringen beziehungsweise nachvollziehbar vollbracht haben, ist eher das Gekräusel an der Oberfläche des Lebensstromes, reicht aber schwerlich zur Begründung der großen Veränderungen.

Es kommt nicht von ungefähr, daß gerade Entwicklungsbiologen, wie der Entdecker und Begründer der Keimbahnlehre August Weismann (1834–1914), oder andere hervorragende Biologen, die sich mit dem Organismus selbst, mit seiner Selbstorganisation und Selbstregulationsfähigkeit befaßt haben, das Wechselspiel von Mutation und Selektion als Ursache des Evolutionsprozesses als nicht ausreichend erachteten. Wenn gerade in unserer Zeit eine Gruppe Frankfurter Biologen um Wolfgang Gutmann (1981) den herkömmlich darwinistischen Evolutionsvorgang ablehnen und die hydraulische Grundkonstruktion der Organismen und ihre Eigenschaft, als Energiewandler zu wirken, in das Zentrum zu rücken versuchen, dann sind das keinesfalls bedeutungslose Rückzugsgefechte ewiggestriger Vitalisten, sondern ernstzunehmende Auseinandersetzungen mit dem Mechanismus der Evolution. Denn der gegenwärtige Stand der Diskussion unter den Evolutionsbiologen scheint den unverzichtbaren Partner der Gene aus dem Blickfeld verloren zu haben: den Organismus.

Im klassisch darwinistischen Evolutionsverständnis war er noch mehr berücksichtigt worden als im modernen, von der Genetik beherrschten Konzept. Richard Dawkins wies den Organismen eine Rolle zu, die sie zu bloßen Trägern der Gene degradiert. Sie werden von diesen als Vehikel benutzt, um sich selbst so gut wie möglich auszubreiten und zu reduplizieren. Wenn Organismen aber nichts weiter als Träger von Genen sein sollten, dann stellt sich die Kernfrage, warum die Evolution dann überhaupt so aufwendige Gebilde hervorgebracht hat, wo doch schon vergleichsweise einfache Zellen genausogut in der Lage sind, Gene zu transportieren und für ihre Ausbreitung zu sorgen.

Wenn nach Dawkins (1978, 1987) Katzen und Hunde im Endeffekt nichts weiter sind als Gefäße für Gene, dann bedürfte es der Unterschiedlichkeit innerhalb der Ordnung der Fleischesser (Carnivora) nicht, der beide Familien, Felidae wie Canidae, angehören. Dawkins geht noch weiter und vergleicht unsere Gehirne als Träger und Verbreiter von Gedanken und Informationen, die er Meme nennt, mit der Keimbahn als Träger und Verbreiter der Gene. Auch für die Meme wäre die ganze übrige Verschiedenartigkeit der menschlichen Organismen nicht nur überflüssig, sondern ihrer Ausbreitung und Vervielfältigung gar hinderlich.

Leistet sich die Natur den ganz außerordentlichen Luxus vielfältigster und hochkomplizierter Organismen als bloße Vehikel für Gene und Mneme? Stimmen folglich die Erwartungen des Ökonomie-Prinzips nicht, das in der Natur allenthalben zu finden ist, und erweist sich entsprechend das Prinzip der »sparsamsten Erklärung in der Naturwissenschaft«, das Pinzip der Parsimonie, das doch immer wieder seine Gültigkeit zeigt, als Irrtum? Sollte es sich hierbei um irrige Anschauungen handeln, so forscht nicht nur ein Großteil der Biologen auf ziemlich falschen Bahnen, sondern zahlreiche andere Naturwissenschaftler auch. Ihre Erfolge wären unerklärlich zufällig und beliebig.

Der Organismus kann nicht einfach bloß ein Vehikel der Gene sein, die ihn zu ihrem Nutzen und Frommen nach allen Regeln der Kunst und allen Möglichkeiten des Möglichen umformen. Der Organismus wird krank, wenn die nicht zu ihm passende Information eindringt und sich verselbständigt, wie im Falle von Virusinfektionen oder beim Krebs. Eine Evolutionstheorie, die in der Hauptsache die Gene berücksichtigt, hingegen den Partner, den Organismus, kaum oder nur als Zielobjekt der natürlichen Selektion, braucht als Theorie nicht falsch zu sein. Aber sie wird, sie muß, unvollständig bleiben, wenn der Organismus zu kurz kommt.

Versuchen wir daher, den Weg des Lebens von einem anders gelagerten Blickwinkel aus zu betrachten: Was leisten die Organismen selbst? Der erste Teil des Buches enthielt hierzu bereits eine Fülle von Informationen. Wie lassen sie sich ordnen, welches Bild ergeben sie? Wenn Biologen, wie Richard Dawkins, die Organismen wie Marionetten ihrer Gene betrachten, dann können wir mit gleicher Berechtigung den Genen auch einmal eine Unterordnung zumuten. Vielleicht passen dann die beiden Pole, Gene und Organismen, besser zusammen. Ein solcher Ansatz läßt sich nicht zuletzt auch damit begründen, daß bei den Fragen der Eroberung des Landes, bei den Überlegungen zur Evolution der Dinosaurier, der Säugetiere oder der Vögel ganz andere Dimensionen zu bewältigen sind als bei den hellen und dunklen Formen des Birkenspanners oder der Antibiotika-Empfindlichkeit von Bakterien. Beim Weg der Organismen aufs Land könnte man die Gene, die in den beteiligten Organismen steckten, sogar als Gefangene betrachten, die auf Gedeih und Verderb dem Erfolg oder dem Scheitern der Organismen ausgeliefert waren.

2. Statt Zufall: Funktionswandel

Der Wechsel vom Wasser zum Landleben stellt zweifellos eine ganz besondere Leistung dar. Die Grenze ist ziemlich exakt. Es gibt keinen kontinuierlichen Übergang, sondern nur ein Durchstoßen oder Überwinden der Grenze zwischen Wasser und Luft. Auch die sogenannten amphibischen Lebensräume, die Sümpfe und Lagunen, die Moore und die verlandenden Seeufer, ändern an diesem abrupten Übergang nicht viel. Pflanzen, die über die Wasseroberfläche hinausragen, verdunsten Wasser. Befinden sie sich im Wasser, können sie keines mehr verdunsten. Wassertiere, die mit Kiemen atmen, halten das Leben an Land nur kurze Zeit aus.

Spezialisten wie die Schlammspringer-Fische (Gattung *Periophthalmus*) nehmen sich Feuchtigkeit in der Kiemenhöhle für ihren kurzen Landausflug mit. Ähnlich machen es viele Krabben. Luftatmende Landtiere hingegen ertrinken, wenn sie zuviel Wasser in die Lungen oder in entsprechende Atmungsorgane (Tracheen bei den Insekten zum Beispiel) bekommen. Die wenigen Arten, die einigermaßen gut in beiden Großlebensräumen zurechtkommen, erweisen sich bei näherer Betrachtung als ausgeprägte Spezialisten. Ihre Herkunft, ob aus dem Wasser oder vom Land, ist ihnen leicht anzusehen. Sind die Übergangsformen, die es doch wohl einmal gegeben haben muß, einfach ausgestorben, weil ihre Verwandten im Wasser besser angepaßt waren und ihre Nachfahren an Land es schnell genug auch weitergebracht haben, daß den Grenzgängern zu wenig zum Überleben übriggeblieben ist?

Ichthyostega, ein sehr urtümliches Landwirbeltier, das wohl zu den ersten Organismen gehört hatte, die vor rund vierhundert Millionen Jahren den Landgang wagten, war vielleicht eine jener Unvollkommenen, die weder im einen noch im anderen Lebensraum gut genug zu Hause waren, um für ein langfristiges Überleben zu taugen. Warum taugten solche Formen demnach für die vergleichsweise kurze Zeit des Übergangs?

Wenn wir den Landgang der Wirbeltiere zuerst betrachten, obwohl er der letzte in der Reihe der großen Eroberungen ist, die das Leben an Land machte, dann einfach deshalb, weil uns die Wirbeltierorganisation vertraut ist. Wir kennen aus eigener Erfahrung die Schwierigkeiten, die sich für uns aus einem zu langen Aufenthalt im Wasser ergeben. Wir wissen, daß wir Luft atmen müssen und daß uns wassergefüllte Lungen nicht gut tun. Gerade deshalb wird wohl niemand, der auch nur ein bißchen auf die biologischen Gegebenheiten achtet, auf die Idee kommen, die salamanderartigen Vorfahren der Lurche, die als erste Wirbeltiere – und damit auch als unabdingbares Glied in der Kette unseres eigenen Entstehungsweges – an Land gegangen sind, mit zunächst winzig kleinen, kaum erkennbaren Ausstülpungen des Vorderdarmes auszustatten, die nach und nach größer geworden sind und sich zu Lungen ausbildeten.

Die Anfänge hätten nichts eingebracht und den Weg aufs Land nicht ebnen können. Ganz abgesehen davon, daß es auch nicht sonderlich plausibel erscheint, mit einer Darmausstülpung die Luftatmung zu beginnen. Für ein gut meterlanges Tier wie *Ichthyostega* bedurfte es schon ziemlich großer lufterfüllter Säcke, um die notwendige Sauerstoffaufnahme und Kohlendioxidabgabe zu gewährleisten.

Umgekehrt konnte der Anfang aber auch nicht von nur wenige Zentimeter langen Zwergformen von *Ichthyostega* gemacht worden sein, denn diese Kleinen wären zu schnell ausgetrocknet. Die flinken Schlammspringer stecken allem Anschein nach in einer Sackgasse: Sie füllen keine Miniatur-Lungen, sondern einen weitgehend normalen Kiemenraum, den sie an Land so lange geschlossen halten, bis sie wieder nachbefeuchten müssen. Unsere Frösche sind auch kein Gegenbeispiel, denn sie sind mit ihrem Wechsel von einem anfänglich kiementragenden Kaulquappenstadium zu einem Lungen ausbildenden Froschstadium ganz offensichtlich ein Sonderweg, der schon erheblich weiter in der Entwicklung fortgeschritten ist als die Molche und Salamander mit ihren einfachen Sacklungen, langsamen Bewegungen und geringem Sauerstoffbedarf. Die so eindrucksvolle Verwandlung der Frösche von den fischähnlichen Larven zum fertigen Frosch ist übrigens keine kurzgefaßte Wiederholung der Stammesgeschichte des Landganges der Wirbeltiere, sondern eine besondere Anpassung bei der Fortpflanzung in Kleingewässern.

Es ist gar nicht notwendig, durch irgendwelche, mehr oder weniger überzeugende Annahmen oder Hilfskonstruktionen das Dilemma des funktionierenden, nahtlosen Überganges von der Kiemen- zur Lungenatmung und damit vom Wasser zum Land lösen zu wollen. Die Lösung läßt sich von heute lebenden Formen ableiten: Da gibt es die Lungenfische der Südkontinente, den Quastenflosser vom westlichen Indischen Ozean, verschiedene mitteleuropäische Fische, wie den Schlammpeitzger *(Misgurnus fossilis)*, und die Fülle der Knochenfische mit Karpfen und Aal, Hechten und Barschen. Sie besitzen zusätzlich zu den Kiemen auch Lungen oder die den Lungen entsprechenden Schwimmblasen in den vielfältigsten Ausführungen. Fische, wie die Lungenfische oder der Schlammpeitzger, schlucken Luft und nehmen sie in die Aussackung des Vorderdarmes auf, die wie eine Lunge wirkt. Sie verbessern damit den Gasaustausch, der im warmen, sauerstoffarmen Wasser über die Kiemen nicht so gut abläuft wie im kalten, sauerstoffreichen Wasser. Die anderen haben die schon lange vor dem Landgang ausgebildeten Vorderdarmausstülpungen zu Schwimmblasen weiterentwickelt. Bei den einfacher gebauten, stammesgeschichtlich älteren Formen stehen sie über einen Gang noch mit dem hinteren Schlund in Verbindung und können über diesen Gang direkt mit Luft aufgefüllt werden. Solche Fische sind auch in der Lage, Luft durch Vibrationen der Schwimmblase abzulassen und Töne (»Gesänge unter Wasser«) zu erzeugen.

Hochentwickelte Fischgruppen, wie die Barsche, weisen keine Verbindung zwischen Vorderdarm und Schwimmblase mehr auf. Sie sondern über Gasdrüsen die nötige Gasfüllung für die Schwimmblasen ab. Das Gas wird über den Blutstrom transportiert. Der im Blut gelöste, aber mit keinem anderen Stoff reagierende Stickstoff bildet den Hauptteil. Über die Schwimmblase regeln die Fische ihr spezifisches Gewicht und damit den Auftrieb im Wasser. Der Rauminhalt an Gas gestaltet sich so, daß die Fische das gleiche spezifische Gewicht wie das von ihrem Körper verdrängte Wasser erreichen. Dann brauchen sie keine Energie aufzuwenden, um im Wasser zu schweben. Kleine Änderungen des Gasdruckes wirken sich auf das Volumen aus. Sie bewirken nun, daß der Fisch entweder absinkt oder aber aufsteigt. Bodenbewohnende Fische, wie die Welse, halten ihr spezifisches Gewicht knapp über dem des Wassers und sinken so ohne Schwimmbewegungen zu Boden.

Auf diese Weise funktioniert die Schwimmblase als »hydrostatisches Organ«. Sie ist mindestens so hoch entwickelt und so vielfältig differenziert wie die Lungen der Landwirbeltiere, die Vögel ausgenommen. Aber unsere eigenen Lungen sind gewiß nicht komplexer gebaut als die Schwimmblase eines Barsches.

Die Evolution der Schwimmblase nahm also ihren Anfang in Ausstülpungen des Vorderdarmes, die von Natur aus reich durchblutet sind, weil über die Darmwand die Nahrungsstoffe aufgenommen werden. Daß der Vorderdarm dafür besser geeignet ist als der mittlere oder hintere Abschnitt, ergibt sich aus der Tatsache der Verdauung. Je weiter sie fortschreitet, desto weniger Sauerstoff ist im Darm noch vorhanden. Vorne, nahe der Mundöffnung ist nicht nur das bei der Nahrungsaufnahme mit aufgenommene Wasser sauerstoffreich, sondern auch eventuell verschluckte Luft noch verwertbar. Dort, am Beginn des Vorderdarmes, sitzen die Kiemen der Fische, und dort bildeten sich auch die die Atmung unterstützenden Ausstülpungen aus, die einerseits zu Schwimmblasen, andererseits zu Lungen werden konnten. Bei im Schlamm tropisch-warmer Gewässer lebenden, größeren Fischen, wie den Lungenfischen, sind die Ausstülpungen bereits so groß, daß sie in der wasserknappen Zeit den Gasaustausch im wesentlichen alleine bestreiten können.

Der Weg aufs Land benötigte die Kombination dieser noch recht einfachen Sacklungen mit kräftigen Flossen, auf die sich der Körper unter der Einwirkung der Schwerkraft an Land abstützen konnte. Auch sie gingen nicht aus allerersten Stummelchen hervor, als sich der Landgang anbahnte. Vielmehr waren Flossen in den verschiedensten Ausführungen längst vorhanden. Sie gehörten gleichsam zur Grundausstattung der Fischform, die nur von wenigen Spezialisten wieder rückgebildet worden sind.

Beim Landgang stellte sich also bei diesen Organen – und das gilt auch für zahlreiche andere lebenswichtige Eigenschaften – ein Funktionswandel ein. Sie erwiesen sich tauglich für Anforderungen, die mit ihrer Entstehung nichts zu tun hatten.

Bei der anderen, uns erheblich ferner stehenden Gruppe, bei den Gliedertieren, liegen die Verhältnisse im Prinzip ganz ähnlich. Auch sie hatten alles zur Verfügung, was für den Weg ans Land nötig war: einen festen, starren Panzer aus Chitin, das durch die Abscheidung von Öl recht gut gegen Wasserverlust abgedichtet wird, gegliederte Beine, mit denen sie schon im Meer herumkrabbelten und die von ihren Verwandten, den Krebsen, zu noch größerer Formenvielfalt entwickelt worden sind, als sie die Insekten, Spinnen und Tausendfüßer später an Land zustande brachten. Denn den großen Krebsen im Meer kommt die Tragkraft des Wassers zustatten.

Antennen und geeignete Mundwerkzeuge waren gleichfalls längst vorhanden, so wie die ersten Wirbeltiere an Land Zähne mitbrachten, die zum Zubeißen taugten, und Sinnesorgane wie Augen, Geschmacks- und Geruchssinn, die im Prinzip im Wasser genauso funktionieren wie im Luftraum. Daß der Landgang dennoch eine Vielzahl von Schwierigkeiten mit sich brachte, sei damit keineswegs in Abrede gestellt. Es geht hier vielmehr darum aufzuzeigen, daß große, für die weitere Entwicklung bahnbrechende Veränderungen keineswegs langsam verlaufen müssen, wie man sie bei der Mutation-Selektion-Wechselwirkung zwangsläufig zugrunde legen muß.

Wichtig ist festzuhalten, daß es in den meisten Fällen nicht die damals fortschrittlichsten Gruppen waren, welche neue Horizonte eröffneten, sondern eher mittel bis wenig differenzierte Formen. Ein Thunfisch der Hochsee ist, wenn man so will, mehr »Fisch« als ein Lungenfisch, aber als solcher hätte er keine Chance, sich zu einer anderen Anpassungsform weiterzuentwickeln. Der Thunfisch ist ein Spezialist für das Leben in der Hochsee und nicht geeignet für Veränderungen, die zum Eindringen in den Boden oder zum Sprung aufs Land führen könnten. Daraus aber gleich ganz generell ableiten zu wollen, daß nur Einfaches, ja Primitives, die Evolution weitertragen könne, wäre genauso falsch wie die umgekehrte Annahme, daß sich nur die Spitzenprodukte dafür eignen, zu noch höheren Leistungen zu kommen. Solche Betrachtungen sind vorurteilsbefrachtete Wertungen, die im Zusammenhang mit den biologischen Abläufen in der Evolution keinen Sinn ergeben.

Widmen wir nun noch ein paar Überlegungen den Pflanzen und ihrer Eroberung des Landes. Sie stehen uns in ihrer Organisation so fern, daß wir uns nicht mehr in sie hineinversetzen können. Zwei Teilaspekte, die für die Gesamtheit stehen sollen, müssen hier ausreichen, um das Prinzip zu verdeutlichen. Der eine hängt mit den Farbstoffen zusammen, die bei der Nutzung der Lichtenergie eine Rolle spielen, der andere mit den Ergebnissen dieser Nutzung, mit den Produkten der Photosynthese.

Zunächst zu den Farbstoffen: Die Pflanzenwelt ist grün, weil die Pflanzen das Blattgrün bei der Photosynthese als lichtaufnehmenden Farbstoff einsetzen. Daß Wald und Wiese grün sind, liegt also am Blattgrün, am Chlorophyll. Pflanzen könnten durchaus auch rot, gelb oder braun sein! Das ist weder scherzhaft noch rein formal gemeint, weil es neben Grün auch noch andere Farben im Spektrum des Sonnenlichtes gibt. Daß das Pflanzenkleid an Land und in den obersten Wasserschichten grün gefärbt ist, hat zwar seinen guten Grund in der besseren Wirksamkeit des grünen Blattfarbstoffes bei höheren bis hohen Lichtintensitäten, aber dies würde andere Farbstoffe keinesfalls grundsätzlich ausschließen.

Im Wasser – genauer im Meer, weil ins Süßwasser nur wenige, kaum auffallende Vertreter jener Algengruppen vorgedrungen sind – gibt es tatsächlich eine regelrechte Zonierung von Pflanzenfarbstoffen, die bei der Photosynthese mitwirken. Die Palette reicht über Gelb und Braun bis zu einem dunklen Rot. Taucher kennen dies. Die langwelligen Strahlen dringen zumeist weniger tief ins Wasser als die kurzwelligen. Der vorherrschende Farbton verändert sich daher vom grellen Blau an der Oberfläche zu einem weichen, dunklen Purpur in der Tiefe. Die Algen nutzen die der Wassertiefe entsprechende Wellenlängenverteilung des Lichtes. Da an der Oberfläche das grüne Pigment des Chlorophylls am wirkungsvollsten arbeitet, brachten die davon abstammenden Pflanzen, die ans Land gekommen sind, das Chlorophyll mit. Rote und braune Pigmente spielen eine viel geringere Rolle; letztere vor allem als Schutz für den empfindlichen Photosyntheseapparat, der sich erst im Herbst oder beim Altern der Blätter zeigt, wenn diese anfangen, gelb oder braun zu werden. Auch rote Farben zeigen sich dann, nicht mehr überdeckt vom beherrschenden Blattgrün. Wäre die Landbesiedlung von Rotalgen oder Braunalgen ausgegangen, würden die Wälder und Fluren entsprechend in dunkles Rot oder fahles Braun gehüllt sein.

Damit verbunden, erweisen sich bei näherer Untersuchung auch die Ergebnisse der Photosynthese. Ohne das so außerordentlich gut arbeitende Blattgrün wären die Landpflanzen höchstwahrscheinlich nicht in der Lage, einen solchen Überschuß an Kohlenhydraten zu erzeugen, wie er zur Bildung von Holz nötig ist. Ohne Holz, ohne feste Stütze, hätten sich die darniederliegenden oder durch den Druck des Saftstromes aufrechtgehaltenen Landpflanzen nicht zu massiven Gewächsen, zu verholzten Bäumen, entwickeln können. Das Programm, die Rezeptur zur Bildung von Holzstoff (Lignin), ist hierbei ganz offensichtlich von nachrangiger Bedeutung. Die Rezeptur nützt nichts, wenn die Rohstoffe nicht verfügbar sind oder nicht hergestellt werden können. Zufall, verbunden mit Mutationen und langsamen Entwicklungen, die beständig vom Sieb der Selektion kontrolliert werden, oder Durchbrüche ganz anderer Art, das ist hier wohl die Frage, die sich stellt.

Was nach dem Landgang der Pflanzen folgte, läßt sich schon bei ganz grober Betrachtung nicht der Selektion zuordnen. Viele Jahrmillionen lang produzierten die Landpflanzen in so unvorstellbarem Ausmaß, daß die Erde mit nicht mehr verrottender Biomasse überfrachtet wurde. Sauerstoff akkumulierte als Überschußprodukt der Photosynthese entsprechend der Anhäufung dieser Biomasse, die nicht mehr in den Kreislauf zurückgebracht worden ist – bis nach rund vierhundert Millionen Jahren ein Spätprodukt der Evolution, der Mensch, die Rückführung in den

Kreislauf der Natur in die Wege leitete und dabei den Naturhaushalt ganz offensichtlich erheblich durcheinanderbringt.

Doch verlassen wir vorerst wieder die Pflanzen und wenden wir uns, nach einem Sprung über die Jahrmillionen, jenen Stammeslinien zu, die wir – wahrscheinlich auch zurecht – als die höchstentwickelten einstufen. Im Erdmittelalter hatten sie sich aus verschiedenen Linien der Reptilien abgespalten. Die eine der beiden großen, neuen Linien führte zu den Vögeln, die andere zu den Säugetieren und damit zu uns Menschen.

Die Feder ist es, die in besonderer Weise die Vögel kennzeichnet. Doch sie entwickelte sich nicht, wie lange angenommen worden war, in direktem Zusammenhang mit dem Fliegen. Vielmehr muß sie lange Zeit einen Nässe- und Wärmeschutz gebildet haben, vergleichbar den Haaren der Säugetiere. Die Verwendbarkeit zum Fliegen entwickelte sich, als die Feder schon reich differenziert und mit vielfältigen anderen Funktionen verbunden war. Dann aber wurde sie zum Motor der Evolution der Vögel. Weil sie zum Fliegen taugte, konnten die Vögel zu dem werden, was sie heute sind: die energetisch aufwendigsten Organismen, die an Energieverbrauch pro Gramm oder Kilogramm Körpergewicht nur vom Menschen übertroffen werden, wenn nicht sein physiologischer Verbrauch, sondern sein Gesamtaufwand an Energie zugrunde gelegt wird.

Weil das Flugvermögen so einträglich ist und die Nutzung so attraktiver Regionen wie die nahrungsreiche Tundra als Brutgebiet und den Flug ins ferne tropische oder subtropische Winterquartier ermöglicht, wurde der hohe Energieaufwand nicht zur Barriere für die weitere Entwicklung. Hätten die Vögel damit wirklich von den allerersten Anfängen der Federentwicklung eine positive Energiebilanz zustande bringen müssen, wäre es wohl kaum zur Evolution des Vogelfluges gekommen. Der Funktionswandel ist der Schlüssel zum Verständnis solcher Prozesse.

Wir finden ihn, wo immer wir genauer nachforschen, bis hin zu technischen Entwicklungen. Ein besonders bedeutsamer Funktionswandel steckt in der Entwicklung und der weiteren Verwendung von Knochen. Ursprünglich als Kalkabscheidung entstanden, erwiesen sich die Knochen als tragende Strukturen für eine Stammeslinie, die sich sicher nicht zuletzt wegen der Knochen, wegen ihres Skeletts, von den übrigen so klar abheben konnte: für die Linie der Wirbeltiere. Fast alle mechanischen Leistungen und Umsetzungen von Kräften sind am Wirbeltierkörper mit dem Skelett verknüpft. Bei den Landwirbeltieren wurde das Skelett zum Träger des Entwicklungsfortschritts im unmittelbaren wie im übertragenen Sinne. Nur weil sie das stützende und tragende Skelett besitzen, konnten die Landwirbeltiere weit über alle Größenklassen der Wirbellosen hinauswachsen und Riesenformen wie die Dinosaurier hervorbringen oder Spitzenleistungen wie den Sprint des Geparden oder den Stoßflug des Wanderfalken.

Um so erstaunlicher mag es erscheinen, daß Verkleinerung und Rückbildung von Knochen neue Möglichkeiten auf ganz anderen Gebieten eröffneten als im tragenden, funktionell anatomischen Bereich. Die Rückbildung des ursprünglichen Kiefergelenks der Wirbeltiere und seine Verlagerung an die oberen Kopfseiten ergab die Gehörknöchelchen; winzige Knochen, die dank ihrer Kleinheit eine außerordentlich präzise Schallübertragung vom offenen Außenohr zum geschlossenen Innenohr ermöglichen. Sie leiten hochfrequenten Schall so genau, daß selbst große Säugetiere, wie die Delphine, Ultraschall zu hören imstande sind. Verglichen mit den Hörleistungen von Krokodilen und anderen Echsen, die nur über ein einfaches Gehörknöchelchen verfügen, oder gar bezogen auf die Fische, bei denen es das System der Gehörknöchelchen noch gar nicht gibt, sind die Säugetiere Gehörvirtuosen – und sie nutzen diese neue Fähigkeit mit entsprechenden Stimmentwicklungen.

Vielleicht liegt es an der einfacheren Ausführung des Gehörknöchelchens der Vögel, daß sie, obwohl gerade viele Singvögel auch recht klein sind, keinen wesentlich anderen Hörbereich nutzen können als wir Menschen. Deshalb spricht uns der Gesang der Singvögel auch in so besonderer Weise an, während wir von dem viel phantastischeren Stimmenrepertoire der Fledermäuse fast nichts mitbekommen, weil sich praktisch alles im Ultraschallbereich abspielt. Der Funktionswandel der drei Knochen, die ursprünglich bei den Fischen das (primäre) Kiefergelenk gebildet hatten, eröffnete dem Hören neue Dimensionen.

Die Beispiele ließen sich nahezu beliebig weiterführen. Deshalb mag hier ein anderer Hinweis angebracht sein: Bei den Vögeln entwickelte sich das Kleinhirn als Sitz des Steuerzentrums für den Flug in besonderer Art und Weise. In der Evolution des menschlichen Gehirns muß gewiß der Wechsel von der Bodengebundenheit der vierfüßigen Fortbewegung zum aufrechten, zweibeinigen Gang das Steuerungs- und Abstraktionsvermögen eine wichtige Rolle gespielt haben. Hier übernahm das Großhirn, entsprechend der Primaten- und Säugetierabstammung die führende Rolle in der Entwicklung. Doch sie führte weit über die unmittelbaren Bedürfnisse der Raumbeherrschung im aufrechten Gang hinaus.

Vieles deutet darauf hin, daß auch in der Entwicklung des Gehirns ein

Funktionswandel zum Schrittmacher des Fortschritts geworden ist. Die ursprünglich notwendige Vergrößerung der Kapazitäten und der Leistungen des Gehirns, insbesondere im Bereich der räumlichen Abstraktionen und zeitlichen Strukturen, könnte den neuen Freiraum für das Denken aufgetan haben. Denn, so läßt sich argumentieren, ein unvollständiges Denken nützt zu wenig, als daß es von der Evolution entsprechend gefördert hätte werden können. Fulguration, blitzartiges Erfassen eines neuen Zustandes, komplexes oder plötzliches Durchschauen von Zusammenhängen kennzeichnet das menschliche Denken. Deshalb versuchte Konrad Lorenz mit dem von ihm angewandten Begriff der Fulguration dieser Tatsache besonderes Gewicht zu verleihen. Das »Heureka« der alten Griechen drückte denselben Sachverhalt aus. Nicht das langsame Sich-Nähern kennzeichnet die Wirkungs- und Funktionsweise des Denkens, sondern das unvermittelte Erfassen, das Erkennen neuer Zusammenhänge.

Ist das schöpferischer Zufall? Oder handelt es sich nicht eher um die Möglichkeit neuer Funktionszusammenhänge aus längst Vorhandenem? Wenn die Meme im Sinne von Richard Dawkins ähnliche Funktions- und Evolutionseinheiten im geistigen Informationsbereich wie die Gene im biologischen sein sollten, dann müßte eine gewisse Parallelität im Ablauf beider Prozesse durchaus zu erwarten sein. Doch die Gene, die Informationsträger im Evolutionsprozeß, sollten vorerst noch weiter ausgeklammert bleiben. Noch geht es vorrangig um den Organismus und seine Rolle im Wechselspiel mit der Umwelt. Noch steht die Erörterung der Leistungen aus, die von Organismen erbracht werden und die im Fortschritt der Evolution in besonderer Weise zählen.

3. Ursache des Neuen: Überschuß

Evolution äußert sich in der Veränderung von Organismen. Was immer sich im Erbgut, im Genom, an Mutationen ereignet und angesammelt haben mag, es bleibt so lange unerheblich, solange Struktur und Funktion des Organismus nicht wesentlich verändert werden. Mutationen sammeln sich an, sofern sie nicht tödlich (letal) oder grob schädigend sind. Das gilt für ungünstige wie für günstige Mutationen. Erstere werden zur genetischen Last, letztere unter Umständen zu Fortschritten. Allein die Tatsache, daß sich viele Mutationen anhäufen können, unterstreicht die relative Selbständigkeit des Organismus gegenüber dem Genom. Manche Genetiker, wie Mooto Kimura (1987), gehen sogar so weit, daß sie wegen der Unzahl von Mutationen und der großen Menge offenbar funktionsloser Abschnitte im Genom, die dennoch einen Informationsgehalt aufweisen, der Selektion überhaupt keine besondere Auswirkung mehr zubilligen möchten.

Die besonders von Kimura vertretene »Neutralitätstheorie« geht davon aus, daß evolutiv wirksame Veränderungen mehr oder weniger zufällig zustande kommen, weil eine große Fülle von Erbinformation für ein weitgehend freies Spiel des Zufalls zur Verfügung steht. Verknüpft man beide Befunde – die relative Selbständigkeit des Organismus und die mehr oder minder großen Mengen unwirksamer Erbinformation –, so muß zwangsläufig eine allzu direkte Wirkung des Genoms auf das äußere Erscheinungsbild, den Phänotyp, in Frage gestellt werden. Nicht jeder kleinste Vorgang im Organismus kann genetisch genau gesteuert sein.

Das ist uns durchaus geläufig. Wenn Muskelmasse durch sportliches Training zu- oder durch unzureichende Betätigung abnimmt, so ist dieser Vorgang sicher nicht erbgutgesteuert, sondern völlig zweifelsfrei eine Anpassungsreaktion des Organismus selbst. Bilden Hautzellen bei Einwirkung von Sonnenlicht schützendes dunkles Pigment (Melanin), so mag die Melaninsynthese zwar grundsätzlich als Anweisung im Erbgut festgeschrieben sein, ob sie aber, und wenn ja, in welchem Ausmaß sie abläuft, hängt von der direkten Einstellung des Organismus auf die herrschenden Außenbedingungen ab.

Gehen wir noch einen Schritt weiter: Für den Aufbau müssen auch die dazu benötigten Stoffe zur Verfügung stehen. Kein noch so gutes Training kann Muskelmasse hervorbringen, wenn die Nahrung zu wenig Eiweiß enthält. Bei Eisenmangel wird sich zwangsläufig Blutarmut einstellen, weil zur Herstellung des roten Blutfarbstoffes, des Hämoglobins, Eisen benötigt wird. Sehr eiweißreiche, aber fast fett- und kohlenhydratfreie Nahrung versorgt zwar den Aufbaustoffwechsel, beeinträchtigt aber den Betriebsstoffwechsel. Der Körper muß dann Eiweiß verbrennen, um die benötigten Energiemengen zu bekommen. Umgekehrt kann der Fette und Kohlenhydrate verwertende Betriebsstoffwechsel nicht einfach auf Aufbaustoffwechsel umschalten, weil sich aus Fetten und Zuckern kein Eiweiß herstellen läßt. Die Ernährungswissenschaftler teilen uns daher recht genau die Idealdiät zu, ergänzt durch Vitamine und Spurenelemente, die gleichwohl benötigt, aber nicht von unserem Körper selbst hergestellt werden können. Ist das einigermaßen ausgewogene Verhältnis der zugeführten Nahrungs- und Ergänzungsstoffe gestört, kommt es zu Mangel- oder zu Überschußerscheinungen. Das Zuviel an Kohlenhydraten und Fetten in der Nahrung für Menschen, die sich zu wenig körperlich betätigen, führt zu Fettleibigkeit oder begünstigt die Entstehung von Diabetes. Anhaltender Eiweißüberschuß schädigt die Nieren oder begünstigt die Entstehung von Gicht.

Zahlreiche weitere Beispiele aus der Ernährung des Menschen ließen sich anführen. Ihr Spektrum reicht von schwerwiegenden Überschüssen wie Alkoholismus und den damit verbundenen Schäden, bis hin zu harmlosen, wie die kurzzeitige Bräunung der Haut nach Genuß größerer Mengen von Karotten, deren Farbstoffe in die Haut gelangen und diese tönen. Schließlich reagiert unser gesamtes Ausscheidungssystem auf das jeweilige Angebot. Trinken wir viel, arbeiten die Nieren verstärkt, und es kommt zu entsprechend hohen Mengen an ausgeschiedenem Harn. Erzeugt die Muskelaktivität einen größeren Wärmeüberschuß, wird die Wärme durch Schwitzen abgeführt. Die Beispiele erscheinen so banal, daß man sie durchaus für bedeutungslos halten könnte.

Mit welcher Berechtigung nehmen wir aber an, daß sich die jeweilige Nahrung stets in einigermaßen ausgewogener, bedarfsbezogener Zusammensetzung darbietet? Das Gegenteil trifft wohl in aller Regel eher zu. Nur selten oder ausnahmsweise wird über einen längeren Zeitraum – und in der evolutionsbiologischen Zeitskala wären das Millionen von Jahren – genau die passende Nahrungszusammensetzung verfügbar (gewesen) sein. Justus von Liebig, der große Chemiker des vorigen Jahrhunderts, faßte diese Binsenweisheit in eine Gesetzmäßigkeit, die zu einschneidenden Veränderungen im Ackerbau führte.

Die Pflanzenernährung, und damit das Pflanzenwachstum, hängt von demjenigen Stoff ab, der gegenüber den anderen benötigten im Minimum ist. Das Liebigsche Minimumgesetz faßte chemisch klar, was man eigentlich auch so wußte, aber in der Praxis nicht angewandt hatte: Gezielte Düngung mit dem Mangelstoff verbessert die Leistung der Nutzpflanzen ungleich wirkungsvoller als eine allgemeine Steigerung der Nährstoffzufuhr. Mit dem Überschuß an anderer Stelle kann die Pflanze nichts anfangen; unter Umständen wird er sogar schädlich, das heißt, dem Gedeihen abträglich.

Übertragen wir diese Erkenntnis, die den Übergang zur modernen Pflanzendüngung bezeichnet, auf das evolutionäre Zeitmaß, so ergibt sich daraus eine erste grundlegende Charakterisierung des inneren Zustandes von Organismen und seiner möglichen – oder nicht möglichen – Veränderungen. Ein Beispiel mag das näher erläutern. Katzen und Hunde gehören zur gleichen Ordnung in der Klasse der Säugetiere. Beide Gruppen ernähren sich in beträchtlichem Umfang oder so gut wie ausschließlich von Fleisch. Aber wenn wir die Jagdweise beider Gruppen betrachten, so fällt auf, daß die Hunde und ihre näheren Verwandten in weitaus größerem Umfang Hetzjäger sind und ihre Beute aus schnellem Lauf heraus erjagen, während Katzen sich vorwiegend oder ausschließlich als Lauerjäger betätigen. Ausnahmen wie der Gepard *(Acinonyx jubatus)* bestätigen die Regel, weil dieser Sprinter sehr schnell ermüdet.

Bei beiden Gruppen fällt nun auf, daß die Jungen sehr verspielt sind. Sie tollen lange Zeit herum, und wüßten wir es nicht besser, würden wir sicher nicht annehmen, daß aus dem nimmermüden Kätzchen eine den größten Teil des Tages faul herumliegende Katze werden wird. Ohne nähere Einbeziehung der Ernährung und der Vorgänge im Organismus von Hund und Katze läßt sich daraus nichts weiter ableiten, als daß beide Gruppen unterschiedliche Anpassungslinien vertreten. Die Hunde haben sich auf die Hetzjagd, die Katzen auf das Lauern verlegt. Ihre Beine taugen jeweils ganz gut dazu. Doch der Gepard, die Ausnahme, verrät, daß dies nur scheinbar erklärt, wie die unterschiedlichen Lebensstile von Hund und Katze zustande gekommen sind.

Denn der Gepard verfügt über ausgezeichnete Laufbeine und einen hervorragend zum Spurten geeigneten Körperbau, wie ihn kein Hund vergleichbar oder gar besser hat. Trotzdem bricht er nach wenigen hundert Metern seine Sprints ab: Er kann nicht durchhalten. Schon eine mittelmäßige Gazelle, mittelmäßig hinsichtlich ihres Sprintvermögens, hängt den Geparden mühelos ab, wenn dieser nicht nahe genug an sie herankommt. Die äußere Form bewirkt es also nicht allein, und auch die Kondition modifiziert nur den Leistungsbereich. Die Grundlagen stekken tiefer: in der Zusammensetzung der Nahrung.

Enthält sie normalerweise, nicht bloß kurzfristig, einen entsprechend hohen Anteil an Fett und/oder Kohlenhydraten, kann sich der Körper auf entsprechend mehr Laufleistung und Durchhaltevermögen einstellen – und umgekehrt. Ein einseitiges Überwiegen von Eiweiß bremst die Beweglichkeit, weil die Abbauprodukte davon viel schwieriger zu entsorgen sind. Beim Verbrennen von Fett oder Kohlenhydrat entstehen als Endprodukte nur (ausgeatmetes) Kohlendioxid und (teilweise mit ausgeatmetes) Wasser. Der Eiweißstoffwechsel setzt hingegen verschiedenartige Zwischen- und Endprodukte frei, insbesondere die Stickstoffträger Harnstoff und Harnsäure.

Zurück zu Hund und Katze und ihren Jungen. Der normalerweise höhere Anteil an Fett in der tierischen Nahrung des Hundes geht auf die Lebensweise der Stammform, auf den Wolf, zurück. Beutetiere, die von Wölfen überwältigt werden, tragen gewöhnlich eine von der Jahreszeit abhängige Fettschicht als Reserve und gespeicherte tierische Stärke (Glykogen) in der Leber. Zuckerreiche Beeren spielen im Spätsommer und Herbst nicht nur für Wölfe, sondern in noch größerem Umfang für Bären eine wichtige Rolle als Ergänzungsnahrung zum Aufbau körpereigener Fettreserven. Der durchschnittliche Kohlenhydrat- und Fettanteil in der Wolfsnahrung lag und liegt weit höher als bei der Stammform der Hauskatze, der Falbkatze aus Nordafrikas Wüsten- und Halbwüstenzonen. Ihre Beute besteht zum größten Teil aus Eiweiß, von den unverdaulichen Anteilen, wie Fell und Federn, abgesehen. Das Verdauungssystem beider Haustierformen ist auf die ursprünglichen Verhältnisse eingestellt. Hunde brauchen entsprechend Auslauf, um selbst bei mäßig fettreicher Ernährung nicht zu verfetten. Umgekehrt brauchen die Katzen so viel Ruhe, weil ihre Nahrungsverwertung nicht auf einen abzuarbeitenden Überschuß an Fetten und Kohlenhydraten eingestellt ist.

Die heranwachsenden Jungen beider zeigen dies. Solange sie sich noch von der milchzuckerreichen Milch ernähren und die Wachstumsvorgänge Überschüsse erzeugen, die abgearbeitet und ausgeschieden werden müssen, sind auch die jungen Katzen höchst aktiv und wahre Akrobaten. Die Anteile gelenkiger und reaktionsschneller Aktivität nehmen aber mit zunehmendem Selbständigwerden immer weiter ab, bis sich das normale Muster von langen Schlaf- und kurzen Aktivitätsphasen einstellt. Nur unterernährte Katzen sind aus naheliegenden Gründen gezwungen, aktiver zu bleiben als ihre gut genährten Artgenossen.

Dieses ausführlicher vorgestellte Beispiel soll verdeutlichen, daß innerhalb der gleichen Verwandtschaftsgruppe so unterschiedliche Anpassungstypen, wie Katze und Hund, hervorgehen können, ohne daß hierzu grundsätzlich neue Funktionstypen herausgebildet werden müßten. Unterschiedliche Angebote wirken sich vergleichsweise schnell und nachhaltig aus. Daß bei entsprechender Umstellung der Fütterung selbstverständlich aus einer Katze kein Langstreckenläufer werden kann, sollte klar sein. Denn Verdauung und Nahrungsverwertung sind eben auf das durchschnittliche Angebot eingestellt, das während der jahrmillionenlangen Anpassungszeit zur Verfügung stand. Kurzfristig stark veränderte Angebote stoßen damit naturgemäß an die Grenzen der Möglichkeiten.

Es sei jedoch davor gewarnt, solche anschaulichen Beispiele allzu eindimensional zu bewerten. Jedes Beispiel trifft den Kern nur bedingt. Es kann Tendenzen und Zusammenhänge grundsätzlich verdeutlichen, muß aber nicht alle Eigenschaften und Besonderheiten gleich umfassend erklären können. Denn in der Natur gibt es keine idealen Fallbeispiele, sondern zahllose unterschiedliche Lösungen von Überlebensproblemen. Greifen wir daher mit einem zweiten Beispiel weit über die Grenzen von Hund und Katze als Eiweißverwerter hinaus.

Es gibt Organismen, die weitaus extremer von solcher Nahrung abhängen. Es sind dies die Parasiten, insbesondere solche, die sich unmittelbar im Körper warmblütiger Organismen entwickeln. Ihre innere Organisation ist, verglichen mit ihren Wirten, einfach. Meist handelt es sich um maden- oder wurmförmige Organismen. Ihr gemeinsames Kennzeichen ergibt sich aber weniger aus der äußeren Form als durch die Art ihrer Fortpflanzung. Sie investieren sehr wenig und energetisch nur unbedeutende Anteile ihres Stoffwechselgeschehens in Bewegung oder Wachstum, dafür aber um so mehr in die Fortpflanzung.

Die Zahl der Eier oder Larven, die Innenparasiten erzeugen, übersteigt, auf die Körpergröße bezogen, um mehrere Größenordnungen die Fortpflanzungsleistungen anderer, nicht parasitischer Organismen. Da sie sich gewissermaßen inmitten von Nahrung befinden, brauchen sie diese nicht mehr einzuholen oder hinter ihr herzujagen. Organe und Bildungen, die der Nahrungsbeschaffung dienlich wären, sind beim parasitischen Dasein hinderlich und rückgebildet. Insbesondere mangelt es den Innenparasiten nicht an Eiweißbausteinen (Aminosäuren), die für andere, vor allem für pflanzenverwertende Organismen häufig im Minimum sind. Je weiter entfernt vom Eigenbedarf die Nahrung in ihrer Zusammensetzung ausfällt, um so aufwendiger wird die Nahrungsbeschaffung oder ihre Verwertung und umgekehrt.

Unterscheiden sich Nährstoffzusammensetzung in der Nahrung und im Bedarf stark voneinander, entstehen unweigerlich Überschüsse. Der nicht benötigte Anteil der Nahrung muß nun entweder ungenutzt wieder ausgeschieden werden, oder der Organismus muß etwas anderes damit anfangen. Auf jeden Fall entsteht ein Ungleichgewicht zwischen Angebot und Bedarf oder zwischen verfügbaren Stoffen und Verwertungsmöglichkeiten. Wie kommen die Organismen mit diesem Ungleichgewicht zurecht?

Wir sind bereits darauf gestoßen, als es um die Evolution der grünen Pflanzen und ihre Eroberung des Landes ging. Aus den Bilanzen ging hervor, daß die Photosynthese so wirkungsvoll abläuft, daß die Pflanzen weit mehr Kohlenhydrate bilden, als sie selbst für ihre eigenen Stoffwechsel-, Wachstums- oder Vermehrungsvorgänge benötigen. Der Überschuß zeigt sich allerdings erst, wenn man die Photosyntheseleistung auf die Herstellung von Eiweiß bezieht. Leben, Vermehrung und Fortpflanzung hängen aber unmittelbar an den Eiweißstoffen und den energiereichen Phosphorverbindungen und nicht an den Produkten der Photosynthese. Dem Überschuß an Zucker, der dabei entsteht und der von der Pflanze selbst nicht wieder veratmet wird, entspricht der Überschuß an Sauerstoff, der dabei freigesetzt wird. Die Pflanzen mußten daher zwangsläufig mit der Entwickung der Photosynthese einem zunehmenden Überschuß ausgesetzt gewesen sein.

Wie stark dieser Überschuß ist, das läßt sich noch an wenigen Pflanzen direkt nachvollziehen; so etwa im Zuckerrohr oder im Saft des Zukkerahorns. Normalerweise verdichten die Pflanzen den Zuckerüberschuß schnell zu Stärke und zu Zellulose, das heißt, sie polymerisieren die Grundbausteine, die Zuckermoleküle, und machen sie dadurch zunächst einmal unwirksam, also auch unschädlich.

Die Umbildung zu Stärke ist der ursprünglichere Schritt. Sie dient als Speicher. Besteht Bedarf, etwa wenn die Pflanze nach der Winterruhe wieder stark wachsen muß, aber noch nicht genügend Stoffe dazu unmittelbar synthetisieren kann, weil die neuen Blattflächen noch nicht ausreichen, wird gespeicherte Stärke mobilisiert. Auch für die Bildung der Nähr- und Reservegewebe in Samen und Früchten werden gespeicherte Produkte der Photosynthese herangezogen. Was aber nicht mehr in die Speicher gehen kann, weil diese voll sind, muß anderweitig bewältigt werden. Die Photosynthese läßt sich nicht einfach abschalten, weil mit ihr auch die notwendige Blattkühlung verbunden ist. Die weitere Verdichtung zu Zellulose ist die ebenso elegante wie einfache Lösung, weil sie aus einem Entsorgungsproblem einen neuen Rohstoff macht, der erst den Aufstieg der Pflanzen zur Baumdimension ermöglichte.

Ohne die Elastizität der Zellulose und ihre Baueigenschaften in Verbindung mit Holzstoff (Lignin), einem weiteren Polymerisierungsprodukt der Photosynthese, gäbe es nicht nur keine Baumgiganten, sondern auch keine wirklich dauerhaft aufrecht stehenden Landpflanzen. Wiederum können wir festhalten, daß es nicht so sehr an der Fähigkeit an sich liegt, Zellulose oder Lignin synthetisieren zu können, als vielmehr daran, in welchen Mengen diese ursprünglichen Überschußprodukte der Photosynthese verfügbar werden. Größe und Stabilität, und damit auch die Wuchsformen der Bäume, hängen vorrangig von den physischen Eigenschaften der Stämme ab. Wo Licht und Wärme nicht ausreichen oder wo, wie in extrem nährstoffarmen Hochmooren, Fichten oder Kiefern wachsen (müssen), verkümmern sie zu Zwergformen, obwohl ihre genetischen Programme identisch sind mit jenen ihrer Artgenossen in den Hochwäldern nährstoff- und lichtreicher Wuchsgebiete.

Haben die bisherigen Beispiele den Blick genügend geschärft, so ergeben sich die Zusammenhänge bei den anderen »großen Würfen« der Evolution fast von selbst. Nehmen wir die Schwämme und die mit ihnen in Gemeinschaft, in Symbiose, lebenden Algen. Für sie gilt, was auch die heutigen Riffe charakterisiert, die von Steinkorallen gebildet werden. Die Algenpartner verursachen durch ihre Photosynthese eine zwar nur millimeterdünne Schichten betreffende, aber durch ihre große Zahl höchst massive Verschiebung der Gleichgewichte zwischen Kohlendioxid und Karbonat. Die Folge ist die Fällung von Kalziumkarbonat, von Kalk. Auf einen einzelnen Wachstumszyklus bezogen zwar unmerklich, aber in langen Zeiträumen um so massiver wachsen auf diese Weise in den Flachmeeren gewaltige Riffe heran, die Tausende von Kilometern überstreichen, wie im großen Barriereriff vor der Ostküste Australiens. Noch größere Riffe, von Schwämmen erbaut, zogen über das heutige Europa hinweg. Diese Kalkabscheidung hat immer wieder Land und Meer weltweit beeinflußt. Gebirgszüge, wie die Alpen oder der Himalaja, verdanken große Teile ihrer Bergmassive der früheren Tätigkeit mikroskopisch kleiner Algen. Ihr Leistungsüberschuß gab Raum und Lebensmöglichkeiten für eine Vielzahl von Lebewesen, welche Korallenmeere oder

Schwammriffe bewohnen; ihr Niedergang riß viele dieser Arten und Anpassungsformen mit.

Die Abscheidung von Kalküberschuß, zum Teil verbunden mit Abscheidung von Kieselsäure oder von Phosphat, bildet die Baugrundlage der Skelette von Meerestieren, wie Seesternen und Seeigeln, und er steht am Anfang der Bildung des Wirbeltierskeletts. Bei den schalentragenden Weichtieren setzt die überschüssige Absonderung von zähem Schleim mit Kohlenhydratgehalt (Mucopolysaccaride) die Kalkschale besser vom Weichkörper ab als ursprünglich bei den Hautknochen früher Fische (Placodermen), aber in beiden Fällen überzieht die abgeschiedenen, zu Platten oder Schalen gewordenen Kalkmassen eine Schicht aus einer eiweißhaltigen Substanz, die für andere große Entwicklungsrichtungen entscheidend wurde.

Es handelt sich dabei um das Conchiolin bei den Schnecken und Muscheln, das sich zwar vom Chitin der Insekten und Krebstiere chemisch unterscheidet, aber im Grunde genommen auch nichts anderes als ein polymerisierter Eiweißstoff ist. In anderer, funktionell vergleichbarer Form findet sich abgeschiedenes Eiweiß wieder im Keratin, jenem Stoff, der die äußere Hülle der Wirbeltiere bildet, gleich ob es sich um Schuppen der Fische und Kriechtiere, um Hornpanzer der Schildkröten, um Federn der Vögel oder um die Haare und Nägel der Säugetiere handelt.

Es hängt wiederum ganz offensichtlich stark von der Art der Nahrung ab, in welchem Ausmaß sich die charakteristischen Hüllen ausbilden. So wird die Kalkschale bei den besonders beweglichen, größere, eiweißreiche, aber kalziumarme Beute erjagenden Tintenfischen und ihren Verwandten bis auf eine kleine, spatelförmige Bildung, den Schulp, reduziert, während die Schalen der *Tridacna*-Muscheln bis 250 Kilogramm Gewicht erreichen können. Symbiontische Algen synthetisieren bei dieser Riesenmuschel in immer stärkerem Umfang, je größer sie wird. Sie erzeugen den Kalküberschuß, den die Muschel in die Bildung der größten und schwersten Schale einbringt, die es bei lebenden Vertretern vom Stamm der Weichtiere überhaupt gibt. Filternde Formen nehmen viel Kalk oder kalkabscheidende Kleinstalgen auf und entwickeln entsprechend große Schalen, während sich bei von tierischer Nahrung lebenden Formen schwach ausgebildete Schalen zeigen oder die Schalenbildung ganz eingestellt wird. In Großlebensräumen, die sehr arm an Kalzium sind, fehlen gehäusetragende Landschnecken, wie beispielsweise in Amazonien, während sie in sehr kalkreichen Regionen, wie auf dem Balkan oder den Inseln des östlichen Mittelmeerraumes, sehr häufig sind.

Was sich bei den Weichtieren, den Mollusken, außen abspielt, hat sich bei den Wirbeltieren ins Körperinnere verlagert. Zwar fing auch bei ihnen die Knochenbildung mit der Entwicklung von Kalkplatten in der Haut an, aber mit zunehmender Aktivität der Fische verlagerte sich die Knochenentwicklung zwischen die Muskelpakete, wo wir sie als Gräten wiederfinden. Entlang des elastischen Stabes, der Chorda, die später, nach vielen Millionen Jahren, zur zentralen Bildungsstelle der Wirbelsäule geworden ist, entstand im Zusammenhang und sicher auch in enger funktioneller Abstimmung auf die Hauptfortbewegung, das Stammschlängeln, die Wirbelsäule. Sie wurde wiederum zur Ansatzstelle von Muskeln, welche die Beweglichkeit verbesserten und immer mehr Kohlendioxid freisetzten.

Ein hoher Kalziumgehalt des Blutes, aus der Nahrung oder dem umgebenden Wasser aufgenommen, mußte mit diesem Kohlendioxid fast zwangsläufig reagieren und Kalk bilden. Auch dieser Prozeß ist uns zu unserem Leidwesen als »Verkalkung« (Sklerotisierung) von Adern bekannt. Feinste Unterschiede im Gleichgewicht der Löslichkeit von Kalzium und Kohlensäure ergeben schon Verschiebungen bis hin zur Kalkausfällung; ein Vorgang, der sich als »biogene Kalkentstehung« im Sommer an der Unterseite von Wasserpflanzen (wo sich die Spaltöffnungen befinden) beobachten läßt; hier allerdings mit umgekehrtem Vorzeichen. Der Entzug von Kohlendioxid wird dort zur Quelle der Kalkbildung wie bei den symbiontischen Algen der Schwamm- und Korallenriffe.

Offenbar hängt es von der Aktivität, von der Beweglichkeit, der Organismen ab, wie stark sich der Kalk bildet und wo am oder im Organismus er abgeschieden wird. Bei langsamen, wenig beweglichen Formen findet die Abscheidung außen statt und bildet dabei ein Außenskelett aus Kalk, bei beweglichen, durch höheren Energieumsatz gekennzeichneten dagegen schon im Körper selbst, wo er nun zum Auf- und Umbau von Knochen eingesetzt wird.

Der Phosphatgehalt weist in die gleiche Richtung. Wirbeltierknochen bestehen hauptsächlich aus Kalziumphosphat. Die Eiweißstrukturen, die sie durchziehen, das Collagen, aus dem der Knochenleim gewonnen wird, halten die Kalziumausscheidungen ungleich besser zusammen als der viel reinere Kalk der Schnecken- und Muschelschalen. Knochen von Wirbeltieren, und nur sie sind richtige Knochen, zeichnen sich deswegen durch eine viel größere Belast- und Verwendbarkeit aus. Der Wirbeltierknochen bleibt »lebendig«, solange sein Träger lebt, während die Schneckenschale oder die Muschel leblose Außengebilde sind, die zwar im Falle eines Bruches unter Umständen von innen her repariert werden können, aber eben doch nicht richtig erneuert. Es gibt an der Muschelschale ebenso kein Schmerzempfinden wie an der Feder des Vogels oder am Hornpanzer der Schildkröten. Diese Horngebilde sind tot. Sie können nur Druck oder Erschütterung weitergeben, aber nicht schmerzen wie ein verletzter Knochen.

Damit sind auch die massiven Eiweißausscheidungen angesprochen, die uns als Federn, Haare, Nägel oder Hornpanzer bekannt sind. Auch sie entstehen durch Ausscheidung von Eiweißverbindungen, die zu Keratin, zu Horn, verdichtet worden sind. Nur wenn die Nahrung genügend Eiweiß enthält, kann es zu solch massiven Ausscheidungen kommen. Diese nun wie selbstverständlich formulierte Erklärung droht aber gerade bei den besonders auffälligen Hornbildungen zu scheitern.

So sind die »Hornträger« unter den Säugetieren Pflanzenverwerter wie auch die Riesenschildkröten – und keinesfalls Fleischverwerter wie die Großkatzen. Bei den Schildkröten ist einzuwenden, daß nur die äußere Bedeckung des Panzers aus Horn besteht, während Knochenplatten den Hauptteil ausmachen. Außerdem bewegen sich die Landschildkröten mit ihren größeren bis großen Panzern sehr langsam. Ihr Grundumsatz liegt außerordentlich niedrig und weit unter Niveau vergleichbarer Echsen oder anderer Reptilien. Entsprechend lange können sie hungern. Die Eiweißabscheidung über das Keratin der Panzer könnte daher einfach eine Entlastung der Nieren sein, die wegen geringer Wassermengen, die zur Verfügung stehen, wenig intensiv arbeiten können. Eine massive Abscheidung von Stickstoffprodukten über die Nieren könnte daher zu Komplikationen führen.

Interessanterweise ergeben sich bei den Hornträgern Übereinstimmungen mit den Schildkröten. Auch bei ihnen entwickeln sich massive Horngebilde auf Knochenzapfen, die eine zusätzliche Knochenbildung, hier aber beschränkt auf den Stirnbereich des Kopfes, darstellen. Die verwertete Nahrung muß also auch entsprechend reich an Kalzium und an Phosphor sein. Der eigentliche Zusammenhang ergibt sich aber erst aus der Art der Nahrungsverwertung. Die Hornträger sind Wiederkäuer, die nährstoffarme Pflanzennahrung in größeren Mengen durchkauen und einer mikrobiellen Zersetzung zuleiten. Dabei entsteht in beachtlichem Umfang Mikrobeneiweiß.

Ohne diese qualitative Verbesserung der Nahrung könnten die Hornträger von ihrer arttypischen Kost gar nicht leben. Noch kennt man die Zusammenhänge nicht genau genug. Aber es ist anzunehmen, daß die

Mikroben besonders solche Sorten von Eiweißbausteinen, von Aminosäuren, erzeugen, die in die Keratinbildung eingeschleust werden. Denn auch innerhalb der Eiweißbausteine ergeben sich schnell ungleiche Verhältnisse. Die rund zwanzig Aminosäuren werden nicht in annähernd gleichen Proportionen zum Aufbau körpereigenen Eiweißes benötigt, sondern in recht unterschiedlichen. Mangel an der einen Aminosäure kann, wenn es sich um essentielle handelt, die der Körper selbst nicht herzustellen vermag, nicht einfach durch Überschüsse bei anderen kompensiert werden. Die überschüssigen Aminosäuren müssen aus dem Körper entfernt werden. Die Abscheidung über die Haut ist ein der Freisetzung über die Nieren durchaus vergleichbarer, mitunter sogar gleich- bis höherwertiger Vorgang.

Die Bildung von Federn und Haaren gehört in diese Kategorie. Von den Federn wissen wir, daß mit dem Federwechsel, der Mauser, sogar gefährliche Umweltgifte, wie Schwermetalle, ausgeschieden werden. Die Mauser der Vögel darf deshalb nicht nur als alljährlicher oder in passenden Zeitabschnitten notwendiger Erneuerungsvorgang für das Gefieder erachtet werden. Viele, nicht selten die meisten Federn des Kleingefieders sind durchaus noch in gutem Zustand, wenn sie gemausert werden. Auch beim Großgefieder, das unmittelbar im Flug eingesetzt wird, könnte ein teilweiser Ersatz schadhaft gewordener Federn, wie er bei Beschädigungen von Federn des Großgefieders tatsächlich auch vorkommt, den regelmäßigen Mauserverlauf durchaus ersetzen, wenn es nur um die Erhaltung der Flugfähigkeit ginge. Anders ausgedrückt: Bei der Mauser werden zu viele noch gut funktionsfähige Federn gewechselt, als daß sie sich nur aus der Beanspruchung durch den Flug erklären ließe. Flugunfähige Arten bestärken diese Interpretation, wie auch die nicht selten zu beobachtende, erstaunlich gute Flugfähigkeit von Vögeln, deren Großgefieder deutlich sichtbare Schäden oder Mängel aufweist.

Entsprechend wäre ein kontinuierliches Nachwachsen von Haaren bei den Säugetieren sowie ein umfassender jährlicher oder zweimal im Jahr stattfindender Haarwechsel nicht so zwingend notwendig, wie er tatsächlich vorkommt, schon gar nicht bei so besonders haarigen Arten wie beim Großen Ameisenbären *(Myrmecophaga tridactyla)*. Er lebt von den außerordentlich eiweißreichen Termiten und ernährt sich fast ausschließlich von ihnen. Seine Gegenstücke in den altweltlichen Tropen sind die Schuppentiere *(Pangolin)*, die merkwürdigerweise wie überdimensionale Schuppen von Fichtenzapfen aussehende Hornschuppen am Körper ausbilden. Haar und Hornschuppen, die auch auf unserer

Haut ständig in winzigen Stückchen abschilfern, als Mittel, überschüssiges Eiweiß aus dem Körper zu entfernen, führen uns zurück zu den Hinweisen auf die Bedeutung von Funktionsänderungen in der Evolution.

Ist es bei den Haaren nicht ganz genauso? Allererste Anfänge haben wohl noch kaum einen Wärmeeffekt ergeben. Dieser entsteht erst ab einer gewissen Mindestdichte der Haare und bei einer ausreichenden Feinstruktur. Wenn sie aber ursprünglich dazu dienten, überschüssiges Eiweiß loßzuwerden, dann ergibt sich zwangslos der Übergang in die neue Funktion. Die Abscheidung kann so lange ohne Beeinträchtigung ablaufen und dabei rein mengenmäßig steigenden Anteil an der Eiweißausscheidung ausmachen, bis die Wärmewirkung einsetzt. Der Übergang in die neue Funktion vollzieht sich, ohne daß diese von Anfang an wirksam gewesen sein mußte. Überschuß und Funktionswandel verbinden sich so zu einem bedeutenden Evolutionsschritt, denn ohne die ausreichende Abdichtung des Körpers gegen Wärmeverluste hätte sich die Warmblütigkeit der Säugetiere nicht entwickeln können und aufrechterhalten lassen.

Zuletzt ein Hinweis auf uns selbst. Wäre unsere moderne Welt vorstellbar ohne die gigantischen Überschüsse, die in Form von Kohle und Erdöl in fernen Erdperioden abgelagert worden sind? Wohl kaum. Denn von den gegenwärtig verfügbaren Energiequellen könnten wir nicht solch hohe Energiedichten herausziehen, wie wir sie benötigen, um vielleicht auch einmal mit der geringeren Energiedichte des Sonnenlichtes, das Tag für Tag zur Erde gelangt, unsere hohen Ansprüche befriedigen zu können. Sollte dies gelingen, dann sicher nur mit Einsatz hochentwikkelter Technologie, für deren Zustandekommen die fossilen Brennstoffe als Energielieferanten die Voraussetzung waren.

Ich fasse zusammen: Aus Überschüssen sind so große und weittragende Neuerungen in der Evolution wie die »Erfindung« der Zellulose als Auswirkung der Photosynthese, wie die Bildung äußerer Panzer aus Kalk oder Chitin und innerer Stützen aus Knochen hervorgegangen. Überschüsse lassen sich an den Ursprung der Haare stellen, und sie scheinen auch mit dem regelmäßigen Federwechsel zusammenzuhängen. Überschüsse aus Kohlenhydraten werden zu Stärke oder Fett verdichtet und gespeichert. Überschüsse in den Komponenten des Eiweißes wirken sich auf den ganzen Eiweißstoffwechsel aus. Ist Eiweiß im Überangebot verfügbar, sind die Rahmenbedingungen für die Entstehung von Parasiten gegeben, deren Lebenstätigkeit sich weitgehend in der Fortpflanzung erschöpft.

Ein ausgewogenes, ideales Verhältnis der einzelnen Bestandteile und der notwendigen Lebensbedingungen – also ein stabiles Gleichgewicht – gibt es nirgends. Die Organismen müssen sich selbst mit dem versorgen, was sie brauchen. Beständig haben sie Überschuß und Mangel auszugleichen. Das gilt für die großen Einheiten, die Stämme und die Klassen, genauso wie für die Arten und die Individuen. Leben bewegt sich im Spannungsfeld von Überschuß und Mangel.

Die großen Durchbrüche, die Neuerungen, welche sich, nachträglich betrachtet, als die Fortschritte der Evolution herausstellten, beruhen auf der plötzlichen Nutzung von Überschüssen. Nutzung bedeutet hier sowohl unmittelbare Verwertung als Lebensgrundlage als auch indirekte als Baustoff. Der Stoffwechsel ist es, der mit den Überschüssen zu arbeiten hat. Er muß funktionieren, sonst hilft auch das beste genetische Programm nicht weiter. Wenn hier also dem Überschuß eine zentrale Rolle als Triebkraft der Evolution zugemessen wird, dann heißt das auch, daß dem Stoffwechsel entsprechendes Gewicht zugebilligt werden muß.

Die klassische Evolutionstheorie Darwinscher Prägung berücksichtigt den Stoffwechsel nur höchst unzureichend. Deshalb klaffen Lücken und deswegen konnten organismisch denkende Biologen nicht so recht überzeugt werden. Zufällige Mutationen und ungerichtete Selektion können nach Ansicht vieler Naturwissenschaftler die großen Neuerungen nicht zustande gebracht haben. Der direkte Weg wäre zu langwierig und könnte zu lange keine Vorteile einbringen. Wenn aber nicht vom Gleichgewicht, sondern von Ungleichgewichten ausgegangen wird, sehen die Möglichkeiten ganz anders aus. Dann handelt es sich nicht mehr um blinden Zufall, sondern um die Nutzung ganz konkreter Möglichkeiten oder Notwendigkeiten. Der Zufall wird an den Rand gedrängt. Das Funktionsgefüge des Organismus, sein Stoffwechsel, rückt ins Zentrum. Daher ist nicht weniger bedeutsam, was passiert, wenn nicht Überfluß herrscht, sondern Mangel.

4. Ursache der Vielfalt: Mangel

Während Überschüsse die Organismen verändern oder neuartige Nutzungsmöglichkeiten der Umwelt eröffnen, führt diese Nutzung unausweichlich im Lauf der Zeit dazu, daß die Überschüsse schwinden. Nun wird der sich einstellende Mangel bestimmend. Den Idealzustand, in dem alle Umweltfaktoren in günstigster Kombination vorhanden sind und optimale Entfaltung des Lebens ermöglichen, gibt es auf Dauer nicht. Dafür sorgen die Organismen – so paradox dies klingt – ganz von selbst. Lebendig sein und lebendig bleiben erzeugt Mangel. Das beginnt mit dem Leben des Individuums und pflanzt sich fort durch alle Ebenen, in denen Organismen tätig werden. Denn die unablässige Nutzung, der Verbrauch von Ressourcen, gehört zu den Grundkennzeichen der Organismen. Ihre Lebenstätigkeit ist nicht nur mit der hinreichend regelmäßigen Zufuhr von Energie verbunden, sondern auch mit der entsprechenden Versorgung mit Nährstoffen. Die Organismen nehmen Stoffe auf, setzen sie in ihrem Stoffwechsel um und scheiden die aufgenommenen Stoffe schließlich wieder aus.

Mit Hilfe der in den Nährstoffen enthaltenen oder über die Photosynthese eingefangenen Energie betreiben sie diesen Stoffumsatz, der sich in einen Zustrom (Input) und in einen Abstrom (Output) gliedern läßt. Dazwischen befindet sich der Organismus. Sein inneres Gleichgewicht hält er dadurch aufrecht, daß er äußere Ungleichgewichte ausnutzt. Ist das Angebot größer als der Bedarf, handelt es sich um einen Überschuß; ist weniger geboten, als Bedarf vorhanden wäre, tritt Mangel ein. Durch Wachstum und Vermehrung vermindert der Organismus die vorhandenen Ressourcen so weit, bis der sich einstellende Mangel bremsend wirksam wird.

Betrachten wir zunächst den Stoffwechsel: Im Idealfall sollte ein Lebewesen genau das bekommen können, was es an Nahrung benötigt. Zwei Wege stehen dazu grundsätzlich offen, die zur mehr oder weniger erfolgreichen Deckung des Bedarfes führen. Der einen Alternative sind die Pflanzen und die festsitzenden, filtrierenden Tiere gefolgt. Sie nehmen passiv auf, was Luft- und Wasserströmungen heranbringen. Die andere besteht in der aktiven Suche nach Nahrung. Das ist der Lebensstil der meisten Tiere.

Aktive Suche nach Nahrung kostet Energie. Erfolgreich wird diese Strategie des Überlebens nur dann sein können, wenn die Bilanz positiv ausfällt, das heißt, wenn das Ergebnis der Suche mehr einbringt, als die Suche gekostet hat. Allein schon deswegen ist die Lebensweise der Tiere aufwendiger und mit ganz andersartigen Anforderungen verbunden als die Lebensform der Pflanzen. Diese richten sich nach dem an sie herangetragenen Angebot. Doch beiden Grundformen ist gemeinsam, daß die Nutzung der Lebensgrundlagen zwangsläufig Mangel erzeugt. Er äußert sich in Form von Hunger bei Tieren und Einschränkungen des Wachstums bei Pflanzen. Hunger, wie wir ihn hier vereinfachend auch für die Pflanzen annehmen können, man spricht von Lichthunger unter anderem, ist die Reaktion der Organismen auf den eingetretenen Mangel.

Der Stoffwechsel hat die aufgenommene Nahrung verwertet, verbraucht und vielleicht schon die Reststoffe ausgeschieden. Nun braucht er Nachschub, um funktionsfähig zu bleiben. Unablässig schleusen die Lebewesen Stoffe durch ihren Stoffwechsel, der sich zwar in einem inneren Gleichgewicht befindet, der aber vom äußeren Ungleichgewicht lebt. Die Lebenstätigkeit vollzieht sich, wie Ilya Prigogine (1987) gezeigt hat, fern vom Gleichgewicht mit der Umwelt. Die Erkenntnis, daß die Organismen Gebilde sind, die ihre inneren Strukturen mit Einsatz von Energie aufbauen und erhalten, wobei sie fern vom Gleichgewicht bleiben, das sich ohne ihre Lebenstätigkeit mit der Umwelt einstellen würde, hat Prigogine den Nobelpreis eingebracht. Die Folge dieser Tätigkeit, die Folge der Lebenstätigkeit, ist eben die Erzeugung von Mangel. Er wird dadurch verstärkt, daß die Organismen einen Teil der Stoffe, die sie aufgenommen haben, zurückhalten und zum Wachstum benutzen. Was sie ausscheiden, enthält also weniger als das, was sie aufgenommen haben.

Die Bilanz zwischen Input und Output zeigt daher, wie stark die Organismen Fremdstoffe in ihren Körper einbauen, wie sehr sie wachsen. Ein einfaches Beispiel soll diese Gegebenheit illustrieren. So lange ein Baum wächst, entzieht er seiner Umwelt Kohlendioxid und mineralische Nährstoffe. Sie werden in Form von Zellulose, Holzstoff und anderen Produkten der Photosynthese angehäuft und zum Wachstum verwendet. Als Neben- beziehungsweise als Abfallprodukt wird Sauerstoff freigesetzt. Hat der Baum aber seine volle Größe erreicht, wächst er nicht mehr weiter. Seine Biomasse bleibt gleich. Jetzt gleichen die Abbauvorgänge, die mit Laubfall, Abbrechen von Ästen oder Ausfaulen des Stammes verbunden sind, die Wachstumsvorgänge aus. Somit liefert er auch keinen Sauerstoff mehr, weil eine entsprechende Menge zum Abbau aufgebraucht wird, die er als Folge des teilweise noch vorhandenen Wachstums freigesetzt hat. Dieser Gleichgewichtszustand dauert, verglichen mit dem langjährigen Wachstum, nicht lange. Der Baum ist am Scheitelpunkt seiner Entwicklung angelangt, und der Prozeß des Absterbens setzt ein. Hinter dem Gleichgewicht wartet der Tod.

So verhält es sich keineswegs nur bei den langlebigen Bäumen. Niedergang und Tod sind die Kehrseite von Wachstum und Entwicklung ganz allgemein. Der Prozeß des Lebens hätte nicht überleben können, wäre es den Organismen nicht gelungen, dem Verfall und dem unweigerlichen Ende, dem Tod, rechtzeitig auszuweichen. Sie schafften dies mit der zweiten Grundeigenschaft, welche Lebewesen von unbelebten Strukturen unterscheidet, mit der Fortpflanzung. Sie vollzieht einen Neuanfang, bevor es zum Absterben kommt, weil die inneren Gleichgewichte gegen den Druck der Umwelt nicht mehr zu halten sind.

Mit der Fortpflanzung weichen die Organismen aber nicht nur dem Tod aus, sondern damit verjüngen sie auch den Stoffwechselapparat. Nur einfach gebaute Organismen können es sich leisten, die Fortpflanzung auf eine bloße Vermehrung durch Teilung zu beschränken. Die Teilung macht zwar aus einem Lebewesen zwei oder mehr, aber sie vermindert die Belastungen nicht, die sich im Erbgut und im Stoffwechselapparat angesammelt haben. Nachkommen, die ganz neu, jeder für sich, anfangen können, sind frei von den Belastungen, die sich zusammengeballt haben. Diese Form der Fortpflanzung, die sich nicht nur selbst ersetzt, war deshalb so erfolgreich bei Tieren und Pflanzen. Sie schränkt die höchst gefährliche Fracht von Bakterien und Viren ein, die sich in den Organismen mit der Zeit breitmachen. Der Preis, den die Organismen für diesen Fortschritt zu entrichten haben, fällt aber weit höher aus, als auf den ersten Blick offenkundig wird. Der Preis steckt im Mangel, dem sie ausgesetzt sind. Die Fortpflanzung »kostet« den Organismen günstige Lebensbedingungen. Sie machen wegen der damit verbundenen Erneuerung zwangsläufig aus günstigen Lebensumständen Mangelverhältnisse. Wo einige wenige dauerhaft und gut hätten leben können, füllt die Vermehrung rasch die Umweltkapazitäten aus. Die Ressourcen werden aufgebraucht.

Je mehr sich die Bestände der Kapazität der Umwelt nähern, desto knapper werden die Lebensgrundlagen, und um so deutlicher macht sich der Mangel bemerkbar. Vermehrung verläuft von Natur aus exponentiell: Schon bei einfacher Verdopplung pro Generation steigen die Zahlen sehr schnell. Aus 2 werden 4, 8, 16, 32, 64, 128, 256 und so fort. Bei hohen Nachkommenzahlen, mit Dutzenden oder Hunderten pro Vermehrungsschritt, explodieren die Bestände. Die Lebensgrundlagen, die Ressourcen, können gar nicht so umfangreich sein, daß sie vom exponentiellen Wachstum nicht über kurz oder lang ausgeschöpft würden. Als Folge dieser Entwicklung tritt Konkurrenz auf.

Das war der Kerngedanke in Darwins Ansatz zur Erklärung der Evolution. Das Überangebot an Nachkommen führt bei der Begrenztheit der Ressourcen zu Konkurrenz. Die besten, die tauglichsten Vertreter überleben und pflanzen sich fort; der Großteil bleibt auf der Strecke, weil für diese nicht genügend Plätze oder Lebensmöglichkeiten verfügbar sind. Selektion ist die Folge dieser Konkurrenz, und damit war der eine große Konstrukteur des Artenwandels für Charles Darwin ausgemacht.

Sein Bild, das er von der Evolution entwarf, paßte bestens in die Zeit der industriellen Revolution, in der Verdrängungswettbewerb und technischer Fortschritt den Ton angaben. Die natürliche Auslese begünstigte die Tüchtigsten und merzte die weniger Brauchbaren unbarmherzig aus. So ist der Lauf der Natur, so auch natürlich der Lauf der Dinge in der Wirtschaft. Das starke Anwachsen der Bevölkerung erzeugte wie ganz allgemein bei der Vermehrung von Lebewesen Mangel. Nur die Tüchtigsten konnten sich durchsetzen. Was lag näher, als menschliche Wirtschaft und sozialpolitische Entwicklungen an diese Naturgesetzlichkeit anzulehnen? Das Malthussche Wachstumsmodell hatte schon Darwin und seinen Vorgängern Grundlagen geboten, die sich leicht in diese Richtung verwenden ließen.

Der Genialität von Charles Darwin blieb jedoch nicht verborgen, daß solche Entwicklungen eigentlich gar keine Fortschritte verursachen können, sondern ganz im Gegenteil bereits vorhandene Anpassungslinien konservieren. Denn die Abweichler von der Norm sind es, die der Konkurrenz und damit der natürlichen Auslese zum Opfer fallen. Nur wenn sich die Anforderungen an die Norm verschieben, können sich Änderungen einstellen. Wer dann von den Abweichlern den Vorzug erhält und auf Kosten der bisherigen Norm gewinnt, bleibt offen – sehr zum Leidwesen des Sozialdarwinismus (der eigentlich ein Unsozialdarwinismus war), denn die Selektion ließ sich nicht von vornherein auf die gewünschten »guten« Typen festlegen.

Wer es ist, der mit dem konkurrenzbedingten Mangel am besten zurechtkommt, läßt sich nicht aus den vorherigen Verhältnissen ableiten.

Zudem bleiben die Umweltanforderungen nicht gleich. Was heute für das Überleben förderlich ist, kann schon in der nächsten Generation ein großer Nachteil sein, weil sich andere Rahmenbedingungen eingestellt haben. Darwin steckte, solchen Überlegungen folgend, in der Klemme. Bei der Vielzahl der Beispiele, die ihm aus der Tierzucht zur Verfügung standen, wählte ja der Züchter aus. Variation allein hätte wieder nur Variation erzeugt, aber keine Veränderung in eine bestimmte Richtung. Ein Richtungsgeber wäre nötig. Kommt also der oder die große Unbekannte über die Hintertüre wieder herein? Wer ist tatsächlich der Konstrukteur des Artenwandels? Wer oder was gibt der Selektion die Richtung?

Geht man, wie Darwin, von der Art aus, dann landet die Argumentation zwangsläufig im Teufelskreis des Zirkelschlusses: Die Population wächst, die Lebensgrundlagen werden knapp, die Konkurrenz nimmt zu, und die Selektion wird schärfer. Sind die Möglichkeiten ausgeschöpft, wächst die Population nicht mehr. Der Bestand befindet sich im Gleichgewicht. Es sterben genauso viele Angehörige, wie Nachwuchs nachrückt. Die Vermehrung gebiert Variation, die aber durch die knappen Überlebensmöglichkeiten immer wieder ausgemerzt wird. Es hat sich eine »stabilisierende Selektion« eingestellt, die Vorhandenes erhält, aber nichts Neues hervorbringt. Die Überlebenden sind ganz automatisch zu den Tauglichsten geworden und diese wiederum zu Überlebenden. Überleben des Tüchtigsten heißt nun Überleben der Überlebenden. Ein offensichtlicher Unsinn beziehungsweise ein Zirkelschluß, der nicht weiterführt.

Erst wenn die Umwelt neue Anforderungen stellt, verschiebt sich und bewegt sich etwas, um sogleich wieder in dieser Sackgasse zu landen, weil schon nach wenigen Generationen zwar neue, aber nun wieder normgebende Verhältnisse eingetreten sind. Es ist dies die Verschiebung, die aus einer großen Population heller Birkenspanner unter dem Einfluß der industriellen Verrußung der Landschaft eine schwärzlich verdunkelte werden ließ, aber aus dem Birkenspanner keinen Erlenspanner oder sonst eine andere, neue Art gemacht hat. Die grundsätzlich schon vorhandenen Anpassungen sind dabei präzisiert worden, aber neue kamen nicht hinzu.

Wie kommt man aus dieser Sackgasse heraus? Darwin schlug den nach heutigem Wissensstand durchaus richtigen Weg ein, auch wenn er ihn nicht vollends ausführte. Der Ansatz muß über die Umwelt laufen, denn nur wenn sich diese grundlegend ändert, kann sich im Darwinschen Modell Evolution vollziehen. Blenden wir noch einmal zurück:

Konkurrenz entsteht, wenn wegen Wachstum und Vermehrung die Lebensgrundlagen knapp werden, wenn sich Mangel einstellt. In diesem Mangel steckt die Lösung. Die Umwelt besteht ja nicht aus einem gleichmäßigen, undifferenzierten Brei, sondern aus zahlreichen verschiedenartigen Gegebenheiten. Je unterschiedlicher, um so eher wird sich die Verknappung dahingehend bemerkbar machen, daß sich die Ressourcen in einzelne, voneinander getrennte Teile auflösen.

Bilden Insekten die Nahrungsgrundlage, so heißt das, daß aus vielen verschiedenen Insektenarten das Nahrungsspektrum sich zusammensetzt. Es kann Blattläuse wie Blattwanzen, Käfer wie Schmetterlinge, Raupen wie flugfähige Insekten enthalten und andere Gruppierungen mehr. Entsprechendes gilt für Pflanzen. Die Bäume, Kräuter oder Gräser können aus recht unterschiedlichen Arten zusammengesetzt sein, und selbst an einem einzelnen Baum macht es einen erheblichen Unterschied, ob etwa die frisch getriebenen oder die alten Blätter, die Spitzen der Triebe oder die älteren Zweige, ob die Rinde oder das Kernholz, ob Stamm oder Wurzeln genutzt werden. Sogar innerhalb eines Blattes gibt es Unterschiede. Die Oberseite kann ledrig oder mit Wachs überzogen sein; im Palisadengewebe sind die Zellen sehr stark mit Blattgrün gefüllt, und hier entstehen andere Stoffe, als an der Blattunterseite vorhanden oder in den Blattadern abgeführt werden. Je nachdem, wie klein oder wie groß die Nutzer sind, können sie das Angebot einheitlich oder differenziert nutzen. Die Unterschiedlichkeit der Standortbedingungen fällt nicht minder reichhaltig aus. So ergibt sich ein Mosaik gröberer oder feinerer Verhältnisse, das von den Arten entsprechend grob oder fein genutzt wird.

Was Darwin beschrieb, ist tatsächlich die Differenzierung der Arten. Im Darwinschen Modell handelt es sich um die Feinanpassung der Arten aufgrund von Konkurrenz und Selektion. Darwin hat aller Wahrscheinlichkeit nach recht gesehen, als er diesem Mechanismus die Entstehung der Arten zuschrieb. Allerdings ist aus heutiger Sicht zu ergänzen, daß dabei der Mangel als Schrittmacher auftritt. Er beschleunigt die Einstellung auf ganz bestimmte, zunehmend engere Verhältnisse und fördert das Zustandekommen von Spezialisten.

Artbildung als Antwort der Lebewesen auf den Mangel ist ein in sich logisches, nachvollziehbares Konzept, das die Vielfalt erklärt; eine Vielfalt, die aus dem Mangel erwächst. Unter den Bedingungen knapper Ressourcen gewinnt der Spezialist Vorteile, weil er das Angebot wirkungsvoller zu nutzen vermag als der weiter angepaßte, offenere Konkurrent, der Generalist. Doch eine weitere Bedingung gesellt sich hinzu. Die Verhältnisse insgesamt müssen ausreichend lange stabil sein und bleiben. Sonst zahlt sich das Spezialistentum nicht aus. Wenn sich die Rahmenbedingungen zu schnell verändern, vermindert dies den Anpassungs- und Überlebenswert der Spezialisten, und die offeneren, zu rascheren Reaktionen befähigten Konkurrenten gewinnen Vorteile. Ist das Angebot anhaltend günstig, sind sie ohnehin im Vorteil, weil sie kurzfristige Schwankungen durch Ausweichen auf die Nutzung anderer Ressourcen auffangen können. So weit so gut und theoretisch logisch. Wie verhält es sich aber in der Wirklichkeit?

Glücklicherweise stehen nicht nur aus der Masse der Fossilfunde genügend Beispiele zur Verfügung, die den Zusammenhang zwischen Vielfalt und Mangel unterstreichen, sondern es gibt heute Großlebensräume, in denen Mangel die vorherrschende Situation ist und die überzeugend Aufschluß geben.

Im Tropischen Regenwald und in den Korallenriffen herrschen weithin äußerst knappe Nährstoffverhältnisse. In den sogenannten Magerrasen sind Nährstoffe und Wasser knapp. Kein anderer Lebensraum erreicht oder übertrifft an Land den Tropischen Regenwald an Artenvielfalt. Mit dem Korallenriff verhält es sich im Großlebensraum des Meeres ebenso. Hunderte von Baumarten wachsen im Regenwald auf einem Hektar, wo in Wäldern mit guter Nährstoffversorgung nur einige wenige Baumarten vorkommen. Noch weit reichhaltiger sind die Artenlisten an Tieren, verglichen mit nährstoffreichen Gebieten. Im kleineren Maßstab kennen wir dies noch von den Magerrasen. Ihr Reichtum an Blüten der unterschiedlichsten Arten faszinierte Naturfreunde und ging in Dichtung und Poesie ein. Heute ersetzt ein uninteressantes Einheitsgrün die überdüngten Fettwiesen, auf denen sich keine bunte Blütenvielfalt und keine Fülle gaukelnder Schmetterlinge mehr einstellen. Ganz allgemein läßt sich feststellen, daß mit dem Rückgang des Nährstoffangebotes die Artenvielfalt zunimmt. Nur wenn der Mangel so extreme Formen annimmt, daß es nahezu überhaupt keine Lebensgrundlagen mehr gibt, schwindet der Artenreichtum.

Die Aufspaltung der Arten ist gut belegt. Sie findet sich in den fossilen Zeugnissen der erdgeschichtlichen Vergangenheit genausogut wie in den heute lebenden Zeugen früheren Geschehens. Ob wir Serien von Ammoniten herausgreifen und ihre Formveränderung und die Aufspaltung in Arten im Lauf der Jahrmillionen nachvollziehen oder ob die geradezu explosive Entfaltung der Tierstämme zugrunde gelegt wird, das

Phänomen der Diversifizierung zeigt sich überall. Obwohl nicht ganz zutreffend, wird Charles Darwin zugeschrieben, daß er bei seinem Aufenthalt auf den Galapagos-Inseln die nach ihm benannten Finkenvögel entdeckte und ihre Aufspaltung in recht verschiedene Arten und Anpassungsformen deutete.

Tatsächlich stammen die Darwin-Finken von wenig spezialisierten Finkenvögeln ab, die irgendwann diese weit draußen im Pazifik liegenden Inseln erreichten. Die umfangreiche Studie von Peter Grant (1986) führt exemplarisch vor, wie sich die Aufspaltung vollzogen hat, die von Finken mit mittlerer Schnabelgröße zu solchen führte, die dicke Kernbeißerschnäbel entwickeln, und zu anderen, die feine, dünne Schnäbelchen haben, mit denen sie Insekten fangen. Was auf Galapagos passierte, ereignete sich ungezählte Male auf den Kontinenten, wo sich die Artenvielfalt nach und nach aufbaute und ihre beeindruckende Größe erreichte.

Heute müssen die Biologen nach den Gemeinsamkeiten bei Millionen von Tier- und Pflanzenarten forschen, um die Stammbäume rekonstruieren zu können. Warum es zu dieser enormen Vielfalt kam, darauf fehlte bislang eine überzeugende Antwort. Es hätten auch weniger, viel weniger Arten mit den Lebensbedingungen fertig werden können, möchte man meinen. Wenn aber tatsächlich der Mangel die Wurzel der Vielfalt ist, dann ergibt sich der Zusammenhang ganz von selbst.

Die Vielzahl der Arten steht nicht beziehungslos nebeneinander. Sie fügt sich ein in eine im Vergleich zur Artenfülle nachgerade geringe Zahl von Anpassungslinien, welche die Systematik mit den Begriffen der Familien, der Ordnungen oder der Klassen hervorhebt. Erst was unterhalb des Niveaus der Familien an Vielfalt zutage tritt, treibt die Artenzahl in die Höhe.

Mitunter sind allein schon die Gattungen außerordentlich reich an Arten. Sie sind die nach der Art nächsthöhere Organisationsstufe. Die einer Gattung zugehörigen Arten sind die jeweils jüngsten Produkte der Evolution; Variationen zum Grundthema, die jeweils spezielle Anpassungsformen repräsentieren, aber keine wirklich neuen Typen. Diese gehören den viel größeren Kategorien der Ordnungen und Klassen an. Deshalb darf die Artbildung mit einer gewissen Berechtigung als Gekräusel an der Oberfläche charakterisiert werden. Der Kern der Evolution steckt viel tiefer.

Versuchen wir nun beide zusammenzuführen, den Überschuß und den Mangel. Für den funktionsfähigen Organismus bildete er das Spannungsfeld, in welchem sich das Leben vollzieht. Behebung des Mangels dient der Erhaltung. Bewältigung von Überschüssen hingegen eröffnete neue Wege oder neue Funktionen.

Vermehrung führt also, um das Argument auf den Punkt zu bringen, stets und unausweichlich dazu, daß über kurz oder lang die Umweltkapazität ausgeschöpft wird. Die Folge davon ist der Mangel. Er treibt die Aufspaltung der Arten voran, weil bei sich verknappenden Lebensbedingungen diejenigen am ehesten überleben, die sich von den Konkurrenten in ausreichendem Maße absetzen können. Martin Cody (1974) faßte diesen Prozeß auf der ökologischen Basis zusammen. Die Arten, die zusammen einen Lebensraum nutzen, in welchem sich Mangelverhältnisse eingestellt haben, überleben, wenn sie sich entweder räumlich aus dem Weg gehen (geographische Nischentrennung), wenn sie sich in der Art der Nahrung oder Ressourcennutzung unterscheiden oder innerhalb des Lebensraumes durch Besetzung anderer Nischen einander hinreichend ausweichen. Es entsteht eine Ähnlichkeitsgrenze zwischen den Arten, oder – anders ausgedrückt – ein Mindestabstand, der für das gemeinsame Überleben notwendig ist. Daß jede Art ihre eigene ökologische Nische besetzt, ist also die Folge dieser evolutionären Notwendigkeit, sich auf den Mangel einzustellen. Auf diese Weise kommt Artenvielfalt auf den untersten Ebenen der evolutionsbiologischen Kategorien, auf der Ebene der Arten und der Gattungen, zustande. Die dem Mangel entspringende Selektion ist ein guter Feinbaumeister, der am vorhandenen Material arbeitet, ohne aber neuartige, »schöpferische« Leistungen hervorzubringen. Darwin setzt in seinem Konzept den Mangel bereits voraus, wenn er von einer Überschußproduktion an Nachkommen spricht, die der Selektion unterworfen wird. Nur wenn Lebensraum und Lebensgrundlagen bereits knapp (geworden) sind, kann es diese Überproduktion geben und kann dementsprechend Selektion einsetzen.

Reicht diese Art von Wechselwirkung mit der Umwelt, die vom Mangel bestimmt wird, aber auch aus, um die größeren Abläufe und die längeren Phasen in der Evolution zu erklären? Versuchen wir, das Wechselspiel zwischen Überschuß und Mangel auf die langen Phasen der Geschichte des Lebens zu übertragen.

5. Die Phasen der Evolution: neu gesehen

Die Entfaltung des Lebens war kein gemächlicher, ruhiger und gleichmäßiger Vorgang. Wäre dies der Fall gewesen, ließe sich die Erdgeschichte nicht in Perioden einteilen. Aber nicht nur die Untergliederung in Zeitalter weist auf unterschiedliche Abläufe in der Evolution hin, sondern auch das Werden und Vergehen jeder einzelnen Stammeslinie folgt in aller Regel, soweit dies an genügend reichhaltigem Fossilmaterial festgestellt werden kann, einem Schema, das nicht zur Vorstellung eines allmählichen und kontinuierlichen Artenwandels paßt: Auf die Phase der Entstehung, Typogenese genannt, folgt ein Abschnitt rascher Auffächerung in ein ganzes Bündel von kleineren Stammeslinien, die dann mehr oder weniger lang bestehen bleiben und sich dabei kaum oder nur in geringem Umfang verändern. Diese Phase der Kontinuität wird als Typostase, von griechisch »stasis«, Beständigkeit, bezeichnet. Schließlich verschwindet der größte Teil dieser einzelnen Linien wieder, der Typus löst sich auf, was nun als Typolyse den Gesamtvorgang abschließt.

Diese schematische Vorstellung vom Werden und Vergehen der Stammeslinien ging aus einem, wie der Evolutionsbiologe Ernst Mayr (1979, 1984) von der Harvard University meinte, typisch deutschen Typologiedenken hervor. Er stellt in seinen großartigen Werken über Artbegriff und Evolution (1967) sowie über die Entwicklung der biologischen Gedankenwelt diesem typologischen Denken das im angelsächsischen Raum stärker verbreitete Populationsdenken gegenüber. Es findet leichter Zugang zu Evolutionsmodellen, wie sie Darwins Wechselwirkung von Mutation und Selektion erfordert. In den Populationen der Lebewesen müssen sich die Mutationen bewähren und durchsetzen, um die Zusammensetzung des Erbgutes verändern zu können. Eine Generation später charakterisierte Stephen Jay Gould diese Sichtweise als »Gradualismus«, weil sein Kerngedanke die ganz allmähliche, die graduelle Veränderung ist. Rasche Veränderungen, die wie Sprünge aussehen, waren von den Neodarwinisten auf der Grundlage ihrer genetischen Überlegungen und Befunde abgelehnt worden. Ernst Mayr darf als herausragender Vertreter dieses Gradualismus angesehen werden.

Stephen Jay Gould hält mit dem maßgeblich von ihm entwickelten »punktualistischen« Modell entgegen, daß aus den Fossilfunden zweifelsfrei hervorgeht, daß die Evolution nicht so schön gleichmäßig verlaufen ist. Das Gleichgewicht erweist sich bei näherer Betrachtung als »punktiert«. Damit nähert sich die moderne Betrachtungsweise wieder mehr der typologischen Vorstellung von Entstehung, Diversifizierung und Beständigkeit des Typus. Je mehr Fossilbefunde mit modernen Datierungsmethoden ausgewertet werden, desto stärker neigt sich die Waagschale zugunsten des punktualistischen Modells, das beides einschließt: Zeiten rascher Entwicklung und Phasen der Ruhe. Eingebettet in die hier vorgenommene Betrachtungsweise sagt der Disput zwischen Gradualisten und Punktualisten weit mehr aus, als rein formel anzunehmen wäre. Es geht nicht um Worte oder Begriffe, sondern um die Ursachen des Evolutionsprozesses. Wenn wir nämlich diesen Phasen und Abläufen im Evolutionsgeschehen den ökologischen Bezugsrahmen zuordnen, erweisen sich beide Evolutionsmuster nicht als jeweils *die* Erklärung, sondern als Spezialfälle der Wechselwirkung von Überschuß und Mangel.

Der Ursprung einer Stammeslinie, die Typogenese, entspricht dann dem Durchbruch bei der Nutzung von Überschüssen. Eine Neuerung setzte sich durch. Sie entwickelt sich rasch, stößt an erste Umweltgrenzen und reagiert darauf mit Diversifizierung. Aus der Vielzahl der Versuche werden verschiedene Varianten durch Selektion, die nun voll wirksam wird, stabilisiert. Die Typostase, die Gleichgewichtsphase, bringt nur geringfügige Veränderungen mit sich. Evolution verläuft jetzt gleichmäßig ganz im Sinne des gradualistischen Modells. Die anhaltende Stabilisierung des Anpassungstyps garantiert Beständigkeit über verhältnismäßig lange Zeit. Oft sind es viele Millionen Jahre, die eine Stammeslinie in den Fossilbefunden verfolgt werden kann, ohne daß sich wesentliche Änderungen vollziehen. Dann setzt der Niedergang ein, oder es kommt ein abruptes Ende.

Die Lebensbedingungen haben sich ebenso gemächlich verändert, aber entgegen der Erwartung aus dem darwinschen Selektionsmodell folgten die Stammeslinien nicht. Eine zunehmend weitere Kluft zwischen tatsächlichen Umweltverhältnissen und den Anpassungen der in Stasis verharrenden Stammeslinien tut sich auf. Der Durchbruch von früher entwickelt sich zur Sackgasse, aus der die Stammeslinie nicht mehr herauskommt. Die stabilisierende Selektion war zu wirksam; sie hatte zu viele der eventuell noch freien Möglichkeiten beschnitten. Dem

Mangel konnte mit noch so guten Anpassungen auf der alten Basis nicht mehr begegnet werden. Das Aussterben, ein ganz normaler Vorgang in der Zeitskala der Evolution, wurde unvermeidlich.

Mangelbedingungen werden sich allerdings in den erdgeschichtlichen Befunden weit weniger gut finden und nachweisen lassen als Überschüsse. Doch der Rückschluß von den Verhältnissen, wie sie in der Gegenwart herrschen, auf die früheren Gegebenheiten mag mit der gebotenen Vorsicht gestattet sein.

Wir wissen aus zahlreichen Untersuchungen und können aus einer Vielzahl von Befunden ableiten, daß hochspezialisierte Arten weniger anpassungsfähig sind, wenn sich ihre Lebensbedingungen ändern, als geringer spezialisierte. Die meisten Arten der Tropischen Regenwälder schaffen es nicht, sich den neuen Verhältnissen anzupassen oder wenigstens mit ihnen zurechtzukommen, wenn die Wälder gerodet und in Nutz- oder Kulturland umgewandelt werden.

Der Meeresbiologe Geraart Vermeij, einer der besten Kenner der Evolution des marinen Tierlebens, führte (1987) überzeugend aus, daß Arten oder Gruppen mit weiter geographischer Verbreitung, also solche, die wenig spezialisiert sind, ungleich bessere Überlebenschancen hatten als die Spezialisten mit kleinen Vorkommensgebieten. Der Naturschutz kämpft heute weltweit darum, solchen Spezialisten das Überleben zu sichern, die aufgrund ihrer hochspezialisierten Lebensweise und ihrer kleinen Vorkommen an den Rand des Überlebens gedrängt worden sind.

Die Erfahrungen unserer Zeit decken sich also bestens mit den Erwartungen, die an die langfristig wirksamen Prozesse im Werden und Vergehen der Stammeslinien zu knüpfen sind. Wenn das Aussterben zumindest zum Teil darauf beruht, daß sich durch langdauernde Phasen gleichmäßiger (darwinscher) Selektion und Anpassung nicht mehr hinreichend anpassungsfähig gewordene Stammeslinien auf dem Parkett der Evolution nicht mehr behaupten können, dann ist das Konzept des Mangels als einem der Gestalter des Evolutionsprozesses schlüssig. Mutation und Selektion würden dann den zweiten Akt des Geschehens erklären.

Doch wie steht es um den ersten, um den Ursprung der neuen Stammeslinien? Jetzt können wir auf die im ersten Teil ausgeführten Beispiele noch einmal zurückgreifen. Auch die Überschüsse müssen ihre Ursachen haben. Sie entstehen nicht von selbst. Mangel kann sich erst dann einstellen, wenn es vorher Überschüsse gegeben hat.

Eine nahezu beliebig herausgegriffene Reihe von Beispielen führt vor, wie groß die Rolle der Überschüsse bei den Neuerungen der Evolution in der Tat ist. Wegen der zentralen Bedeutung mag die Wiederholung gestattet sein. Der Überfluß von Licht und Mineralstoffen war die ausschlaggebende Voraussetzung für die Entwicklung der Landpflanzen. Die Nachteile bei der Wasserversorgung werden bei weitem durch das ungleich wirkungsvollere Strahlungsklima und die direkte Verfügbarkeit der Nährstoffe aufgewogen. Der Überschuß an Photosyntheseprodukten, der sich daraus ergab, wurde zur Basis der Entfaltung der Bäume und zur Grundlage der Herstellung sekundärer Pflanzeninhaltsstoffe wie Harze, Phenole, Terpene oder Milchsaft (Latex). Auch ätherische Öle passen gut zum Strahlungsklima von trockenwarmen, sonnigen Lebensräumen, die hohe Photosyntheseleistungen, aber kein schnelles Wachstum, das heißt keine rasche Biomassebildung, zulassen. Die Überschüsse aus den symbiontischen Algen wurden in den Korallenriffen zur Grundlage des Wachstums der Riffe, geradeso, als ob anstelle von Holz Kalkskelette gebildet würden und heranwachsen könnten.

Auf die Entfaltung der Blütenpflanzen und ihr Überangebot an Pollen und Nektar folgte die massive Evolution der Insekten, die wiederum den Vögeln zum Durchbruch verholfen haben, den sie aller Wahrscheinlichkeit nicht geschafft hätten, wäre es bei ihrer ursprünglichen Nahrung, beim Fang und Verzehr von kleinen Reptilien geblieben. Auf das Überangebot von Knochenfischen im Meer und die gesteigerte Produktivität der kalten Meeresregionen, nachdem die Kontinentaldrift die Erdteile in entsprechende Positionen gebracht hatte, reagierten zwei Gruppen warmblütiger Organismen, die Robben und die Zahnwale, mit der Ausbildung ihrer spezifisch marinen Lebensweise. Den Massen an Krill sind die Bartenwale zuzuordnen, aber auch die Evolution der flugunfähigen Pinguine, die ihre ehemaligen Flügel nun wie Propeller unter Wasser einsetzen.

Die Entfaltung des Großtierlebens in den Savannen des mineralstoffreichen östlichen Afrika schuf die Nahrungsbasis für die Evolution der Menschenlinie, wie ich das in meinem Buch über die Menschwerdung (Reichholf 1990) dargelegt habe. Wie schon betont, die Beispiele ließen sich in großer Zahl fortsetzen. Wo immer man genauer nachforscht und wo einigermaßen verläßliche Befunde zur Entstehungsgeschichte und zur ökologischen Einpassung vorliegen, findet sich dieser Zusammenhang. Am Anfang steht ein nutzbarer Überschuß. Das Modell einer zweiphasigen Evolution, die aus Überschüssen Neues aufbaut oder ableitet und die den Mangel mit Diversifizierung bewältigt, umschließt somit

Evolution Darwinscher Prägung voll und ganz. Aber das Geschehen wird um eine neue Größe bereichert, die wohl weitaus plausibler als großer Konstrukteur von Neuem verstanden werden kann als das unzusammenhängende Zusammenwirken von blindem Zufall und ungerichteter Selektion.

Der Organismus wird dabei von mir als höchst aktiver Partner im evolutionären Spiel eingeführt und keineswegs nur als Marionette der Gene gewertet. Die Überschüsse geben zwar keine Richtung im Sinne eines fernen Zieles, aber unmittelbar einen klaren, ziemlich eng umgrenzten Bezugsrahmen, der das freie Spiel des Zufalls ganz stark einschränkt. Deshalb *erscheint* Anpassung so zielgerichtet! Sie ist es aber nicht. Ihr »Ziel« liegt nur in der Nutzung der Überschüsse oder in der Verwertung der neuen Lebensmöglichkeiten. Dadurch wird die Selektion recht streng kanalisiert. Dies ist aber kein Ziel, sondern der Vorgang erklärt eine Ursache. Deshalb sind auch alle Wahrscheinlichkeitsrechnungen zum Beweis der Unwahrscheinlichkeit der Evolution so falsch, weil es sich bei den Einzelschritten der Entwicklung nicht um voneinander unabhängige Einzelereignisse handelt. Und deshalb gebiert die Evolution nur aus dem Spannungsfeld zwischen Überschuß und Mangel ihre Neuerungen und nicht aus den langsamen, allmählichen Veränderungen in einer anhaltend gleichförmigen Selektionslandschaft.

Mit »die« Evolution ist natürlich nur die verkürzte Form eines komplexen Vorganges gemeint, der für sich kein Eigenleben führt. Deshalb ist die Evolution auch keine höhere oder andersartige Kraft, die aus dem Nichts etwas schafft, sondern ein völlig natürlicher, in die chemisch-physikalischen Gesetzmäßigkeiten eingebetteter Vorgang, der auf Stoffen aufbaut, von durchfließender Energie getrieben und von genetischen Informationen im Rahmen der vom Organismus gesteckten Grenzen gesteuert wird.

Ein solcher Vorgang entzieht sich der zufallsbestimmten Statistik einerseits wie auch der bestimmungsgemäßen Vorhersage andererseits. Daß trotz unbestreitbarer Aufwärtsentwicklung die Evolution kein vorhersagbarer, kein deterministischer Vorgang ist, beruht auf vielen Katastrophen, die immer wieder den gemächlicheren Fortgang der Evolution unterbrochen und dem Geschehen neue Richtungen gegeben haben.

Der Weg des Lebens durch die Evolution gleicht unberechenbaren Zickzackkurven, die aus immer wieder neuen Konstellationen ausgehen. Ihre Ursachen lassen sich ermitteln, aber ihr weiterer Verlauf kann nicht vorhergesagt oder aus den bisherigen Entwicklungen abgeleitet werden. Die Katastrophen, die Krisen in der Evolution, gleichen Pendelausschlägen, die neue Ungleichgewichte zwischen Überschuß und Mangel erzeugten. Sie hinterließen zwar Verwüstung, gewährten den Organismen aber neue Anlaufmöglichkeiten abseits oder außerhalb der bisherigen Bahnen. Sie haben die Evolution in Schübe und Phasen gegliedert.

Diese neue Sicht setzt sich gegenwärtig auf breiter Front durch. Wird sie auch ausreichend von den Fakten abgesichert?

6. Die geologische Zeitskala

Die Oberfläche des Mondes ist von Kratern übersät, kaum eine größere Fläche blieb von Einschlägen verschont. Auf dem Mond gibt es kein Wetter und somit auch keine Erosion, welche die Narben immer wieder geglättet hätte. Auf der Erde sind die meisten Spuren von Himmelskörpern verwischt, weil die einebnende Kraft von Wasser und Atmosphäre höchst wirkungsvoll auch ohne Zutun der Lebewesen das Antlitz unseres Planeten formt. Die Lufthülle sorgt zudem dafür, daß die meisten kleineren Meteoriten verglühen, ehe sie die Oberfläche erreichen. Von welchen Mengen die Erde »beschossen« worden sein muß, davon vermitteln neuere Forschungen und Berechnungen eine Vorstellung. Allein die Eismeteoriten, die im Laufe der letzten zwei Milliarden Jahren auf die Erde niedergegangen sind, müssen einen kleinen Ozean gefüllt haben. Von Einschlägen großer Himmelskörper zeugen Krater mit mehreren Kilometern Durchmesser. Von ihnen gibt es genug, um die These zu akzeptieren, daß Katastrophen aus dem Weltraum von Zeit zu Zeit der Evolution neue Richtungen aufgezwungen haben.

Wie schon im Kapitel »Die Evolution der Biosphäre« im ersten Teil ausgeführt, sprechen die meisten und die überzeugendsten Befunde dafür, daß das Ende des Erdmittelalters und mit ihm der Untergang der damals noch lebenden Dinosaurier durch den Einschlag eines Riesenmeteoriten herbeigeführt worden war, der einen Durchmesser von rund zehn Kilometern hatte. Auch die anderen großen Einschnitte im Prozeß der Evolution, die als Zeitgrenzen für Perioden der Erdgeschichte benutzt werden, können mit Meteoriteneinschlägen in Verbindung gebracht werden.

Ob es solche Einschläge in regelmäßigen Zeitabständen gibt – es wurde ein Abstand von 26 Millionen Jahren angenommen – oder ob die Meteoriten unvorhersehbar zufällig kommen, ist noch offen. Aber David Raup (1986) und John Sepkoski von der Universität von Chicago legten erstaunlich gute Ergebnisse vor, welche die Theorie des periodischen Massensterbens stützen. Die letzte größere Krise sei vor elf Millionen Jahren gewesen, und nicht alle Einschläge zeitigen gleich weltweit verheerende Wirkungen. Für Weltuntergangsszenarios gäbe es, falls Raup und Sepkoski richtig liegen, noch genügend Zeit. Aber es kommen andere, erdgeborene Katastrophen hinzu, die kaum weniger nachhaltig den Gang der Evolution beeinflussen können. So speien Serien gewaltiger Vulkanausbrüche genügend Asche und Staub in die höheren Schichten der Atmosphäre, um die Strahlungsverteilung des Sonnenlichtes so stark zu verändern, daß sich die Klimagürtel zeitweilig verschieben. Andere, langsamere Veränderungen lassen sich besser nachvollziehen, weil ihre Auswirkungen viele Millionen Jahre anhalten. Dazu gehören die Drift und das Auseinanderbrechen der Kontinente sowie ihr Gegenstück, das erneute Zusammentreffen.

Unsere Erde erweist sich in der geologischen Zeitskala als recht unruhig. Die Kontinente driften wie Eisschollen auf der glutflüssigen äußeren Hülle, die in den Meerestiefen nur von wenigen Kilometer dicken Krusten bedeckt wird. In einem erdumspannenden Feuerring fließt unablässig Magma aus der glutflüssigen Zone heraus und treibt die Platten auseinander, während gleichzeitig an anderen Stellen Meeresböden und Kontinentteile verschlungen und eingeschmolzen werden. Ein gewaltiger, mehr als fünftausend Kilometer langer Riß durchzieht im sogenannten Mittelatlantischen Rücken den Atlantik. Nach beiden Seiten treibt das hervorbrechende Magma die Platten des Meeresbodens hier auseinander und verursacht das stetige Auseinanderdriften von Afrika und Amerika. Im Pazifik liegen die Rißzonen an den Rändern, wo dicht gestaffelte Ketten von Vulkanen und höchst instabile, erdbebenträchtige Zonen diesen aktiven Gürtel äußerlich kennzeichnen. Der Atlantik wächst aus diesem Grunde, während der Pazifik zusammengedrängt wird. Gleichzeitig zerbricht Afrika im ostafrikanischen Graben; der einzigen Stelle, an der gegenwärtig die Driftzonen und Plattenverschiebungen durch einen Kontinent gehen.

Gegen Ende des Erdmittelalters hatte der gleiche Vorgang den Riesenkontinent Gondwanaland zerteilt. Das westliche Stück, Südamerika, trieb westwärts und blieb mehr als fünfzig Millionen Jahre lang eine Insel für sich, auf der sich eigene Evolutionsprozesse abspielten. Ein viel kleineres Stück, das heutige Indien, wurde nach Nordosten verfrachtet. Es prallte mit unerhörter Wucht auf das Festland Asiens und türmte dabei das höchste Gebirge der Erde, den Himalaja, auf. Madagaskar riß ein kleines Stück weit ab und bewegte sich nur wenig ostwärts. Zurück blieb die winzige Inselgruppe der Seychellen, deren Granitgipfel die letzten Überreste jenes Nabels darstellen, an dem Afrika, Madagaskar und Indien auseinandergewichen waren. Viel größere Teilstücke von Gondwanaland bewegten sich jedoch süd- und dann ostwärts, bis das entfernteste, Australien, sogar auf Nordkurs ging. Es reichte noch nicht zum Anschluß an Asien, der aber in weiteren Jahrmillionen bei unveränderter Drift zustande kommen wird.

Die Position der Kontinentalmassen bestimmt aber in hohem Maße das globale Klima. Als sich vor knapp vierzig Millionen Jahren die heutige Antarktis von Australien ablöste, wurden die Strömungsverhältnisse im Pazifik grundlegend verändert. Die warme Meeresströmung, die bis dahin an der australischen Ostküste südwärts geflossen war und verhindert hatte, daß sich über der Antarktis Eismassen bilden konnten, wurde durch die nun vorrückenden Kaltwassermassen weit ostwärts abgedrängt. Mit der Ablösung der Südspitze Südamerikas vom westlichen Teil der Antarktis verstärkte sich diese Kaltwasserströmung und wurde zu einer die Antarktis umfließenden Ringströmung. Eiskaltes, sehr nährstoffreiches Tiefenwasser quoll an die Oberfläche, getrieben von den beständig wehenden Westwinden, und schloß den antarktischen Kontinent ein. Die Kaltluftmassen wurden dabei mit eingefangen. Die umgebenden Meeresgebiete lieferten genügend Feuchtigkeit, so daß in den folgenden Jahrmillionen schier unablässig Schneemassen auf die Antarktis niedergingen und nicht mehr abschmelzen konnten. Der Eisschild der Antarktis, heute Tausende von Meter dick, entwickelte sich.

Die Folgen waren weltweit zu spüren. Die Niederschläge gingen zurück, weil immer größere Teile der in der Atmosphäre ursprünglich vorhandenen Wassermassen in Form des antarktischen Eises gebunden wurden. Die Kontinente, die sich in mittleren und in niedrigen Breiten befanden, trockneten aus. An die Stelle der ausgedehnten Wälder rückten Savannen und Steppen; Grasländer also, die weit günstigere Lebensbedingungen für Großtiere bieten als die geschlossenen Wälder. Die tertiäre Großtierwelt, die Megafauna, konnte sich entwickeln.

Andererseits erzeugten die veränderten Strömungsverhältnisse im Meer, insbesondere in den südlichen Ozeanen, einen Produktionsschub, wie er vielleicht nie in der Vergangenheit zustande gekommen war. Seit Urzeiten in den Meerestiefen angesammelte Nährstoffe wurden an die Oberfläche transportiert und damit in die durchlichtete Zone gebracht. Die Algen an der Oberfläche konnten diese Nährstoffe verwerten und in Produktion umsetzen. Eine Kettenreaktion setzte ein. Die hochproduktiven, massiv Überschuß erzeugenden Planktonalgen wurden von Planktontierchen, insbesondere von Kleinkrebsen genutzt, die ihrerseits eine gewaltige Biomasse aufbauten, wie es sie im Meer vielleicht nie gegeben hatte.

Bei der herrschenden Kälte war es aber den Fischen und anderen ursprünglichen Meerestieren nicht möglich, so viel Bewegungsenergie freizumachen, daß sie die neuen Massen hätten wirkungsvoll genug nutzen können. Bei Temperaturen um den Gefrierpunkt bleiben die Reaktionen der wechselwarmen Organismen stark gebremst. Die Eisfische der antarktischen Gewässer benötigen in diesem kalten und sehr sauerstoffreichen Wasser nicht einmal roten Blutfarbstoff (Hämoglobin), um Sauerstoff zu den inneren Organen und zur Muskulatur zu transportieren.

Was hier wie ein Vorteil aussieht, bedeutet aber, daß diese Fische auch keine schnellen Bewegungen ausführen können. Diese Verhältnisse führten dazu, daß sich ein Überangebot an Nahrung aufbaute, das im Gegensatz zur pflanzlichen Massenproduktion des Erdaltertums, als die Kohle- und Erdöllager entstanden sind, sehr reich an Eiweiß wurde. Gleichzeitig enthält die produzierte Biomasse der Kleinkrebse, die unter der Sammelbezeichnung Krill bekannt sind, auch verhältnismäßig viel Fett, das ursprünglich in Form von Öltröpfchen dazu gedient hatte, die Klein- und Kleinstorganismen in der Schwebe zu halten. Ohne diese Öltröpfchen wären sie aus der nährstoffreichen Oberflächenzone abgesunken. Eine stürmische Entwicklung setzte nun ein.

Die großen Linien der Meeressäugetiere spalteten sich von landlebenden Vorfahren ab und drangen ins Meer vor, das so außerordentlich nährstoffreich geworden war. Nutzten die von bärenartigen Raubtieren abstammenden Robben noch die Fische, rückten die neuen Anpassungslinien bis an die Basis der Produktion vor. Die Bartenwale gaben die Bezahnung auf und entwickelten aus verhornten Falten des Gaumens ausgefranste Platten, die wie riesige Filter wirksam werden. Damit seihen sie den Krill aus dem Meer. Dicke Fettschichten isolieren den warmblütigen Säugetierkörper gegen das kalte Wasser und erhalten der Muskulatur die volle Leistungsfähigkeit. Die Entwicklung führte zum größten Organismus, der jemals gelebt hat, zum Blauwal. Sein Lebendgewicht erreicht mehr als 120 Tonnen; die Körperlänge übertrifft die größten Dinosaurier.

Die fischverwertenden Verwandten, die Zahnwale, entfalteten ihre größte Anpassungsvielfalt in den fischreichen Grenzzonen; dort, wo sich die eisigen Wassermassen mit den verhältnismäßig warmen der Südozeane treffen, sowie in den entsprechenden Mischzonen auf der Nordhalbkugel. Wie attraktiv aber insbesondere der Krill gewesen sein muß, läßt sich an der Entwicklung der Robben ablesen. Der Krabbenesser *(Lobodon carcinophagus)* filtert mit reusenartig ausgefransten Zähnen die Krillkrebse aus dem Wasser. Er wurde zum der Zahl nach häufigsten Meeressäugetier der Erde.

Auf die Evolution der Pinguine ist bereits hingewiesen worden. Die phantastischen Flieger über den südlichen Ozeanen, die Albatrosse und die Sturmvögel, wären hinzuzufügen. Sie sind gleichfalls das Produkt des Massenangebotes an tierischer, eiweiß- und fettreicher Nahrung, die ihre Enstehung dem Auseinanderbrechen der Kontinente verdankt.

Vergleichbare Entwicklungen hatten gegen Ende des Tertiärs die Nordhalbkugel nachhaltig verändert. Als sich die Landbrücke zwischen Nord- und Südamerika schloß, entstand der Golfstrom. Er löste die auf der Nordhalbkugel besonders wirkungsvoll gewordenen Eiszeitzyklen aus, denen unsere eigene Stammeslinie, die Linie der Gattung Mensch, ihren Durchbruch verdankt (Reichholf 1990). Innerhalb von wenigen Jahrtausenden, vielleicht in Zeitspannen, die nur ein paar Jahrhunderte umfaßten, veränderten die Eisvorstöße oder ihr Rückzug die Lebensbedingungen in weiten Teilen der Nordhemisphäre stärker als Einschläge größerer Meteoriten.

Die »Eiszeit« war aus der Sicht der Evolution des Menschen gewiß keine Katastrophe, auch wenn sie in katastrophenartiger Weise die Bedingungen auf der Nordhalbkugel – mit Auswirkungen bis tief in die Tropenzone hinein – verändert hatte. Sie erlaubte die Ausbreitung von Großtieren in Tundren, die viel produktiver waren als die besten heutigen Steppenböden. Die Massen der eiszeitlichen Großtiere sind der weltweit verfügbare Beweis dafür, daß die Eiszeit in Wirklichkeit eine gute Zeit für Säugetiere gewesen ist. Daß sie für die Wälder eine ungünstige, ja verheerende Periode war, steht dazu nicht im Widerspruch. Wälder sind kein guter Lebensraum für Großtiere. Es hängt vom Standpunkt ab, was für Bedingungen als »gut« oder »schlecht« erachtet werden. Eine allgemein gültige, im weitesten Sinne objektive Festlegung ist hier nicht möglich. Deswegen erweisen sich bei etwas distanzierterer Betrachtung Katastrophen als nicht selten höchst konstruktive Umwälzungen und Phasen, die Fortschritte einleiteten. Auch das kennen wir aus der Geschichte der Menschen, wenngleich es vielen widerstrebt, die Erneuerungskraft von Katastrophen allzu deutlich zu betonen.

Rückblickend auf den Verlauf der Evolution sehen Katastrophen wie Einschnitte in die Gleichförmigkeit festgefahrener Entwicklungen einerseits aus, andererseits muß man aber auch betonen, daß die meisten der sogenannten Katastrophen oder Krisen in der Evolution gar kein so enormes Vernichtungspotential hatten. Darauf ist schon verwiesen worden. Die Dinosaurier sind zwar ausgestorben, nicht aber die Reptilien als solche. Daß es keine Ammoniten mehr gibt, die viele Millionen Jahre lang die vorherrschenden Tierformen in den Weltmeeren gewesen waren, hat den Evolutionsweg der Kopffüßer nicht wesentlich beeinträchtigt. Was immer an Schnecken und Muscheln, wegen der Kalkschalen besonders gut in den Fossilien dokumentiert, ausgestorben ist, setzte der Entwicklung und der Leistungsfähigkeit der Weichtiere keine Grenzen. Wenn gegenwärtig nach Zahl der Arten und hinsichtlich ihrer Anpassungsfähigkeit unter allen Gruppen vielzelliger Tiere die Insekten absolut vorherrschen, so muß das eigentlich doch bedeuten, daß alle Krisen und Katastrophen diesem Bauplan nichts anhaben konnten.

Die Drift der Kontinente setzte das Puzzle aus Meer und Land immer wieder neu zusammen. Es gab im fernen Erdmittelalter eine Zeit, in der die Kontinente fast nahtlos beisammen waren und einen Superkontinent bildeten. Vorher waren sie getrennt gewesen, und auch nachher trennten sie sich wieder. Es gab Eiszeiten vor Hunderten von Millionen Jahren, andersartige Meeresströmungen als heute und Bedingungen, unter denen im heutigen Europa tropische Vegetation wuchs.

Es wäre nichts falscher, als den heutigen Zustand für den »normalen« zu halten. Er ist ein Übergangsstadium, wie die vielen Erdbeben und Vulkanausbrüche, die in historischer Zeit stattgefunden haben, hinlänglich beweisen. Die Kräfte der Erdkruste, die auf die Kontinente wirken und ihre Drift verursachen, sind ungebremst am Werk. Ob Katastrophen von außen, aus dem Weltraum, oder von der Erde selbst verursachte, aus den Feuerschlünden der Vulkane kommende – sie haben und konnten den Grundprozeß der Evolution nicht beeinträchtigen. Die Massensterben sind zwar Realität, aber doch keine wirkliche Bedrohung des Lebens gewesen. Die großen Stammeslinien blieben erhalten und setzten sich durch. Ihr Weg führte aufwärts.

Diese Sicht wird von nicht wenigen Evolutionsbiologen heftig kritisiert und mehr oder weniger abgelehnt. Sie fordern Kriterien ein, die eine unabhängige Beurteilung von »Fortschritt« gestatten. Wenn ein Paläontologe und Evolutionsbiologe wie Stephen Jay Gould das Überleben der Anpassungs- und Stammeslinien einem Lotteriespiel gleichsetzt, so hat diese Position natürlich handfeste Gründe. Viele, vielleicht zu viele »gut« erscheinende Stammeslinien sind ausgestorben, sind den Wechselfällen der Katastrophen in der Erdgeschichte zum Opfer gefallen.

Doch wenn die Arten nicht für sich allein gesehen und bewertet werden, sondern als Repräsentanten von Grundtypen der Anpassung, von Bauplänen, dann schwindet die Bedeutung des Zufalls.

Daß von der phantastischen Fauna weichkörpriger Meerestiere der Burgess-Schiefer in Britisch-Kolumbien, die vor 550 Millionen Jahren gelebt hatte, die meisten Vertreter nicht überlebten, ergibt durchaus Sinn, wenn wir die Leistungsfähigkeit der betreffenden Organismen betrachten. Die bizarren Formen, wie die fünfäugige *Opabinia*, die stelzbeinige *Hallucigenia*, die nach neuesten Untersuchungen doch erheblich anders aussah, als ursprünglich angenommen wurde (Ramsköld und Hou Xianguang 1991), sind in ihrer Leistungsfähigkeit eben doch deutlich verschieden von der lanzettfischartigen *Pikaia* mit ihrer tütenartigen Muskulatur, die ein freies, zielgerichtetes Schwimmen erlaubt. Die Funktion dieses *Pikaia*-Bauplanes, den wir in den allerersten Anfängen der Wirbeltiere, den ursprünglichen Chordatieren, wiederfinden, gestattet unabhängig von dem späteren tatsächlichen Evolutionserfolg die Feststellung, daß es sich um eine recht bewegliche, leistungsfähige Form gehandelt haben muß, die von den Meeresströmungen weiter und leichter verbreitet werden konnte als die stelzbeinigen, bizarren Vertreter der Gattung *Hallucigenia*.

Stephen Jay Gould (1989) nahm an, daß sie einander wie auch den Überlebenden gleichwertig gewesen wären und ausgestorben sind; ihre Anpassungen seien ohne Wert für den weiteren Verlauf der Evolution gewesen. Die neuen Untersuchungen an umfangreicherem Material, die oben genannt worden sind, widersprechen dieser Ansicht. Danach gehörte sogar die bizarre *Hallucigenia* zu stummelfußartigen Würmern (Gepanzerte Lobopoden), und alle Vertreter der Burgess-Shale-Fauna lassen sich doch mit heute noch existierenden Formen in Verbindung bringen.

Wenn aber nun doch nicht annähernd so viele und so bedeutende Stammeslinien den erdgeschichtlichen Katastrophen zum Opfer gefallen sind, wie Stephen Jay Gould annimmt, dann verliert die Interpretation der Evolution als eine Art Lotteriespiel ihre Basis. Das Überleben hängt dann an der Funktionsfähigkeit der Baupläne, und damit mehr an der Funktionsfähigkeit der inneren Organisation der Organismen als an den äußeren Einwirkungen.

Somit drängt sich die Bedeutung des Organismus wieder in den Vordergrund; sein Funktionieren läßt sich nicht mit beliebig vielen Versionen und Variationen gleichsetzen. Äußerlichkeiten, wie Körperanhängsel oder Körpergrößen, betreffen die innere Organisation nur mittelbar. An ihnen kann die Selektion modellieren. Der Grundkurs des Lebens nahm eine andere Bahn, die von den Veränderungen auf der Erde, gleichgültig, ob es sich um langsame oder um abrupte gehandelt hatte, gar nicht so wesentlich beeinflußt worden ist. Dieser Grundkurs läßt sich mit der fortschreitenden Emanzipation der Lebewesen kennzeichnen – damit, daß sie immer unabhängiger von den Umweltbedingungen wurden.

Wenn wir die Vielfalt der Organismen in ihrem Werden betrachten, so zeigt sich ganz klar, daß die ursprünglichsten und die einfachsten am stärksten von den Umwelteinflüssen abhängig waren und – soweit sie gegenwärtig noch existieren – dies auch nach wie vor sind. Mit der Entwicklungsstufe des tierischen Organismus läßt sich der Übergang vom passiven Entgegennehmen dessen, was die Umwelt bietet, zur aktiven Suche nach geeigneten Lebensbedingungen verbinden.

Mit zunehmender Abgrenzung nach außen durch die Entwicklung von Panzern und isolierenden Körperhüllen wurde es den Organismen möglich, in immer stärker vom Innenmilieu ihrer Körper abweichende Lebensräume vorzudringen. Mit der Nutzung von Sauerstoff zur Energiefreisetzung gelang der Sprung zur aktiven Bewegung, mit der Entwicklung von Reizleit- und Verwertungssystemen, dem Nervensystem und dem Gehirn, die Verarbeitung von Umweltsignalen und -zuständen, die immer präzisere Vorab-Auskunft über die Außenzustände vermittelten, so daß die Organismen schädigenden Einwirkungen und Zuständen ausweichen konnten.

Die zunehmende Verbesserung von Gehirn und Nervensystem gipfelte in der Möglichkeit, sich ein Bild von der Außenwelt zu machen und damit »probeweise« umzugehen, so als ob bereits etwas gemacht oder getan worden wäre. Damit kam die Möglichkeit zu Entscheidungen in die Welt der Organismen und, von ihr abgeleitet, der nächste Durchbruch, die aktive Gestaltung der Umwelt zugunsten der eigenen Lebensbedürfnisse. Mit der inneren Organisation, die bei den höchstentwickelten Formen, bei den Vögeln und den Säugetieren, auch vom Diktat der außen herrschenden Temperaturverhältnisse unabhängig geworden ist, erreichten diese besonders fortschrittlichen Organismen ein Ausmaß an Unabhängigkeit von der Umwelt, wie es niemals zuvor in der Evolution vorhanden gewesen sein kann. Die fossilen Zeugnisse belegen dies klar genug.

Die Richtung des Evolutionsprozesses läßt sich als fortschreitende

Verselbständigung der Organismen angeben. Ihr Freiwerden von den Umweltzwängen, ihre Emanzipation vom Geschehen in der unbelebten Welt, ist das zentrale Kennzeichen des Werdens. Ganz zurecht stufen wir uns als Spitzenprodukt der Evolution ein, weil wir unter allen Lebewesen mit Abstand am weitesten vorangekommen sind auf dem Weg zur Unabhängigkeit von der Umwelt. Wir Menschen haben uns eigene Lebensbedingungen geschaffen und sind damit in massiven Konflikt mit der Umwelt geraten. Mensch und Umwelt stehen sich fast wie Gegner gegenüber. Es wird uns nicht erspart bleiben, zu einem tragbaren Verhältnis mit der globalen Umwelt zu kommen, weil wir letztlich – der schon so weit gediehenen Entfernung von der Natur zum Trotz – in das Geschehen der Biosphäre eingebunden bleiben. Gewinne an Unabhängigkeit vom Diktat der Umwelt bezahlen wir schneller, als wir das wahrhaben möchten, mit verschlechterten Lebensbedingungen und mit Gefahren selbstverursachter Umweltveränderung.

Der Mensch muß sich in das Spannungsfeld einordnen, das er selbst erzeugt hat. Die Befreiung von Umweltzwängen ist kein Freibrief für den Umgang mit der Umwelt. Es wäre aber kaum mehr als eine romantische Schwärmerei, Harmonie mit der Natur, harmonisches Gleichgewicht, einzufordern; dies hat es nie gegeben. Die Auseinandersetzung mit den Wunschvorstellungen vom Gleichgewicht wird eines der Kernstücke des dritten Teiles sein.

Dritter Teil

Fünf Kapitel über das Leben

1. Der Organismus: mehr als ein Vehikel der Gene

Ohne nähere Begründung haben wir bisher den Organismus dem Erbgut, dem Genom, gegenübergestellt und sein Anderssein unterstellt. Ist eine solche Trennung gerechtfertigt? Denn schließlich steckt das Erbgut doch im Organismus; es gehört zu ihm, zum Lebewesen! Es steuert die Vorgänge im Organismus, und es wird von Generation zu Generation weitergegeben. Dennoch handelt es sich beim Verhältnis zwischen Genom und Organismus um etwas anderes als beim Zusammenwirken etwa von Herz und Körper. Sehen wir uns die Zusammenhänge etwas genauer an.

Es gibt merkwürdige Phänomene, die uns aus dem Alltag wohl vertraut sind. So wird man tote Tiere oder Pflanzen zweifellos auch für Organismen halten, obwohl sie nicht mehr am Leben sind, während sich tiefgefrorenes Sperma nach dem entsprechend vorsichtigen Wiederauftauen durchaus als lebenspendend herausstellt. Um für einen Organismus gehalten zu werden, muß die betreffende Struktur also nicht unbedingt auch leben, wogegen umgekehrt die nackte Erbinformation ohne einen Organismus als Träger auskommen und erhalten bleiben kann. Steckt sie in einer abgestorbenen Zelle, geht sie mit deren Tod nicht einfach auch zugrunde, sondern bleibt erhalten. Der modernen Genetik gelingt es unter günstigen Umständen sogar, Stücke des Erbmaterials aus Körperzellen zu isolieren und dem Erbgut lebender Organismen einzufügen.

Drücken wir den komplizierten Sachverhalt einfach, aber dennoch in zutreffender Weise aus, so läßt sich festhalten, daß Erbgut allein zwar existenz-, aber, genaugenommen, nicht lebensfähig ist, während der Organismus auf jeden Fall funktionstüchtig sein muß, wenn das Genom wirksam werden soll. Mit einem toten Organismus können die Gene nichts mehr anfangen, obwohl ein lebender durchaus imstande sein kann, Gene aus nicht (mehr) lebendem Erbgut aufzunehmen.

Die Soziobiologie trennt Erbgut und Organismus und gibt ersterem den Vorrang, wenn es um überlebensförderndes Verhalten und seine Evolution geht. Entwicklungsbiologen rechtfertigen anscheinend völlig eindeutig diese Trennung, weil sie, seit August Weismann 1892 die Keimbahn entdeckte, zwischen dem Körper als vergänglicher Hülle, dem Soma, und dem in ununterbrochener Reihenfolge weitergegebenen, am Aufbau und Funktionieren des Körpers so gut wie nicht beteiligten Keimbahnzellen unterscheiden.

Den Zellen der Keimbahn bleiben alle Fähigkeiten und Eigenschaften erhalten. Sie differenzieren sich nicht wie Zellen, die sich in Organen befinden, und sie dienen zu nichts anderem, als das Erbgut von Generation zu Generation weiterzugeben. Von Wachstum und Entwicklung des Organismus, in dem sie sich befinden, bleiben sie gänzlich unberührt. Wenn es zur Fortpflanzung kommt, begründen die Zellen der Keimbahn einen neuen Organismus. Eine Unterbrechung der Keimbahn bedeutet, daß die genetische Linie ihres Trägers erlischt, auch wenn dessen Organismus noch jahrelang weiterlebt. Es gibt keine Möglichkeit, eine unterbrochene Keimbahn zu überbrücken und sie erneut weiterlaufen zu lassen, es sei denn, die Gentechnologie entwickelt eine künstliche Methode, weil dadurch der Gang der Vererbung unterbrochen worden ist.

Die Trennung von Genom und Organismus ist also eine wohlbekannte, in vielerlei Richtungen erforschte Gegebenheit des Lebens und nicht etwa meine Erfindung, um Stützen für die neue Sicht der Evolution zu gewinnen. Sie braucht hier nicht weiter gerechtfertigt zu werden. Die Genetik, die das Primat der Gene im Prozeß der Evolution zum zentralen Dogma erhoben hat, vollzieht diese Trennung ohnehin viel stärker, als sie vielleicht biologisch begründet werden kann.

Also können wir getrost von der Tatsache der Unterschiedlichkeit von Genom und Organismus ausgehen. Wenn dem aber so ist, dann müssen beide einen unterschiedlichen Ursprung haben, sonst wäre die nachträgliche Trennung einer ursprünglichen Einheit nicht verständlich. Im nächsten Kapitel, wenn es um die Problematik der Entstehung des Lebens geht, wird sich diese Unterscheidung als äußerst wichtig herausstellen.

Vorher müssen wir uns aber noch etwas ausführlicher mit dem Organismus befassen. Sein wesentlichstes Kennzeichen, das dem Genom gänzlich fehlt, ist der Stoffwechsel. Er wird, wie aus dem Text des zweiten Teils hervorgegangen ist, zwar von Angebot und Bedarf beeinflußt, aber nicht so, daß er sich jeweils beliebig auf die Außenverhältnisse einstellen könnte. Im Gegenteil: Den Schwankungen des äußeren Angebotes setzt der Organismus die innere Ausgewogenheit, die Stasis, entgegen. Diese Stasis, genauer die Homöostasis, des inneren Funktionsgefüges, wird – das ist die eigentliche Leistung des Stoffwechsels – gegen die äußeren Schwankungen und Ungleichgewichte aufrechterhalten. Wenn dies nicht mehr gelingt, stirbt der Organismus.

Die Entschlüsselung der vielfältig verschlungenen Wege des inneren Stoffwechsels gehört sicher zu den größten Leistungen der Naturwissenschaft. Wesentliche Teile davon, wie der Zitronensäurezyklus, haben längst Eingang in die Biologiebücher gefunden und gelten heute als Grundlagenwissen in der Biologie. Merkwürdigerweise nimmt das Erbgut in diesem Komplex von Stoffwechselvorgängen keine bedeutende Rolle ein. Vielmehr wird es nur am Rande tätig.

Völlig anders geartet in Bau und Funktionsweise als die am Stoffwechsel hauptsächlich beteiligten Eiweißstoffe, entspricht das Genom in der Tat einer sehr langen, sehr feinen Kette von Informationen, während der Stoffwechsel aus vielfältig ineinandergreifenden Reaktionen von Enzymen und anderen Stoffen besteht. Wo das Genom steuernd eingreift, sind seine Steuerungsmöglichkeiten recht eng begrenzt, weil viele Reaktionen zwischen Enzymen einfach gar nicht anders ablaufen können. Ein andersartiger, unpassender Befehl des Erbgutes würde einen Ablauf günstigstenfalls nur ein wenig verändern, in aller Regel müßte er aber den Vorgang ganz einfach blockieren.

Das innere Gleichgewicht scheint nach gegenwärtigem Stand der Forschung keine Leistung des Genoms zu sein, sondern eine autonome Leistung des Stoffwechsels selbst und damit die Leistung des Organismus. Mehr noch: In den Organen komplexer Organismen, wie etwa in unserer Leber, in der Bauchspeicheldrüse, in Muskelzellen, im Gehirn und so fort, müssen Teile des Genoms an- und abgeschaltet werden, offenbar damit sie nicht mit Anforderungen und Leistungen der Zellen in Konflikt geraten, die diese Organe oder Körperteile aufbauen. Spezielle Schalt- oder Strukturbildungsgene haben sich herausgebildet. Die eigentliche Abstimmung, wieviel von welchem Stoff an welcher Stelle zu welcher Funktion hergestellt wird, findet an Ort und Stelle statt. Zahllose Kopien von Genen sind somit in Millionen von Zellen stillgelegt und untätig. Man kann sich kaum vorstellen, wie diese Stillegung, verbunden mit einer unter Umständen noch größeren Menge gänzlich funktionsloser Gene, ohne die direkte Mitwirkung des Organismus als Partner in diesem Wechselspiel ablaufen könnte.

Viele Biologen und Mediziner sehen daher in der Selbstorganisation den Schlüssel zum Verständnis des organismischen Werdens in einer Selbstorganisation, die auf Regelmechanismen fußt. Die Kybernetik hat Einzug in die moderne Biologie gehalten, gerade weil die inneren Regulationsmechanismen der Organismen so eindrucksvoll Gleichgewichte zu erzeugen vermögen. Die Gene haben diese Regelkreiseigenschaften nicht. Selbst die unzweifelhaft vorhandene Fähigkeit zur Selbstreparatur von Fehlern im Genom läßt sich nicht mit der Homöostase der Organismen vergleichen, weil sie an starren, festen Informationseinheiten ansetzt, während die innere organismische Organisation Fließgleichgewichte aufrechterhält.

Diese Fließgleichgewichte sind es, welche die Organismen dazu zwingen, eine ausreichend feste Trennwand zwischen innen und außen aufzubauen und zu erhalten. Andernfalls würde sich schnell der Gleichgewichtszustand einstellen und der lebensnotwendige Unterschied, das Ungleichgewicht, zwischen Zufuhr von Stoffen und Energien einerseits, dem Input, und Abgabe andererseits, dem Output, zusammenbrechen. Ohne dieses Ungleichgewicht würde nichts mehr in die Zelle fließen und der Ausgleich mit der Umgebung den Tod bedeuten. Das Genom dagegen kann offen bleiben und an die schon vorhandenen Informationsträger weitere an- oder einbauen. Eine einzelne DNS-Kette besteht vielleicht, wie bei Bakterien, nur aus einigen Tausenden bis Zehntausenden von Informationseinheiten. Bei größeren Organismen gehen sie, wie auch beim Menschen, in die Millionen.

Zurück zur Zelle, der kleinsten Einheit der Organismen. Der Stoffwechsel setzt ihr enge Grenzen. Schon millimetergroße Zellen sind Riesen und ein paar Hundertstel eines Millimeters große sind dagegen Zwerge. Die chemische Maschinerie des Stoffwechels läßt sich nicht beliebig ausweiten. Ein paar Millimeter verursachen bereits bei den großen Eiweißstoffen erhebliche Verzögerungen in Aufbau und Transport. Größere Organismen sind aus diesem Grund nicht einfach vergrößerte Ausgaben von kleinen und die kleinsten nicht bloße Miniaturausgaben. Alle müssen sie aus annähernd gleich großen Zellen aufgebaut sein. Die wenigen, über die engen Größengrenzen hinausgehenden oder sie unterschreitenden Zelltypen bestätigen diese außerordentliche Einheitlichkeit im Aufbau komplexer Organismen. Sie bestehen aus klar abgrenzbaren, kleinen Einheiten, den Zellen, die den Mikrokristallen bei der Bildung von Großkristallen vergleichbar in millionen- und milliardenfacher Vervielfachung der Ausgangszelle letztlich den Organismus aufbauen, gleich ob es sich um einen kaum sichtbaren kleinen Wurm mit 492 Zellen, um einen Menschen mit rund 100 Billionen Zellen oder um einen riesigen Wal handelt.

Heute ist uns die Tatsache, daß alle größeren, komplizierteren Lebewesen, seien es Tiere oder Pflanzen, aus Zellen aufgebaut sind, längst geläufig. Aber es ist nur ein paar Menschenalter her, da suchte man im Samen die extrem verkleinerte Ausgabe des Menschen, den Homunculus. Wachstum und Entwicklung hatte man nur als Größenzunahme verstanden. Als vielzellige Organismen (Metazoen) stellt die biologische Systematik solche aus Zellen aufgebaute Lebewesen den Einzellern (Protozoen) gegenüber, die nur aus einer einzigen Zelle bestehen. Jeder Vielzeller geht aus einer einzigen Zelle hervor, die sich teilt und entwickelt. Es ist dies die befruchtete Eizelle (Zygote).

Da in jeder einzelnen lebenden Zelle des Vielzellers Stoffwechsel abläuft und weil die Einzeller genauso vom Stoffwechselgeschehen abhängen, funktioniert offenbar bereits der Einzeller wie ein richtiger Organismus. Stoffwechsel in Leber und Muskel oder in anderen Organen bedeutet nichts anderes als eine effizientere Form des Stoffwechsels, weil dort viele Zellen zusammengeschlossen sind, die Gleichartiges machen oder leisten. Im Grunde genommen spielt sich all das auch im Einzeller ab, der sich bewegt, Nahrung aufnimmt und Abfallstoffe absondert, Licht registriert oder sich teilt. Schon der Einzeller muß also über den Mechanismus der Erhaltung des inneren Gleichgewichtes, der Homöostase, verfügen – wie die einzelne Zelle im Zellverband der Vielzeller. Damit haben wir den Stoffwechsel bis auf das unterste Niveau von Organismen, auf die Ebene der einzelnen Zelle verfolgt.

Wir greifen aber gleich noch einmal zurück zu komplexen Organismen, am besten zu uns selbst, weil das System, um das es geht, beim Menschen am besten untersucht ist. Gemeint ist das Immunsystem, das als direkte Reaktion auf irgendwelche Stoffe oder Auslöser sogenannte Antikörper bildet, die unseren Organismus von Krankheitserregern oder deren Ausscheidungsprodukten befreien und vielfältige weitere Abwehr- und Kontrollaufgaben wahrnehmen. Das Bemerkenswerte liegt in der Art ihrer Wirkung. Sie reagieren auf eingedrungene oder freigesetzte Stoffe, sogenannte Antigene, ganz spezifisch.

Mit die wichtigsten sind die monoklonalen Antikörper, weil sie von einer einzelnen Zelle als Reaktion auf das Zusammentreffen mit einem die Reaktion auslösenden Stoff gebildet werden. Diese Gebilde bewegen sich wie Einzeller frei im Körper. Sie gehören zu einem umfassenden Abwehrsystem, das auch die oft als »Freßzellen« charakterisierten Weißen Blutkörperchen einschließt, die in der Tat mehr einer Amöbe in der Art ihrer Lebensweise als einer körpereigenen Zelle gleichen. Im menschlichen Erbgut steht nirgends geschrieben, daß dieser oder jener ganz bestimmte Eiweißkörper gebildet werden muß, weil er die Eigenschaft hat, einen ganz bestimmten Schadstoff unschädlich zu machen. Die Immunreaktion ist eine Leistung des Organismus.

Die Zellen des Immunsystems sind in dieser Hinsicht den Bakterien vergleichbar: Sie reagieren erst am Ort des Geschehens, und sie reagieren spezifisch. Die Fähigkeiten der Bakterien, die im biochemischen Bereich so außerordentlich differenziert sind, übertreffen die Leistungen hochentwickelter Vielzeller bei weitem. Wären all diese biochemischen Fähigkeiten im Erbgut vorprogrammiert, müßte das Bakteriengenom das Erbgut höherer Organismen um ein Vielfaches an Informationsgehalt übertreffen. Mit der Weiterentwicklung zu Vielzellern und zu zunehmend komplexeren, energetisch aufwendigeren Organismen gingen große Teile der anfänglichen biochemischen Fähigkeiten verloren. Das Erbgut wurde in anderen Bereichen ausgebaut, die mit Struktur und Funktion großer Körper zusammenhängen. Evolution wäre, so betrachtet, zumindest teilweise ein Abstieg gewesen, weil umfassendere Fähigkeiten, die den Bakterien die Auszeichnung »biochemischer Omnipotenz« eingetragen haben, nicht mehr vorhanden sind. Oder haben sich die Organismen des nicht mehr benötigten genetischen Materials entledigt? Auch diese Möglichkeit ist nicht einfach von der Hand zu weisen; es sei an die Reparaturmöglichkeit der DNS erinnert!

Zurück zur Frage, was ein **Organismus** ist. Wir können sie jetzt differenzierter behandeln. Jeder Organismus, ob einzellig oder vielzellig spielt keine Rolle, hat die Trennung von innen und außen nötig. Sie ermöglicht den Aufbau eines inneren Fließgleichgewichtes, das von außen genährt und mit Energie versorgt wird. Die Bezeichnung **»Stoffwechsel«** für diesen Vorgang macht deutlich, worum es sich handelt: Stoffe werden gewechselt! Weil sich dieser Stoffwechsel mit seiner Stasis aber fern vom äußeren Gleichgewicht vollzieht und vollziehen muß, sonst würde er in den nichtlebendigen Zustand zurückfallen, bedarf er der Energiezufuhr. Stoffwechsel und Stasis gehören als eigenständige Leistung des Organismus zusammen. Sie können im Gegensatz zu »äußerlichen«, physikalisch-chemischen Gleichgewichten keine beliebigen Gleichgewichtszustände einnehmen, sondern nur solche, die das Stoffwechselgeschehen funktionsfähig erhalten.

Die Einwirkmöglichkeiten des Genoms sind dabei verhältnismäßig eng begrenzt. Selbstverständlich soll diese Einschränkung, diese Verminderung der Bedeutung des Genoms, die tatsächlichen Leistungen des Erbgutes bei der Synthese von Enzymen oder bei anderen Vorgängen in der Zelle keineswegs in Frage stellen. Diese Leistungen sind vorhanden, und sie sind bedeutsam. Aber sie sind nicht alles! Das Genom kann keine Neuerung gegen die Möglichkeiten durchsetzen, die der Organismus hat. Nur das, was sich mit der weiteren Funktionsfähigkeit des Organismus verträgt, kann von der natürlichen Selektion auf Tauglichkeit getestet werden. Dagegen kann der Organismus mit seinen Stoffwechselleistungen ohne jeden Eignungstest durch das Genom jede Neuerung durchführen, die sich aus ihm selbst heraus ergibt. Um nicht mißverstanden zu werden: Ob eine Zelle überhaupt Zucker zu Stärke oder zu Zellulose zusammenbauen kann, hängt von den dazu benötigten Enzymen ab, deren Herstellungsprogramm im Genom steckt. Aber wieviel davon hergestellt wird und welche Auswirkungen die Produktion auf das weitere Funktionieren der Zellen oder der Zellverbände hat, hängt genausowenig mit dem genetischen Programm zusammen, wie die Zahl der Kopien eines Fotokopierers von der Zahl der Vorlagen abhängt. Der Bedarf bestimmt, wie viele Kopien angefertigt werden, nicht das Programm.

Wenn nun schon auf der Ebene der lebenden Zelle Stoffwechsel und Genom weitgehend voneinander getrennt werden können, dann dürfen wir mit Fug und Recht auch die Frage aufwerfen, ob denn beide von Anfang an zusammen waren oder ob sie irgendwann einmal erst zusammengekommen sind. Diese Frage sollte nicht überraschen, wenn man sich die Tatsache vergegenwärtigt, daß das Genom aus anderen Stoffen aufgebaut ist als die im Stoffwechsel beteiligten. Die Nukleinsäuren des Genoms lassen sich nicht einfach aus den Eiweißstoffen ableiten, die im Stoffwechsel tätig sind – und umgekehrt.

Damit bin ich nun an dem Punkt angelangt, von dem aus sich der Ursprung des Lebens behandeln läßt. Eine ganze Reihe von Hinweisen habe ich im Laufe der Erörterung schon zusammengestellt. Wie lassen sie sich interpretieren?

Eines ist sicher: Das Ergebnis der Überlegungen zum Ursprung des Lebens muß zu den Mechanismen der Evolution passen. Denn wenn wir auch nur ein einziges Mal ein nicht naturgesetzliches Ereignis zulassen, müssen wir derartige Einwirkungen auch an anderen Stellen akzeptieren. Neues könnte beliebig entstehen. Neue Eigenschaften, die nicht die Summe der bisherigen oder eine andere Form ihrer Auswirkungen sind, stehen keineswegs im Widerspruch zu dieser Forderung.

Alle Lebewesen sind aus Grundstoffen der Natur aufgebaut; alle unterliegen den physikalischen und chemischen Gesetzmäßigkeiten. Wie hat sich daraus eine neue Qualität, das Leben, bilden können?

2. Der Anfang

Vor etwa dreieinhalb Milliarden Jahren muß jenes Ereignis stattgefunden haben, das den Übergang von unbelebter Materie zum Leben ermöglichte. Solange man Organisches und Anorganisches als wesensverschieden ansah, brauchte man sich auch keine naturwissenschaftlich begründbaren Vorstellungen vom Ursprung des Lebens zu machen. Doch mit der Entdeckung, daß die sogenannten organischen Stoffe auch ohne Beteiligung von Organismen hergestellt werden können, fiel die scharfe Trennung zwischen belebter und unbelebter Natur.

Im Jahr 1924 entwickelte der russische Biochemiker Alexander Iwanowitsch Oparin (Forey 1981) die Theorie, daß die zum Aufbau lebender Organismen notwendigen organischen Stoffe unter dem Einfluß von Hitze, Blitzschlägen und methangesättigter Atmosphäre aus Wasserdampf in der »Ursuppe«, wie er es nannte, auf rein chemisch-physikalischem Wege entstanden sein können. Im Jahr 1953 gelang dem Amerikaner Stanley Miller das entscheidende Experiment hierzu (Forey 1981). Durch eine Mischung aus Methan, Ammoniak, Wasserstoff und Wasserdampf, welche die Uratmosphäre darstellen sollte, schickte er in einem geschlossenen Glaskolben elektrische Entladungen. Es bildeten sich die verschiedenartigsten Stoffe, darunter auch einige Aminosäuren, aus denen die Eiweißstoffe bestehen. Damit war bewiesen, daß Oparin recht hatte und daß unter Bedingungen, wie sie der Uratmosphäre wahrscheinlich durchaus vergleichbar angesetzt worden waren, solche Verbindungen entstehen konnten, die das Rohmaterial für den Aufbau von Organismen darstellen.

In weiteren Experimenten wurden diese Befunde glänzend bestätigt. Kaum ein Biologe oder Biochemiker zweifelte heute noch ernstlich daran, daß das Leben auf ganz natürliche Weise entstanden ist. Die anfängliche Euphorie mußte aber bald einer Ernüchterung weichen, als sich herausstellte, wie komplex das Genom und die am Stoffwechsel maßgeblich beteiligten Enzyme gebaut sind. Ein zufälliges Zustandekommen wurde immer unwahrscheinlicher, je tiefer die Einblicke in die biochemischen Strukturen wurden. Als man schließlich Spuren von Aminosäuren und anderer organischer Stoffe in Meteoriten fand, wurde die Entstehung von Leben auf eine ferne, unbekannte Quelle im Weltall verlagert, von welcher es auf die Erde eingesät worden war, als diese einen für die Entfaltung von Leben tauglichen Abkühlungszustand erreicht hatte. Daß damit die Problematik nicht gelöst, sondern nur räumlich und zeitlich verschoben war, wurde tunlichst verschwiegen. Diese insbesondere vom Astrophysiker Fred Hoyle vertretene These fand begreiflicherweise wenig Anhänger unter den Biologen und Biochemikern, die sich mit der Frage nach dem Ursprung des Lebens befaßten.

Inzwischen entwickelte Manfred Eigen (1987), der Göttinger Biophysiker und Nobelpreisträger, sein weithin bekannt gewordenes Modell des Hyperzyklus. Es geht davon aus, daß sich im Laufe der Entstehung des Lebens die verschiedenen Funktionszyklen nach und nach entwikkelt und zusammengelagert hatten, bis über den Hyperzyklus die neue Qualität der Funktionen entstanden war. Das Modell, das sich in vielen Details an konkreten Befunden orientiert, läßt sich ohne gründlichere Kenntnisse in der Biochemie und Biophysik kaum nachvollziehen. Es läuft im Kern auf eine Selbstorganisation hinaus. Im Grenzbereich zwischen Unbelebtem und Leben müssen die allerersten Übergänge und Zusammenhänge noch vergleichsweise einfache chemische Reaktionen umfaßt haben. Man kann, ganz grob geschätzt, eine Milliarde Jahre für ihr Zustandekommen ansetzen.

Es geht dabei noch nicht um energetisch aufwendige, chemisch verwickelte Abläufe, sondern um Veränderungen in allgegenwärtigen Grundstoffen, wie sie in den Experimenten von Stanley Miller benutzt worden waren. Deren größtes Manko war die Tatsache, daß die unter massiver Energiezufuhr entstandenen Verbindungen um so schneller wieder zerfielen, je komplexer sie wurden. Die Ursuppe schien zu dünn! Deshalb wurde es auch wieder still um eine Modellvorstellung, die zunächst sehr attraktiv erschien.

In der Ursuppe hatten sich unter der Einwirkung der Blitzentladungen aus Aminosäuren auch organische Stoffe gebildet, die ein wasserabstoßendes (hydrophobes) und ein wasserannehmendes (hydrophiles) Ende tragen. Solche Stoffe gibt es genug; sie gehören auch zu den Grundbausteinen der Zellwände. Ihre chemische Bezeichnung Peptide besagt, daß der Hauptbestandteil zwei oder mehrere Aminosäuren miteinander über eine besondere Bindung, die Peptidbindung, verknüpft. Da in diesen Stoffen die Verteilung der elektrischen Ladungen ungleichmäßig ist, ordnen sie sich in wäßriger Lösung ganz von selbst aufgrund der Anziehungs- oder Abstoßungskräfte der elektrischen Ladungen. Sind genügend solcher Stoffe vorhanden, genügt ein Schütteln, und sie klumpen zu Kügelchen zusammen.

Auf eine ähnliche Weise stellte man sich die Entstehung der allerersten Vorläuferform von Organismen vor: Im Meer, in der Ursuppe, bildeten sich derartige Kügelchen, Mikrosphären genannt. Kamen sie mit noch frei umherschwimmenden Stoffen ihrer Art in Berührung, sogen sie diese ein und wurden dadurch immer größer. Die Oberflächenspannung konnte den Zusammenhalt schließlich nicht mehr aufrechterhalten, das angeschwollene Kügelchen platzte, und die Teile schlossen sich wiederum zu – jetzt kleineren – Kügelchen zusammen. Die Mikrosphäre war also durch Stoffaufnahme gewachsen und hatte sich gewissermaßen durch das Platzen vermehrt, fortgepflanzt.

In den Mikrosphären herrschten andere Ladungsverhältnisse als im freien Wasser. Deswegen erschien es vorstellbar, daß sich darin komplizierter aufgebaute Stoffgebilde erhalten und vielleicht sogar weiterentwickeln konnten, die im freien Wasser alsbald zerfallen wären. Da die Uratmosphäre noch keinen Sauerstoff enthielt, aus dem sich ein Ozonschild hätte entwickeln können, der die Kraft der Ultraviolettstrahlung abgeschwächt hätte, stand damals in der fernen Vorzeit ein weit höheres Ausmaß an Strahlungsenergie als gegenwärtig zur Verfügung. Sie konnte immer wieder das ergänzen, was die wachsenden und sich vermehrenden Mikrosphären dem Wasser entnommen hatten. Da der Vorgang an sich sehr langsam gewesen sein muß und da die rein chemische Zerfallsreaktion viele unter der Einwirkung der UV-Strahlung zustande gekommene Stoffe wieder vernichtete, wäre anzunehmen, daß die Wechselwirkung zwischen Mikrosphären und Urozean auch ungeheuer lange Zeitspannen andauern konnte, ohne daß sich wesentlich etwas veränderte.

Der Nachteil dieses schönen, in sich nicht widersprüchlichen Modells war und ist jedoch, daß es nichts enthält, was zum Erbmaterial hätte werden können. Die Bausteine des Erbgutes, die Nukleotide, sind an sich schon kompliziert genug gebaut, um eine zufällige Entstehung im Wasser reichlich unwahrscheinlich erscheinen zu lassen. Daß sie sich aber überdies einfach nur so zur DNS zusammengefunden haben sollten, ohne irgendeine Funktion, erhöht den Grad der Wahrscheinlichkeit sicher nicht. Im Grunde genommen stehen wir hier vor dem immer wieder angesprochenen Problem, daß die Anfangs- und Zwischenstadien, gemessen an der späteren Funktion, nichts gebracht haben können. Die

Entwicklung eines komplizierten Informationsträgersystems, das viele Millionen Jahre lang funktionslos geblieben wäre, kann man sich auch bei bestem Willen nicht vorstellen. So wurde die Idee von den Mikrosphären wieder weithin aufgegeben, weil sie nicht zur notwendigen Entwicklung des Informationssystems paßte – vorschnell, wie sich zeigen wird.

In einer Argumentationskette aus sieben Schritten schlug 1985 Graham Cairns-Smith (1985) einen anderen Weg vor. Er nannte sie die »sieben Schlüssel« zur Entstehung des Lebens. Der erste stammt aus der Biologie: Genetische Information ist seiner Meinung nach die einzige Gegebenheit, die zur (biologischen) Evolution befähigt ist, weil sie von Generation zu Generation weitergegeben wird. Obzwar in der DNS enthalten, ist die Erbinformation keine Substanz, sondern Bildungsanweisung für Strukturen. Damit ist für Cairns-Smith klar, wie die ersten Organismen ausgesehen haben müssen. Es konnte sich nur um nackte Information gehandelt haben, um »nackte Gene« oder etwas Entsprechendes.

Der zweite Schlüssel stammt aus der Biochemie: Der Träger der Erbinformation, die DNS, gehört nicht zu den wesentlichen Bauteilen des Stoffwechselgeschehens in der Zelle. Diese Feststellung trifft auch für die Ribonukleinsäure, die RNS, in gleichem Umfang zu, die als Partner der DNS bei der Synthese von Eiweißstoffen tätig wird. Die Bausteine beider sind sehr kompliziert und chemisch aufwendig. Es erscheint äußerst unwahrscheinlich, daß sie von selbst entstanden sind und am Anfang des Lebens stehen. Eher kann man sie für spätere Ankömmlinge im Stoffwechsel halten. Der zweite Befund gerät damit, wie wir sehen, in Konflikt mit dem ersten, der die nackte Information als Ausgangspunkt annimmt.

Den dritten Schlüssel leitete Cairns-Smith aus den Grundanfängen der Architektur ab. Ein Bogen aus massiven Steinen entsteht nicht von selbst, und er läßt sich auch nicht Stein für Stein aufrichten. So lange das Mittelstück fehlt, wird er immer wieder zusammenstürzen. Es wäre hoffnungslos, darauf zu warten, daß sich nach Hochwerfen der Steine per Zufall alle im richtigen Moment zum Bogen zusammenfügen. Die Schwierigkeit entschwindet, wenn der spätere Leerraum unter dem Bogen zuerst aufgefüllt wird, so daß die Steine auf einer Unterlage ruhen können, bis der letzte eingefügt ist, und der Bogen sich selbst abstützt. Auf diese Weise können komplizierte Strukturen auch im biochemischen Bereich zustande kommen. Die Enzyme arbeiten im Prinzip auf diese Weise, wenn sie andere Bausteine zusammenfügen. Sie wirken als Träger, die sich selbst nicht oder nur kurzfristig verändern, um danach wieder in den Ausgangszustand zurückzukehren.

Der vierte Schlüssel wird aus der Natur von Stricken abgeleitet. Die Erbinformation ist in der DNS nicht nur strickleiterartig angeordnet, sondern auch vielfach um sich selbst gewunden (Doppel-Helix). Wie in einem fest tragenden Seil nun aber keine einzelne Faser durch den ganzen Strang verlaufen muß, um die Festigkeit zu garantieren, so verhält es sich auch mit der DNS. Die Festigkeit bleibt erhalten, das heißt ihre Funktionsfähigkeit, wenn neue Stücke oder Fäden hinzukommen oder Teile fehlen und verschwinden. Kein DNS-Strang muß vom Anbeginn bis heute durchgehalten haben. Die Verdrehung sorgt dafür, daß es immer wieder zu neuen Verknüpfungen und Übertragungen kommt.

Der fünfte Schlüssel entspricht weitgehend der hier ausgebreiteten Sicht des Funktionswechsels. Wie in der Geschichte der Technik, so Cairns-Smith, eine neue Maschine auf eine einfache, oft später in der neuen kaum mehr erkennbare zurückgeht, die optimiert worden ist, verschwinden möglicherweise auch bei den Lebensformen die Anfänger recht schnell, fast ohne Spuren zu hinterlassen, während sich ihr Funktionsprinzip durchsetzt und vielfach fortentwickelt in Erscheinung tritt. Wir haben daher möglicherweise gar keine Chance mehr, die primitiven Vorläufer der Organismen ausfindig zu machen. Hinter dieser Formulierung steht die seit Darwin immer wieder aufflammende Suche nach den »fehlenden Zwischengliedern« (missing links), die zu schnell von der Bühne der Evolution verschwunden sind, um noch auffindbare Spuren hinterlassen zu haben. Die Vorstellung deckt sich gut mit den dargelegten Phasen der Evolution. Die neuen Durchbrüche kommen offenbar in aller Regel schnell. Was Zeit in Anspruch nimmt und in den Fossilbefunden entsprechend aufscheint, sind die langwierigen Verfeinerungen.

So weit, so gut: Die ersten fünf Schlüssel decken sich gut mit Konzepten zur Evolution der Organismen. Was bringen die beiden letzten zur Kernfrage der Entstehung des Lebens an Neuem?

Der sechste Schlüssel wird wiederum der Chemie entnommen, und zwar der Kristallbildung. Kristalle bauen sich selbst auf. Dabei entstehen zwar Fehler, die sich dann unter Umständen durch den Einbau eines falschen Atoms in das Kristallgitter als Farbton äußern, wenn, wie im Beryll, Spuren von Chrom das Berylliumtonerdesilikat grün oder kleinste Mengen Eisen denselben Edelstein bläulich färben. Die Silikate sind hierbei geradezu ideal, weil die Struktur der Silizium-Aluminium-Oxide viele freie Stellen enthält, die anderweitig besetzt werden können, vorausgesetzt das Atom paßt der Ladung nach, ohne daß die Grundstruktur davon beeinträchtigt oder gar zerstört würde. Daraus leitet sich die Fähigkeit zur Selbstorganisation ab.

Das führte Cairns-Smith zum siebten und letzten Schlüssel: zu den Tonmineralien. Sie sind allgegenwärtig auf der Erde. Ihre Mikrokristalle wachsen und schwinden schon bei den geringfügigsten Veränderungen der Außenbedingungen. Die Ketten und Stränge der Alumosilikate im Ton, die sich auch zu flächenhaften Gebilden verbinden können, ohne daß allzu starke Bindungen eintreten, bilden eine ideale Matrix. An ihnen könnte sich die Strukturbildung und -festigung vollzogen haben, die zu den ersten, einfachen Informationsträgern führte.

Cairns-Smith' Modell der Entstehung des Lebens gehört gewiß zu den überzeugendsten Versuchen, die es derzeit gibt. Ob Oberflächen von Schwefelkies, von Pyrit, auf ähnliche Weise die Entstehung von Eiweißverbindungen begünstigt (katalysiert) haben und damit das Gegenstück zum Ton gefunden ist, wie der Münchner Günter Wächtershäuser mit dem neuesten Versuch der chemischen Erklärung der Anfänge des Lebens annimmt, werden noch weitere Untersuchungen hierzu durchleuchten müssen. Im Prinzip liegt diese Version auf der gleichen Linie: Eine anorganische Grundstruktur wirkt als oberflächengebende und informationsaufnehmende Struktur, die als solche später nicht mehr zu erkennen ist, weil sich das Ergebnis der Katalyse längst verselbständigt hat. Umweg, Funktionswandel, andersartige Ausgangsbedingungen, wir treffen auch hier, im Übergangsfeld von Unbelebtem zum Leben das gleiche Grundphänomen wieder (vgl. dazu Waldrop 1990).

Doch unversehens haben wir uns wieder nur mit der Erbinformation befaßt. Vom Stoffwechsel war keine Rede mehr. War die früher aufgeworfene Frage, ob nackte Information ohne einen Stoffwechselträger Sinn geben kann, überflüssig? Die moderne Genetik sagt dazu ganz klar nein. Bei den Viren, die dieser Vorstellung der genetischen Information ohne Stoffwechsel nahekommen, gilt zumindest, daß sie erst dann »lebendig« werden, wenn sie in eine passende Zelle eindringen können, deren Zustand es ihnen erlaubt, ihr genetisches Programm einzuschleusen und Kopien davon unter Zuhilfenahme des fremden Stoffwechsels herstellen zu lassen. Ohne diese passenden Zellen bleibt die Erbinformation der Viren leblos. Irgendwann würde, ja müßte sie zerfallen, wenn kein Wirt gefunden wird, der die sich wie ein Parasit verhaltende Information aufnimmt und vervielfacht. Die DNS ist zwar erstaunlich stabil, und ihre Fehlerrate bei der Vervielfältigung bleibt geringer als beim Heranwachsen von Kristallen, aber der thermische Zerfall bleibt ihr dennoch nicht erspart. Sie muß sich rechtzeitig davor repliziert haben, sonst ist sie verloren.

Genau umgekehrt würde es sich mit den Mikrosphären verhalten, wenn wir diesen wieder eine Existenzberechtigung zusprechen. Sie tragen keine Information; ihr Wachsen und Platzen bis zur Vervielfältigung richtet sich nur nach der Versorgungslage mit einfachen Bausteinen aus der Ursuppe. Sie haben keine kompliziert gebauten Informationsträger nötig. Ihr Wachstum vollzieht sich ähnlich wie das Wachsen von Tonkristallen im feuchten Schlamm. Selbst wenn kompliziertere Gebilde, wie aus Peptiden zusammengeschlossenes Eiweiß, hinzukommen, ist der Unterschied kein grundsätzlicher geworden.

Der reversible Übergang von Eiweiß aus dem flüssigen Sol- zu einem festeren Gelzustand ist wohlbekannt. Innerhalb enger Temperaturgrenzen verläuft die Zustandsänderung in der einen wie in der anderen Richtung. Das Eiweiß läßt sich wieder »einschmelzen«, wenn es noch nicht allzu fest geworden ist. Auch die aus Eiweiß aufgebauten Enzyme zeigen diese Eigenschaften. Die Temperaturspanne zwischen dem Gefrierpunkt und knapp 40 Grad Celsius deckt sich bestens mit dem Zustandswechsel von Eiweiß oder Enzymen. Darüber hinausgehende Temperaturen bedingen ein irreversibles Gerinnen, während stark unter Null Grad absinkende Temperatur zur Bildung von Eiskristallen führt, die das Feingerüst der Eiweißstoffe beschädigen oder zerstören. Leben vollzieht sich in der für Eiweiß günstigen Temperaturspanne. Die Information, die DNS, kann, wie tiefgefrorenes Sperma beweist, weit größere Temperaturspannen tolerieren.

In den Organismen laufen auch die Stoffwechelvorgänge ganz allgemein temperaturabhängig innerhalb der genannten Spanne ab. Die vielen beteiligten Eiweißstoffe bremsen die rein chemisch temperaturbeschleunigten Reaktionen, so daß eine Zunahme der Arbeitstemperatur um zehn Grad nur knapp eine Verdoppelung der Reaktionsgeschwindigkeiten oder weniger bedeuten. In rein chemischen Prozessen würde dieser Temperaturanstieg die Reaktionsgeschwindigkeit verzwei- bis verdreifachen.

Ohne Stoffwechsel bleibt die innere Struktur der Organismen nicht oder nur unter ganz außergewöhnlichen Bedingungen stabil. Um die Struktur aufrechterhalten zu können, muß der arbeitende Organismus beständig oder regelmäßig genug Stoffe aufnehmen, die um- und eingebaut werden können und die Energie liefern. Der Stoffwechsel bewegt sich daher, wie schon mehrfach betont, fern vom physikalischen Gleichgewichtszustand, eine Rahmenbedingung, die für die Erbinformation keine Bedeutung hat.

Beide gehen also auch an der untersten Basis des Lebens nicht nahtlos und zwangsläufig ineinander über. Das ist das Manko des Cairns-Smith-Modells. Es gilt, wenn es zutrifft, nur für die Entstehung der Erbinformation. Das Zustandekommen des kompletten, in beiderlei Hinsicht funktionsfähigen Organismus erklärt es nicht. Ein nacktes Gen als Organismus zu definieren läßt sich nicht akzeptieren. Bestenfalls handelt es sich dabei um einen Teil, aber gewiß nicht um einen ganzen Organismus.

Einer überzeugenderen Lösung des Rätsels der Entstehung des Lebens sind wir inzwischen aber schon recht nahe gekommen. Freeman Dyson (1988) hat sie in seinem Buch über die zwei Ursprünge des Lebens dargelegt. Er geht von der Grundannahme aus, daß Stoffwechsel und Informationsträger unabhängig voneinander entstanden sind. Es hat dann ein »Takeover«, eine Übernahme, stattgefunden, bei welcher die Informationsträger in urtümliche Zellen eingedrungen sind, die zwar einen mehr oder minder kompletten Stoffwechsel aufwiesen, aber keine feste und beliebig replizierbare Information. Solche Urzellen sind durchaus vorstellbar.

Wir hatten sie als Mikrosphären kennengelernt. Diese Gebilde, die sich nach heutigem Kenntnisstand durchaus selbständig bilden können, ohne daß sie dazu Anweisungen aus einer Rezeptur brauchen, wie sie im Genom steckt, erfüllen genau die geforderten Voraussetzungen für einen »Takeover«. Sie haben einen einfachen Stoffwechsel, sie können anwachsen und sich durch Platzen vervielfältigen und über die nur teilweise durchlässige Hülle eine Trennung von brauchbaren, das heißt im Stoffwechsel verwertbaren, Stoffen und unbrauchbaren vornehmen, aber sie haben keine Informationsträger, die das Geschehen über die chemischen Reaktionen hinaus steuern könnten. Allerdings bringt es ihre Organisation mit sich, daß sie sich nur sehr langsam weiterentwickeln können. So zum Beispiel, wenn eiweißartige Stoffe, die schon als Enzyme wirksam werden können, auf die Tochterzellen weitergegeben werden, wenn sich so eine herangewachsene Mikrosphäre zerteilt. Dringt in solche, noch jenseits der Schwelle zum Leben befindlichen Gebilde ein Informationsträger ein, der selbst keinen Stoffwechsel, wohl aber die Fähigkeit hat, von sich selbst Kopien herzustellen, wenn die nötigen Baustoffe in der Umgebung vorhanden sind, entsteht praktisch übergangslos eine neue Organisationsform, die wir nun als einen Organismus bezeichnen dürfen. Stoffwechsel und vererbbare Information sind zusammengekommen; eine neue Qualität ist entstanden – das Leben.

Der neue Mechanismus der eingedrungenen Erbinformation muß zwangsläufig die Oberhand gewonnen haben, weil sie viel besser funktioniert und über die Wechselwirkung mit der RNS sogar die Synthese der Enzyme direkt zu steuern vermag. Das wirkliche »Leben« im heutigen Sinn wäre demnach aus zwei Teilen entstanden, die sich durch alle Zeiten und durch alle Organismen weiter ganz klar getrennt verfolgen lassen, aus der Zelle, die den Stoffwechsel mitgebracht hat, und aus der genetischen Information, die den Veränderungsprozeß erheblich beschleunigte.

Beide gingen eine Art Symbiose ein. Davon soll das nächste Kapitel handeln. Hier gilt es noch eine andere Theorie nachzutragen, die mit den Grundvorgängen der Wechselwirkung von Stoffwechsel und Genom zu vereinbaren ist, den Ursprung der Erbinformation aber nicht nach außen verlagert und folglich auch keine unterstützenden Tonmineralien oder Pyritoberflächen benötigt. Die Theorie stammt von einer Zellbiologin unserer Zeit, von Lynn Margulis (1970, 1981). Sie geht davon aus, daß die Bausteine der Erbinformation chemisch einem Molekül recht ähnlich sind, das im Stoffwechselgeschehen der Zelle eine einzigartige Funktion besitzt. Es ist dies das Adenosintriphosphat, abgekürzt ATP, eine sehr energiereiche Verbindung aus Adenosin und Phosphaten. ATP wird recht treffend als die »Energiewährung der Zelle« gekennzeichnet. Es ist an den meisten wichtigen Umsetzungen von Energie in der Zelle beteiligt. Herstellung oder Gewinnung von ATP gehören daher zu den Grunderfordernissen der lebenden Zelle.

Lynn Margulis meint nun, daß sich Überschüsse aus dem ATP-Stoffwechsel zu zunächst kurzkettigen DNS-Stücken verbunden hätten, die wie Krankheitserreger auf den Stoffwechsel wirkten. Ähnlich wie bei virusbedingten Krankheiten der Gegenwart setzte massive Abwehr des Stoffwechsels ein, der die kleinen, mobilen DNS-Stücke zu größeren Einheiten zusammenschweißte, die nun weniger aggressiv sich vermehrten und daher schon mehr der Art von Parasiten entsprachen. Aus ihnen wurden schließlich Symbionten; ein Vorgang, der in einer Vielzahl von Formen im Reich der Organismen zu beobachten ist.

Die Erbinformation wäre demnach wie eine Krankheit, gegen die sich der Organismus zunehmend erfolgreicher zur Wehr setzte, in die Lebewesen gekommen. Das Verhalten der Viren und anderer vergleichbarer

»nackter Genträger« bestärkt die Verfechter dieser Theorie. Was sie weniger eindeutig erklären kann, das sind die Anfänge der Erbinformation. Die dazu benötigten Bausteine hätte eine schon recht fortschrittliche, hinsichtlich ihres Stoffwechsels weit gediehene Zelle als Abfallprodukte aufbauen müssen. Damit bekäme die Seite des Organismus ganz klar den Vorzug, am Anfang des Lebens zu stehen. Der genetische Apparat wäre ein Spätprodukt in der Zellevolution, aber ein zelleigenes.

Neben diesen Grundlinien des Nachdenkens und Argumentierens zum Ursprung des Lebens gibt es noch eine ganze Reihe von Verfeinerungen und Detailansätzen. Sie lassen sich in dem Befund zusammenfassen, daß eine streng naturwissenschaftliche Erklärung der Entstehung des Lebens keine Utopie ist. Biologie, Biochemie und Physik sowie die in die Geologie, Meteorologie, Paläoklimatologie und Kosmologie hineinstrahlenden Randbereiche haben eine solche Menge von Fakten und Befunden zusammengetragen, daß es nicht mehr möglich ist, diese zu ignorieren. Wenngleich die Spaltung in Organismus und Genom bis zu den fernen Wurzeln reicht und entweder im Sinne von Lynn Margulis daraus hervorgegangen ist oder im weiteren Sinne von Freeman Dyson und anderen das Zusammenkommen der ursprünglich getrennten »Stoffwechsler« mit den »Informationsträgern« das eigentliche Leben hervorgerufen hat, erscheint für die Interpretation des Evolutionsprozesses inzwischen von nachrangiger Bedeutung. Wichtiger ist, daß sich die Zweiteilung von Stoffwechsel und Genom tatsächlich bis zu den fernen Ursprüngen des Lebens zurückverfolgen läßt. Das macht sie zu einem durchgängigen Prinzip.

Die Darwinsche Sicht der Evolution als Wechselwirkung von Erbänderung (Mutation) und Auslese durch die Umwelt (Selektion) gilt, so betrachtet, als Mechanismus für den Teilbereich des Genoms, während die grundsätzlich gleichen Evolutionsmechanismen, die der inneren Struktur und Funktion der Organismen, die ihrer organismischen Natur entspringen, den anderen Teil ausmachen. Das Leben, so könnte man es ausdrücken, tauchte als neue Qualität aus dem Zusammenwirken von Information und Stoffwechsel auf. Stoffwechsel allein kann nur als Vorstufe zum Leben gelten, nicht mehr und nicht weniger. Mit der Erbinformation verhält es sich genauso.

3. Symbiose: Fortschritt durch Kooperation

Mit der Verbindung von Stoffwechsel und Erbinformationsträgern entstanden die ersten Organismen. Ihr Zustandekommen muß ein massiver Einschnitt in den Hunderte von Millionen Jahre gleichmäßigen Gang der Dinge auf der Erde gewesen sein. Etwa ein Drittel der bisherigen Existenzzeit des Planeten Erde war vergangen, als sich organismisches Leben auszubreiten begann. Es veränderte die äußere Hülle der Erde nachhaltig. Die Biosphäre entstand. Noch waren diese allerersten Organismen aber so klein und so einfach gebaut, daß es rund einer weiteren Milliarde Jahre bedurfte, bis die Auswirkungen des Lebens sich abzuzeichnen begannen.

Die ersten Organismen waren so klein wie ganz einfach gebaute Bakterien unserer Zeit, die erste mit Hilfe hochkomplizierter Vergrößerungstechniken sichtbar werden. Ihre Organisation läßt sich etwa so beschreiben: in einer Hülle verpackt, welche das Außen vom Innen scheidet, die aber durchlässig genug blieb, daß verwertbare Stoffe aufgenommen und nicht mehr benötigte ausgeschieden werden konnten, unbeweglich und ohne besondere Leistungsfähigkeiten. Als Nahrung dienten nach wie vor Stoffe aus der Ursuppe. Die Vermehrung erfolgte durch Teilung, und je nach Angebot an Nahrungsstoffen verlief sie schneller oder langsamer. Die Erbinformation befand sich verteilt im Inneren. Sie produzierte Kopien ihrer selbst, die bei den Teilungen auf die beiden Tochterzellen ungefähr gleichmäßig aufgeteilt wurden. Da sich viele Kopien derselben Erbgut-Stränge in den Zellen befanden, kam es auch gar nicht so sehr darauf an, das Erbgut ganz gleichmäßig aufzuteilen.

Vom Stoffwechsel in diesen Urzellen wurde alles durchprobiert, was es in der Ursuppe so gab: Schwefelverbindungen, Eisenverbindungen, Verbindungen, die Kohlenstoff enthielten, und vielleicht sogar solche, die zum Teil aus Kieselsäure aufgebaut waren. Gewiß gehörten auch Phosphorverbindungen zu den ersten und grundlegenden Stoffen, die für das Stoffwechselgeschehen in den Zellen wesentlich geworden sind. Denn sie zeichnen sich durch einen hohen Energiegehalt an ihren einzelnen Bindungsstellen aus.

Eine Verbindung erlangte herausragende Bedeutung: das Adenosintriphosphat (ATP), das aus drei Phosphatteilen und einer stickstoffhaltigen Verbindung, dem Adenosin, besteht. Es wurde, dem Treibstoff in der modernen Energienutzung vergleichbar, zur »Energiewährung« der Organismen. Auch mit Farbstoffen wurde viel durchprobiert: eisen-, kobalt- und magnesiumhaltige Verbindungen erreichten als Farbstoffe eine vergleichbare Bedeutung in der Zelle, weil sie in der Lage sind, Energie aus dem Licht aufzunehmen und weiterzuleiten. Eine Vielzahl von Stoffwechselwegen bildete sich heraus, die fast alle natürlicherweise vorkommenden, energiereichen Verbindungen ausnutzen. Chemisch gesehen, waren diese Urzellen fast »zu allem fähig« (omnipotent).

Je nach Angebot entwickelten sie verschiedene Schwerpunkte in der Nutzung der Möglichkeiten, die in der Umwelt vorhanden waren. Vielleicht waren sogar Reaktionen darunter, die sich längst nicht mehr finden, weil es die zugehörigen Angebote nicht mehr gibt und weil die betreffenden Spezialisten im Verlauf der Evolution auf der Strecke geblieben sind. Jedenfalls reichte das Spektrum vom Leben in heißen Quellen bis hin zu den Eisgipfeln und den Kältepolen. Die winzigen Bakterien sind allgegenwärtig geworden. Es gibt keinen Lebensraum der Erde, in dem sie nicht in beachtlicher Vielfalt zu finden wären. Die DNS speicherte Informationen und machte sie damit zu Erbinformationen. Ihre Ketten wurden immer länger, und die Verbindungen, die sie untereinander eingehen konnten (»Stellenwechsel«), erzeugten immer neue Anpassungen.

Stoffwechsel und Erbinformation hatten lange vor Beginn der Entwicklung vielzelliger Organismen einen Stand erreicht, der wohl dem heutigen entspricht oder diesen möglicherweise sogar übertroffen hatte. Je tiefer die Forschung in die Geheimnisse der Bakterien eindringt, desto klarer zeigt sich, was diese Miniatur-Lebewesen alles zu leisten vermögen. Deshalb tauchte schon mehrmals die Frage auf, warum die Evolution überhaupt über dieses Stadium der alleskönnenden Bakterien hinausgegangen ist. Die stark gesteigerte Leistungsfähigkeit, die zunehmende Emanzipierung vom Diktat der Umwelt bot einen gewichtigen Grund für diese qualitative Weiterentwicklung. Der Mechanismus aber, der den Übergang bewirkt haben könnte, ist dabei nicht gebührend berücksichtigt worden. Aus welchem Grund auch immer sollten sich einzelne Zellen zusammengeschlossen haben, wenn es doch so viele unterschiedliche Lebensmöglichkeiten gab? Halten wir an diesem Punkt kurz inne. Zu leicht könnte hier eine Schwelle übersprungen werden, die eine der bedeutungsvollsten Weichenstellungen für den Gang des Lebens geworden ist.

Denn kein einziger vielzelliger Organismus ist aus Bausteinen aufgebaut, die den hier geschilderten Bakterien entsprechen. Bei diesen Zellen gibt es kein Miteinander, keine Kooperation. Sie wachsen höchstens in Zellkolonien, weil ihre Schleimscheiden sie zusammenhalten. Aber keine Bakterienzelle hat mit einer anderen etwas zu tun. Das zeitweise Zusammenkriechen einzelner Zellen der als Schleimpilze bezeichneten Organismen, die den Bakterienzellen entwicklungsgeschichtlich nahestehen, stellt die größte Leistung dar. Sie dient der Vermehrung, ähnlich wie die Fruchtkörperbildung bei den Pilzen, deren Zellen jedoch erheblich weiter entwickelt sind.

Wir stehen also erneut vor einem »Übergangsproblem«. Wie kann aus den einzelligen Bakterien ein vielzelliger Organismus entstanden sein, wenn das bloße Sich-Zusammenschließen der Zellen nichts bringt?

Um auch diese Fragen klären zu können, müssen wir uns mit dem Aufbau der Zelle selbst etwas näher befassen. Das meiste davon ist Lehrbuchwissen der höheren Schulen. Die Antworten stellen der Evolutionstheorie die Bewährungsprobe. Bakterien, so erfahren wir aus den Büchern, sind gar keine »richtigen« Zellen. Sie gelten noch als unvollständig. Die biologische Bezeichnung »Prokaryoten« soll ausdrücken, daß sie vor den eigentlichen Zellen, den Karyoten, oder, wie sie wissenschaftlich genannt werden, den Eukaryoten stehen. Diese Eukaryoten umfassen alle Lebewesen mit »kompletten« Zellen. Dazu gehören Einzeller, wie das Pantoffeltierchen, und viele andere Organismen, die nur aus einer einzigen Zelle bestehen, sowie alle Vielzeller. Nach Art der Zelle geht die große Trennlinie also nicht zwischen den Einzellern und den Vielzellern hindurch, sondern durch die Gruppen einzelliger Organismen. Die Entscheidung, wozu ein Organismus gehört, begründet sich auf den inneren Bau seiner Zellen.

Daß es sich hierbei nicht etwa um eine Spitzfindigkeit der Biologen handelt, welche die ohnehin für Nichtbiologen schon schwer durchschaubare Vielfalt des Lebens noch komplizierter macht, als sie ist, sondern um wirklich grundlegende Unterschiede, geht aus der Gegenüberstellung beider Zustände der Zellorganisation hervor. Die vollständige Zelle, die eukaryotische Zelle, enthält einen Zellkern, der durch eine besondere Membran gegen das Zellplasma abgegrenzt ist. In diesem Zellkern steckt die Erbinformation, verpackt in der »Buchstabenfolge« der DNS. Poren in der Hülle vermitteln den Zugang zum Plasma des Zellkörpers, das eine komplizierte innere Netzstruktur aufweist. Eine der Zellkernmembran vergleichbare äußere Hülle, oft besonders verstärkt, schließt die Zelle nach außen ab.

Doch im Innern gibt es noch weitere Gebilde, von denen zwei ganz besonders hervorzuheben sind, weil ihr Vorhandensein oder Fehlen den Hauptunterschied zwischen den Prokaryoten und den Eukaryoten ausmacht. Es handelt sich um winzige, längliche Gebilde, die bei starker Vergrößerung eine Kammer- oder Röhrenstruktur zeigen. Sie werden Mitochondrien genannt. Diese Mitochondrien sind die »Kraftwerke« der Zelle. In ihnen spielen sich die meisten Energieumsetzungen ab. Alle vollständigen Zellen der Eukaryoten enthalten Mitochondrien, aber nur ein Teil der eukaryotischen Organismen weist dazu noch kugelige bis walzenförmige Gebilde auf, die den Farbstoff tragen, der bei der Photosynthese wirksam wird. Es sind dies die Plastiden der Pflanzenzelle. Ihre besondere Ausführung mit Blattgrün (Chlorophyll) wird Chloroplasten genannt. Zusammen mit weiteren kleinen Körperchen und dem Netzwerk in der Zelle funktionieren diese Gebilde ähnlich wie die Organe in höheren Organismen. Sie werden deshalb recht treffend Organellen genannt. Organellen sind die Funktionseinheiten der kompletten Zelle. Ihre Vorform, die prokaryotische Zelle, hat diese Organellen nicht.

Ist diese kurze Wiederholung der Schulbiologie nun wirklich so wichtig? Mit Chloroplasten und Mitochondrien kann ein Nichtbiologe wenig oder nichts anfangen. Und warum sollten weiterentwickelte Zellen nicht einfach auch Feinstrukturen haben, die wie Miniaturorgane wirken? Wir hätten uns den Ausflug in die Zellbiologie in der Tat sparen können, wenn nicht so Wichtiges damit verbunden wäre. Beide Organellen, die Mitochondrien wie die Chloroplasten, enthalten nämlich ein eigenes Erbgut, das vom Erbgut im Zellkern unabhängig ist. Die DNS in Mitochondrien und Chloroplasten gehört gar nicht zum Erbgut des Zellkerns. Diese beiden Organellen vermehren sich innerhalb der Zelle ganz eigenständig. Dabei geben sie auch ihre DNS mit jedem Vermehrungsschritt weiter.

Betrachten wir zuerst die kleinen grünen Körnchen, die Chloroplasten. Sie enthalten das Blattgrün. Nur in den Chloroplasten spielt sich die Photosynthese ab, also die Nutzung von Sonnenlicht zur Herstellung von organischen Stoffen. Je nach Lichtangebot und Versorgung mit Kohlendioxid und Wasser arbeiten und vermehren sich die Chloroplasten stärker oder weniger. Bei der Erforschung ihrer Feinstruktur stellte sich heraus, daß sie bestimmten Bakterien, den Cyanobakterien, sehr ähnlich sehen; sie hat man früher als Blaualgen bezeichnet, weil sie wie Algen im Wasser leben und sich rasend schnell vermehren können. Die Chloroplasten sehen nicht nur ganz ähnlich wie solche Cyanobakterien aus, sondern sie arbeiten auch ganz genauso wie diese. Nur findet ihre Photosynthese in der eukaryontischen Zelle statt, und nicht im freien Wasser.

Ihre DNS ist anders, nämlich ringförmig, gebaut als die im Zellkern vorkommende. Darin gleichen sie den Mitochondrien, die ebenfalls Eigenschaften besitzen, wie sie bei freilebenden Bakterien vorkommen. Sie vermehren sich unabhängig von der Zellteilung, und sie sind von einer Membran umhüllt, die sie gegen das Zellplasma abgrenzt. In Bau und Leistung entsprechen sie einem anderen Bakterientyp. Er arbeitet besonders mit den energiereichen Phosphorverbindungen. Die Membran gleicht der Hülle der Chloroplasten. Die ringförmige DNS durchläuft eigenständige, von der DNS im Zellkern gänzlich unbeeinflußte Erbänderungen, die in der modernen Biologie dazu benutzt werden, die verwandtschaftlichen Zusammenhänge und Unterschiede zwischen den Organismen zu klären. Denn im konstanten Innenmilieu der Zelle wirkt kein Selektionsdruck auf das Erbgut in der DNS der Mitochondrien, so daß sich die Mutationen zufallsgemäß im Laufe der Zeit ansammeln. Je länger die Zeiträume der Trennung, desto größer die Unterschiede in den Mutationen – und umgekehrt.

Was hat es mit diesen beiden Merkwürdigkeiten auf sich? Zuerst noch eine andere Feststellung: Es ist bislang nicht gelungen, zwischen prokaryotischen und eukaryotischen Zellen Übergangsformen ausfindig zu machen. Die vollständige Zelle ist plötzlich da. In keiner Organismengruppe finden sich allmähliche Übergänge vom einfacheren Ausgangszustand zum komplexeren Endzustand. Der Phasenübergang sieht wie ein Phasensprung aus. Der Evolutionsprozeß dürfte aber nach herkömmlich selektionistischer Sicht keine derartigen, so tiefgreifenden Sprünge zulassen. Denn mit dem Besitz von Chloroplasten entstand das Reich der höheren Pflanzen und schied sich vom Reich der Tiere, in welchem solche Farbstoffträger nicht vorkommen. An ihnen hängt das unabhängige (autotrophe) Leben der Pflanzen.

Der Besitz von Mitochondrien verhalf der vollständigen Zelle zu energetischen Leistungen, die weit über dem vorherigen Niveau liegen. Ohne diese verbesserten Zelleistungen gäbe es keine Fortbewegung über Muskelfasern und keine Wachstumsvorgänge in komplexen Pflanzen, weil die Energie nicht ausreichend von Zelle zu Zelle und – noch wirkungsvoller – über die Leitungsbahnen übertragen werden könnte. Wenn oben in der Baumkrone Photosynthese stattfindet, die Energie des Sonnenlichtes bindet, und diese Energie nicht gespeichert und transportiert werden könnte, gäbe es kein Wachstum von Stamm und Wurzeln, keine Früchtebildung und die meisten anderen Lebenstätigkeiten der Pflanzen auch nicht. Schließlich wäre das aufwendigste aller Organsysteme, das Nervensystem, ohne Mitochondrien gänzlich unvorstellbar.

Höheres Leben ist mit diesen Zellorganellen aufs engste verbunden. Also muß ihr Zustandekommen von der Evolutionsbiologie entschlüsselt werden, ansonsten fehlt ein zentrales Stück im Versuch, den Weg des Lebens nachzuzeichnen.

Der Lösungsansatz findet sich in einer Ungenauigkeit. Das Tierreich wird von der Welt der Pflanzen für gewöhnlich durch das Vorhandensein oder Fehlen von Blattgrün abgetrennt. Vereinfacht ausgedrückt, heißt dies, das Vorkommen von Chloroplasten in den Zellen macht diese zu Pflanzenzellen. Fehlen sie, so gehört die Zelle dem Tierreich an. Wir schließen hier bewußt die Pilze aus, deren andersartiger, stark abweichender Aufbau ihrer Zellfäden, die nicht streng in einzelne Zellen untergliedert sind, die Zuteilung in ein eigenständiges Reich, das Reich der Pilze, rechtfertigt.

Die Zellwände der Pflanzenzellen bestehen aus Zellulose. Sie stammt aus der Photosynthese und stellt einen stark verknüpften (polymerisierten) Verband von Zuckermolekülen dar. Die tierische Zelle kann, wie auch der Zellschlauch der Pilze, schwerlich aus diesem Stoff aufgebaut sein, weil keine entsprechende Produktion vorliegt. Die Wände der tierischen Zellen sind allgemein weniger massiv und von Eiweißstoffen gebildet oder mitgebildet. Bei den Pilzen enthält die Zellwand häufig Chitin.

Diese Unterschiede verdeutlichen, daß es eben sehr stark davon abhängt, ob Chloroplasten in der Zelle vorhanden sind oder nicht, weil der übrige Aufbau der Zellen davon beeinflußt wird. Die massiven Unterschiede im Bau der Zellen sind Folgen, und nicht etwa die Ursachen für die unterschiedliche Organisation. Daher sollten wir unser Augenmerk weniger auf die vom Vorhandensein oder Fehlen der Chloroplasten bedingten Unterschiede richten, wenn es darum geht, die Entstehungsgeschichte der vollständigen Zelle zu rekonstruieren.

Vielmehr müssen wir die Organellen selbst einzuordnen versuchen. Dabei kommt uns nun jene schon angedeutete Ungenauigkeit zugute.

Der Besitz von Chloroplasten kennzeichnet nämlich nicht immer pflanzliche Organismen. Es gibt auch »grüne Tiere«. Das einfachste und am schwierigsten einzuordnende ist das grüne Augentierchen *Euglena viridis*, das schon in einem früheren Kapitel erwähnt wurde. Dieses Geißeltierchen könnte zu den Pflanzen gerechnet werden, weil es Blattgrün in Form vieler kleiner grüner Kügelchen enthält. Dann müßte es Geißelalge genannt werden. Es kann sich aber dieser grünen Kügelchen entledigen, dann ist aus der Geißelalge wieder das Geißeltierchen geworden.

Nun braucht bei einem Einzeller die Unterscheidung ob Tier oder Pflanze vielleicht gar nicht so ernst genommen zu werden, weil es sich doch nur um jeweils eine einzige Zelle handelt. Schwieriger wird es, wenn wir zu offensichtlichen Tieren übergehen, zu Korallen und Muscheln, die in ihrem Körper, wie auch einige andere Meerestiere, wiederum solch winzigkleine grüne Kügelchen tragen, die sich wie Pflanzen verhalten. Sie gehören zum Tierkörper, und deshalb ist der Grüne Süßwasserpolyp, die *Chlorohydra viridissima*, tatsächlich auch grasgrün. Nur weil beim Süßwasserpolyp, von dem es übrigens auch solche Tiere gibt, die keine »grünen Kügelchen« enthalten, sowie bei den Muscheln und den Korallen die sonstige Organisation des Körpers so eindeutig der von Tieren entspricht, zögern wir nicht, diese grünen Lebewesen dem Tierreich zuzuordnen.

Die genauere Untersuchung zeigt, daß das auch völlig in Ordnung ist. Es handelt sich ganz einfach um verschiedene Vertreter von sogenannten Zoochlorellen und Zooxanthellen (bräunlichere Formen), die zu den Grünalgen der Gattung *Chlorella* gehören oder damit recht nahe verwandt sind und die auch aus ganz anderen Algengruppen stammen können, wie beispielsweise von den Kieselalgen. Im Unterschied zu den grünen Körperchen in den echten Pflanzenzellen, den Choroplasten, zeigen sie ganz deutlich ihre Zugehörigkeit zu echten Algengruppen. Sie lassen sich aus den Geweben isolieren und getrennt vermehren. In Riffkorallen kann es solche Massierungen von Zooxanthellen geben, so daß unter einem Quadratzentimeter Fläche lebender Korallen mehr als eine Million von ihnen lebt.

Es handelt sich dabei um eine Symbiose, um das Zusammenleben von ganz verschiedenartigen Lebewesen, wobei beide Partner daraus Nutzen ziehen. Auch darauf sind wir im Lauf der Erörterung schon mehrfach gestoßen. Ist es da nicht naheliegend, in den Chloroplasten der Pflanzenzellen auch eine Symbiose zu sehen? Diese Symbiose umfaßt ein viel weiter fortgeschrittenes Stadium des Zusammenlebens. Der eine Partner, der Träger, ist eine große Zelle, die schon über Mitochondrien verfügt. Der andere Teilhaber ist ein Cyanobakterium, das sich als solches nur noch bei Untersuchung der Feinstruktur zu erkennen gibt. Bei der Entwicklung der Pflanzenzelle sind solche Cyanobakterien aufgenommen und fest in die Zelle eingefügt worden. Doch sie haben ein ziemliches Maß an Selbständigkeit bewahrt und nicht einmal ihre eigene DNS verloren.

Nun wissen wir aber, daß es bei freilebenden Bakterien viele Versionen von Farbstoffnutzungen gibt. Chlorophyll, das gewöhnliche Blattgrün mit seinen Varianten, ist nur ein Pigment auf einer ganzen Palette. Es hat sich wegen seiner besonderen Wirksamkeit durchgesetzt und die Pflanzenwelt grün werden lassen. Gerade die früher als Blaualgen bezeichneten Cyanobakterien zeichnen sich durch eine besonders schnelle Vermehrung aus, wenn im Wasser geeignete Nahrungsbedingungen vorliegen.

In der Zelle herrschen noch viel günstigere Verhältnisse, weil der Zellsaft bei weitem nicht so wäßrig ist wie ein mit Nährstoffen sehr stark befrachtetes Freiwasser. Bei der Zellatmung entsteht außerdem Kohlendioxid. Es bildet den Grundstoff für die Photosynthese von Zuckerverbindungen. Wasser ist ebenfalls vorhanden – wie auch die Entsorgung der Überschußproduktion, weil die Zelle genau das braucht, was das zum Chloroplasten gewordene Cyanobakterium ausscheidet: Zucker und Sauerstoff. Es kommt nur darauf an, ein in der Zelle eingeschlossenes Cyanobakterium so weit unter Kontrolle zu halten, daß es sich nur so stark entwickelt und vermehrt, wie seine Produkte gebraucht werden. Gelingt diese Kontrolle, dann funktioniert die Symbiose. Wir finden die gleichen Rahmenbedingungen wieder wie bei der Symbiose von Wurzeln mit Wurzelpilzen.

Ursprünglich waren sie Erreger von Erkrankungen der Wurzeln, weil sie in diese eingedrungen sind und den Zellinhalt für ihre eigene Ernährung und für ihr Wachstum nutzten. Viele Wurzelpilze, gegen die man heute mit Giften vorgeht, bedrohen nach wie vor die Ernten und Nahrungsmittel oder das Wachstum von Nutz- und Wildpflanzen. Unter den Bedingungen von Nährstoffknappheit ist die Einstellung des symbiontischen Gleichgewichtes gelungen, weil der Mangel an Mineralstoffen auch das Gedeihen der Pilze bremst. In nährstoffarmen Böden funktionieren daher die Wurzelpilz-Symbiosen, die Mykorrhizen, am besten. Hieraus können wir die Rahmenbedingungen für das Zustandekommen der Symbiose zwischen Zellen und Cyanobakterien ableiten.

Die anhaltende Erschöpfung der Ursuppe muß zwangsläufig, als Folge der ungebremsten Ausbreitung und Vervielfältigung der Organismen, zum Rückgang des spezifischen Nahrungsangebotes geführt haben. Große »Freßzellen«, die vielleicht ähnlich wie die Schleimklümpchen von Amöben organisiert waren, beweideten den Aufwuchs von mikroskopisch kleinen, blaugrünen Bakterien (Cyanobakterien), die dabei vom Plasma umflossen und in die Zelle aufgenommen wurden. Die meisten werden abgestorben sein. Ihr Nährstoffgehalt wurde von der amöbenartigen Freßzelle verspeist. Einigen mag das Umgekehrte gelungen sein.

Die Aufnahme durch die Freßzellen bedeutete für sie die Möglichkeit, in ein mineralstoffreiches Substrat einzudringen, das Rohstoffe für verstärkte Photosynthese, für Teilung und Vervielfältigung geboten hatte. Diese Cyanobakterien wurden zu tödlichen Krankheitserregern. Dazwischen liegt ein schmaler Grat. Die Cyanobakterien konnten sich schnell genug vermehren, wobei die Verluste wieder ausgeglichen wurden, die von den zersetzenden Einwirkungen des Plasmas der Freßzelle ausgingen, während diese auch nicht die Oberhand gewinnen konnte. Aus dieser Patt-Situation heraus konnte sich die Symbiose entwickeln. Das wäre eine kühne Spekulation, vielleicht auch bloß ein Phantasieren, wenn nicht vergleichbare Verhältnisse zu beobachten wären: bei den Wurzelpilz-Wurzel-Wechselwirkungen. Was dort möglich ist, kann für den Übergang von Cyanobakterien in die dann zur Pflanzenzelle werdende Zelle nicht grundsätzlich ausgeschlossen werden.

Die weniger festen Symbiosen zwischen den Zoochlorellen oder Zooxanthellen in den genannten Tiergruppen führen sogar noch deutlicher vor Augen, wie flexibel die Anpassungen von einzelligen Pflanzen an ihre Umwelt sein können. Sie können sich verselbständigen oder in das tierische Gewebe eingebunden bleiben. Somit lassen sich gute Argumente dafür vorbringen, daß die Pflanzenzelle durch eine Symbiose entstanden ist.

Zwar halten wir, nicht zuletzt auch deswegen, weil wir selbst zum Tierreich gehören, die tierische Zelle zumeist für die »höherentwickelte«, aber hinsichtlich der Organellen ist sie das nicht. Die Pflanzenzellen tragen Mitochondrien und andere Organellen oder Feinstrukturen, wie wir sie in tierischen Zellen finden, aber sie haben darüber hinaus die Chloroplasten und andere, ihnen entsprechende und auf ähnliche Weise zustande gekommene Plastiden. Die tierische Zelle weist keinen ähnlichen Zugewinn auf.

Läßt sich nun diesen symbiontischen Vorgängen Vergleichbares in tierischen Zellen finden? Betrachten wir dazu die Mitochondrien. Wie die Chloroplasten enthalten auch sie ein eigenes Erbgut und werden von einer besonderen Membran umschlossen, die ihre weitgehende Eigenständigkeit in der Zelle gewährleistet. Wäre es nicht denkbar, daß auch sie von außen gekommen und als Symbionten aufgenommen worden sind? Falls ja, dann hätten wir das Rätsel der komplexen Zelle und des fehlenden Überganges aus einfacheren Formen gelöst. Tatsächlich gibt es so viele Übereinstimmungen mit Bakterien bis ins kleinste Detail, daß die Annahme, die Mitochondrien sind über eine Symbiose in die Zelle gekommen, nicht nur vernünftig, sondern geradezu zwingend erscheint. Der Zellbiologe Wolfgang Schwemmler hat das in seinem Werk über die Mechanismen der Zellevolution (1978) ausführlich begründet. Der Feinbau der Mitochondrien deckt sich so genau mit dem entsprechender Bakteriengruppen, daß sich die Übereinstimmungen sicher nicht mehr mit zufälliger Gleichheit abtun lassen. Auch Lynn Margulis kommt zu diesem Ergebnis. Weltweit arbeiten Zellbiologen an der Enträtselung des Feinbaus der Zellen und forschen nach ihren Ursprüngen. Die einzige sinngebende Theorie ist die »Symbiontentheorie«.

Im Falle der Mitochondrien läßt sie sich noch leichter nachvollziehen als bei den Chloroplasten. Denn Bakterien bedrohen bis in die Gegenwart unablässig die Zellen der höheren Organismen. Auch unser Körper führt einen beständigen Abwehrkampf gegen die winzigen Eindringlinge. Würde die Abwehr auch nur kurzzeitig erlahmen, käme es zur Erkrankung. Freßzellen und die Immunabwehr sorgen dafür, daß die Eindringlinge unschädlich gemacht werden. Die Freßzellen, die weißen Blutkörperchen, nehmen die Bakterien auf und vernichten sie, sofern die Abwehr vollkommen funktioniert. Es gibt aber auch zahlreiche Zwischenstadien, die von chronisch leichter Erkrankung bis zu einem inneren Gleichgewicht reichen, bei welchem die Erreger so in Schach gehalten werden, daß sie keine Erkrankungen mehr verursachen können, aber dennoch am Leben bleiben. Das Spektrum reicht von Viren und Bakterien einerseits bis hin zu tierischen Blutparasiten und größeren Eingeweideparasiten andererseits. Das Gleichgewicht bedeutet das In-Schach-Halten der Gefahr, die sich schließlich zum Symbionten weiterentwickeln kann.

Die Bakterien unserer Darmflora, welche beim Verdauungsvorgang beteiligt sind, benötigen wir für eine gute Verdauung. Ebenso brauchen wir, wenn auch weniger leicht erkennbar, die Bakterienrasen, »harmlosere« Arten auf unseren Schleimhäuten und auf der Haut ganz allgemein. Sie verhindern das Eindringen anderer Bakterien, mit denen noch kein Gleichgewicht zustande gekommen ist oder die sich durch Mutationen zu neuen, virulenten Stämmen entwickelt haben.

Das Eindringen von energetisch besonders anspruchsvollen Bakterien in die noch ungeschützten Urzellen, die auf dem Weg zur eukaryotischen Zelle waren, erweist sich aus dieser Sicht als durchaus normaler Vorgang, der vielfach stattgefunden haben kann. Eigentlich muß er sich sogar ereignet haben, weil die noch »auf Sparflamme lebenden«, ungeschützten Zellen ein so niederes Stoffwechselniveau hatten, daß sie gar nicht in der Lage gewesen wären, sich wirkungsvoll genug gegen die Eindringlinge zu schützen.

Wieder mag die Amöbe Pate stehen. Im Zeitlupentempo umfließt sie Nahrungsbröckchen aus Bakterien, die gerade irgendwelche organischen Abfälle zersetzen. Sie werden in eine wäßrige Blase, eine Vakuole, eingehüllt. Darin befinden sich von der Zelle abgeschiedene Verdauungsstoffe. Sie zerstören den empfindlichen Mechanismus der Bakterien und lösen sie auf. Damit sind die Bakterien nicht nur unschädlich gemacht, sondern zur Nahrung für die Amöbe geworden. Doch es ginge ihr viel besser, könnte sie die Bakterien am Leben erhalten und ihre Fähigkeiten nutzen, energiereiche Phosphorverbindungen (ATP) aus den aufgenommenen Verbindungen herzustellen.

Für die ursprünglich freilebenden Vorläufer der Mitochondrien mögen diese chemischen Fähigkeiten der Schlüssel zum Erfolg gewesen sein. Denn sie brauchten für die ATP-Synthese entsprechend zusammengesetzte Stoffe. Diese finden sich innerhalb lebender Organismen viel konzentrierter als in zerfallenden oder in der wäßrigen Lösung der Ursuppe. Das nun gebildete ATP könnte die Bakterien davor bewahrt haben, verdaut zu werden, weil es wie ein winzigstes Feuerchen die herangetragenen organischen Stoffe, insbesondere die Verdauungsenzyme, zerstört. Sicher glückte der Übergang zur Symbiose nicht aufs erste Mal. Vielmehr ist anzunehmen, daß sich eine ähnlich lange, vermutlich noch langwierigere Auseinandersetzung zwischen den ursprünglichen Freßzellen und den Bakterien ergeben hat, wie bei der Beherrschung eines Krankheitserregers durch den Organismus. Zuerst muß dieser immun werden, bis der Erreger unter Umständen eingebaut werden kann in das innere Funktionsgefüge und den Übergang zum Symbionten schafft.

Immerhin stand eine breite Auswahl von Bakterien zur Verfügung, aus denen sich spätere Mitochondrien hätten entwickeln können. Vielleicht entsprechen die beiden in ihrer Innenstruktur verschiedenen Typen von

Mitochondrien auch unterschiedlichen Ausgangstypen von Bakterien. Es ist jedenfalls erst ihrer Leistung in der Zelle zuzuschreiben, daß sich diese ungleich stärker nach außen abschotten konnte, weil nun im Zellinneren Überschüsse hergestellt wurden.

Schwemmler (1978) und Margulis (1981) führen viele zusätzliche zellbiologische Details auf, die auf einen symbiontischen Ursprung der Mitochondrien hinweisen. Gegenargumente verlieren zunehmend an Gewicht. Die beiden Hauptbestandteile der kompletten eukaryotischen Zelle stammen aller Wahrscheinlichkeit nach aus dem Kreis der Bakterien und der Cyanobakterien. Somit haben sich drei unterschiedliche Vertreter prokaryontischer Organismen zu zwei neuen Einheiten zusammengeschlossen, zur tierischen und zur pflanzlichen Zelle. Kontinuierliche Übergänge sind weder nötig, noch hätten sie irgendwelche Selektionsvorteile einbringen können. Ein »bißchen Mitochondrium« gäbe keinerlei Sinn und Vorteile, genausowenig wie ein Bauteil eines Chloroplasten in der Zelle etwas bedeuten könnte. Die Symbiose schafft die neue Einheit, die auf Anhieb komplett funktioniert.

Damit erschöpft sich das Arsenal an Überraschungen noch keineswegs, welches das Innenleben der Zellen bereithält. Eine wichtige Errungenschaft muß noch angefügt werden, um den Bogen zu spannen. Es gibt Zellen, die beweglich sind. Schlagende Geißeln treiben sie an. Solche Zellen bilden einen feinen Flimmerbelag auf unseren Bronchien und anderen Teilen des Atmungsapparates. Sie transportieren, unablässig schlagend, Schleim aus der Lunge heraus und verhindern, daß diese im eigenen Sekret erstickt. Diese Zellen des Flimmerepithels sitzen fest. Dagegen sind die Gebilde frei beweglich, welche die männliche Erbinformation tragen, die Samenzellen. Spermatozoen, Samentierchen, nennt sie die Fachsprache der Biologie. Die umgangssprachliche Verkürzung zu Sperma läßt das »zoon«, das -tierchen, weg.

Wie kommt eine so merkwürdige Bezeichnung zustande? Warum fügt der Biologe das »Tierchen« als Wortteil an? Ein Blick ins Mikroskop erklärt dies schnell. Die Samen-»Fäden« bewegen sich, angetrieben von schlagenden Geißeln, ganz genauso wie Geißeltierchen in der sie umgebenden Flüssigkeit. Wird diese leicht sauer gemacht, steigert sich ihre Bewegungsaktivität. Deshalb ist es durchaus verständlich, daß bei der Entdeckung der Spermatozoen die Ähnlichkeit mit den Geißeltierchen namensgebend wurde.

Die Funktion dieser Beweglichkeit blieb nicht lange verborgen. Die Samenfäden schwimmen damit der befruchtungsfähigen, unbeweglichen Eizelle entgegen. Bei vielen Organismen ist das so. Aber handelt es sich um einen Zufall, daß die Stuktur dieser Geißeln, die aus zwei inneren und sieben äußeren, die inneren ringförmig umgebenden Eiweißsträngen aufgebaut sind, genau dem Bau der Geißeln der Geißelbakterien entspricht? Kann es sein, daß ein Muster in einer ganz anderen Gruppe von Organismen wieder auftaucht, die nichts mit der ursprünglich geißeltragenden zu tun hat, außer daß sie auch zu den Lebewesen zählt?

Die Übereinstimmungen sind so verblüffend, daß wiederum die Annahme naheliegt, die Geißel der Geißelbakterien lebt in unseren Samenzellen fort. Irgendwann in ferner Vergangenheit sind nicht nur solche Bakterien in die sich entwickelnde Zelle eingedrungen, aus denen Mitochondrien geworden sind, sondern auch Geißelbakterien, die mit ihren Köpfen in der Zelle, deren Wand sich aufgrund der früheren Symbiose mit den Mitochondrien schon gefestigt hatte, steckengeblieben sind. Die Geißel blieb nach außen gerichtet und konnte schlagen, weil vom Zellinnern genügend Energie zugeführt wurde.

Mit diesem Zugewinn wäre schließlich auch das dritte besonders bedeutungsvolle Organell erklärt, das zur eukaryotischen Zelle gehört. Zugegeben, die Vorstellung ist nicht besonders attraktiv, daß die Samenköpfchen, die außer dem Erbgut fast nichts weiter, nicht einmal Mitochondrien als Energielieferanten, beinhalten, von den beweglichen Schwänzen urzeitlicher Bakterien angetrieben werden und mit ihrer Hilfe den Weg zur weiblichen Eizelle meistern.

Fassen wir zusammen: Den Übergang von den Bakterien zu den komplexen, vielzelligen Organismen bildet die »komplette Zelle«. Die darin enthaltenen Organellen, die Mitochondrien und die Chloroplasten, stammen mit ziemlicher Sicherheit von Bakterien ab. Die Zelle selbst, die diese Mitbewohner aufgenommen hat, war aber mehr einer Amöbe vergleichbar. Daß beim Zusammenschluß, ob vor oder nach Gewinn der Symbionten, das ist durchaus noch ungeklärt, der Zellkern in eine eigene Hülle verpackt worden ist, stellt eine besondere Leistung dar, die nicht selbstverständlich ist. Denn mit der Bildung des Zellkerns, den es bei den prokaryotischen Bakterien nicht gibt, wird das Erbgut von der Stoffwechselmaschinerie getrennt.

Es sieht gerade so aus, als ob die Zelle damit das Erbgut, die DNS, gewissermaßen unter Kontrolle gebracht hätte. Es ist nun nicht mehr einfach in der ganzen Zelle verteilt, sondern zusammengedrängt auf einen Kern und abgeschottet gegen das Geschehen in der Zelle. Zur Vermehrung muß sich der Kern auf eine recht komplizierte Art und Weise teilen. Nur dann bekommen beide Tochterzellen die gleiche Ausstattung mit Erbinformation. Verhält sich nicht der Zellkern ähnlich wie ein Symbiont oder – fast noch mehr – wie ein eingedrungener Parasit, der nicht ganz, aber doch in beträchtlichem Umfang unter Kontrolle gehalten wird?

Die Modellvorstellung vom symbiontischen Zustandekommen der kompletten Zelle fügt sich daher nahtlos an die Vorstellung von den zwei Ursprüngen des Lebens an. Wenn die Erbinformation ähnlich wie Viren in Stoffwechsler-Gebilde eingedrungen ist und aus der Vereinigung beider der Organismus entstand, dann ist ein ähnlicher Ablauf bei der Entstehung weiterer Stadien der Zellen und der Zellverbände, zu den Organismen größerer Komplexität, durchaus plausibel. Da wir aber zahlreiche Fakten verwerten konnten, welche das Zustandekommen von Symbiosen bestätigen, gewinnt umgekehrt die Modellvorstellung vom zweifachen Ursprung des Lebens an Überzeugungskraft.

Setzen wir an diesem Kernpunkt der Evolutionsdarstellung noch ein letztes Mal an, um dem Übergewicht der Beispiele aus der Tierwelt wenigsten noch einen gewichtigen Fall aus der Pflanzenwelt gegenüberzustellen. Symbiosen gibt es gerade bei Pflanzen in Hülle und Fülle. Die Lehrbücher sind voll von faszinierenden Beispielen. Darum soll es aber nicht mehr gehen. Vielmehr brauchen wir einen Fall, wo nachweislich aus einer Symbiose ein ganz neu- und andersartiger Organismus entsteht. Jeder kennt das Beispiel: die Flechten.

Sie sind Doppelwesen, hervorgegangen aus der innigen Verbindung von Algen und Pilzen. Flechten leben unter den extremsten Bedingungen. Es ist ihnen gelungen, trockenstes Gestein zu besiedeln, Mauerwerk als Lebensraum zu nutzen und überall dort Fuß zu fassen, wo keine anderen pflanzlichen Organismen mehr leben können. Flechten sind äußerst genügsam, was, anders ausgedrückt, bedeutet, daß sie mit Mangelverhältnissen zurechtkommen. Weder der Pilzpartner noch der Algenpartner wäre für sich allein in der Lage, unter den Bedingungen zu leben, unter denen ihre Symbiose gedeiht. Und nicht zuletzt: Die Flechte sieht ganz anders aus als Pilz oder Alge. Aus dieser Symbiose ging tatsächlich eine neue Lebensform hervor, für die es – ohne die Symbiose zu zerlegen – wiederum keine Übergangsform gibt.

Wettbewerb ums Überleben, Selektion im Darwinschen Sinne, kann bei dieser Symbiose erst nachträglich wirksam geworden sein, nämlich dann, wenn die einzelnen Flechtenarten auf ihrem Untergrund mit Millimeterstrecken überstreichenden Jahresgeschwindigkeiten aufeinander zuwachsen und um den Wuchsort konkurrieren. Bei den Ausgangspartnern, bei Pilzen und Algen, waren und sind gänzlich anders gelagerte Selektionsdrücke wirksam als beim neuen Doppelwesen, bei der Flechte. Aufbau und Entwicklung dieser Symbiose lassen sich genauestens mitverfolgen und untersuchen. Es gibt daher nicht den geringsten Grund für einen Zweifel an der Neuartigkeit des symbiontischen Doppelwesens.

So führt die Tatsache der Symbiose und ihre Übertragung auf grundlegende Entwicklungsschritte, die die Organismen durchgemacht haben müssen, wieder hinaus in die größeren Zusammenhänge der Ökologie und des Naturhaushaltes. Denn die Algen-Pilz-Symbiose ist eine lebensraumgebundene Symbiose. Sie bringt nur dort den Vorteil des bloßen Überlebens, wo die Lebensbedingungen für höhere Pflanzen zu unwirtlich sind. Sobald genügend Wasser, Wärme, Licht und mineralische Nährstoffe zur Verfügung stehen, werden die Flechten von den wüchsigeren, leistungsfähigeren Pflanzen überwuchert und verdrängt. Leistung und Vorteil sind deshalb immer nur relativ zu den Umweltbedingungen zu sehen und zu werten.

Wenden wir uns daher abschließend noch einmal der Problematik der Gleichgewichte zu, weil sie im Evolutionsprozeß eine viel bedeutendere Rolle spielen, als aus dem Konzept der Selektion hervorgeht.

4. Das Trugbild vom Gleichgewicht

Aus dem Blickwinkel der Physiker betrachtet, ist Leben wirklich ein höchst merkwürdiger Prozeß. Was Biologen nicht wagten, das faßte der Physiker Erwin Schrödinger (1946) in der Kernfrage seiner essayartig knappen Abhandlung ›Was ist Leben?‹ in brillanter Kürze zusammen. Als Nobelpreisträger konnte er es sich wohl leisten, solche Grundfragen des Seins zu stellen – und sie auch zu beantworten!

Schrödinger machte klar, daß Leben ein energieverzehrender Prozeß ist, der sich nicht im Gleichgewicht befindet, nicht im thermodynamischen Gleichgewicht, das nach dem Entropiegesetz alle chemischen und physikalischen Prozesse über kurz oder lang annehmen müssen. Das Leben hält sich »fern vom Gleichgewicht«, wie es Ilya Prigogine (1979), gleichfalls Physiker und Nobelpreisträger, ausdrückte. Und er erklärt dazu, daß der Lebensprozeß, vereinfacht ausgedrückt, darin besteht, schneller mehr Unordnung (Entropie) zu erzeugen, als der natürlichen Rate der Freisetzung von Unordnung, von Wärmeenergie, die in den Weltraum verstrahlt, entsprechen würde.

Die Organismen »fressen Energie« und bauen aus dem Unterschied zwischen aufgenommener und abgegebener Energie einen neuen Gleichgewichtszustand auf, der eben fern vom thermodynamischen liegt. Der Wiener Evolutionsbiologe Rupert Riedl (1975) faßte die Aufwärtsentwicklung der Organismen im Evolutionsprozeß, angelehnt an die thermodynamischen Überlegungen der Physiker, in die griffige Formulierung »Ordnung ist gleich Gesetz mal Anwendung«. Damit meint er, daß der Grad an Ordnung aus zwei Teilen besteht, die zusammenwirken; aus der Information (= Gesetz) und der Häufigkeit, mit der dieselbe Gesetzmäßigkeit wiederholt wird (= Anwendung).

Diese Überlegung ist deshalb so faszinierend, weil sie den Evolutionsprozeß von der einförmigen Wiederholung der immer gleich simplen Ausführung ursprünglicher, wenig differenzierter Organismen zu immer komplexeren, individuelleren erfaßt. Sie stehen auf der Seite der Gesetzmäßigkeit. So wäre die anfänglich höchst gleichartige Menge von Mikrosphären nichts weiter als eine millionen- oder milliardenfache Wiederholung einfachster Eiweißbauprinzipien. Doch die gewaltige Menge in der Ursuppe multipliziert sich mit den einfachen Gesetzmäßigkeiten der Vorläufer der Organismen zu einem höchst beachtlichen Potential, das von der Evolution angezapft und zu immer neuen und komplizierteren Formen weiterentwickelt wurde, bis mit dem Menschen und seinem Gehirn ein nie erreichter Grad an individueller Gesetzmäßigkeit erreicht wurde: Nun ist wirklich kein Individuum mehr gleich dem anderen. Der Informationsgehalt von menschlichem Erbgut und Gehirn multipliziert sich mit mittlerweile mehr als fünf Milliarden Einzelmenschen, von denen jeder eine einmalige Ausgabe dieses Informationspotentials darstellt. Es ist müßig, darüber zu streiten, ob die absolute Informationsmenge dabei zugenommen hat oder gleich geblieben ist, weil sich der Ansatz von Rupert Riedl nicht ausreichend quantifizieren läßt.

Hier mag es genügen, daß dieser Ansatz eine allgemeine Vorstellung vermittelt, die eine Aufwärtsentwicklung in der Evolution unter im großen und ganzen unveränderten Rahmenbedingungen begründet. Interne Verschiebungen im Wechselverhältnis zwischen Organismen und der ganzen Erde als Umwelt erzeugen nach dieser Vorstellung den Vorgang der Evolution, während der äußere Rahmen weitestgehend unverändert bleibt.

Leben wird darin zum informationsgewinnenden Prozeß, wie es Konrad Lorenz (1975) ausgedrückt hat. Dem stehen die Befunde der Geologen und der Erdgeschichte gegenüber, die das Bild einer ruhelosen Erde zeichnen. Die Atmosphäre in ungefähr der heutigen Zusammensetzung hat sich erst in der jüngsten Zeit aufgebaut, wenn wir die Erdgeschichte in Abschnitten von fünfhundert Millionen Jahren, einer jeweils halben Jahrmilliarde, einteilen. Nur ein Zehntel der Existenzzeit des Planeten entfällt dann auf die Bildung der sauerstoffhaltigen Atmosphäre. Uns so bedeutungsvoll erscheinende Ereignisse wie die Verschiebung der Kontinente sind in diesem Zeitmaß nur ein Zittern auf der Oberfläche unseres Globus.

Merkwürdigerweise zehren aber beide Forschungsrichtungen, die Evolutionsbiologie, die sich mit den langen Zeitspannen und den darin ablaufenden Vorgängen befaßt, und die Ökologie, die vom jetzigen Haushalt der Natur handelt, von der Vorstellung, daß sich Gleichgewichte einstellen müßten oder eingestellt hätten. Eine solche Erwartungshaltung verwundert um so mehr, als die Physiker selbst dann, wenn sie sich mit Fragen des Lebens befassen, immer von Ungleichgewichten ausgehen.

Versuchen wir nun anhand unserer Befunde der Frage nachzugehen, welche Bedeutung den Gleichgewichten in der Evolution und bei der Frage nach dem Ursprung des Lebens zukommt. Dabei haben wir drei Ebenen zu berücksichtigen. Die erste Ebene betrifft die Organismen, die zweite ihr jeweiliges Eingebundensein in die Umwelt, also die Ökologie, und die dritte ihr Werden und Vergehen in der Erdgeschichte, also die Evolution.

Bei den Organismen liegen die Verhältnisse klar: Sie stellen für die Zeit ihres Lebens ein inneres Gleichgewicht, eine Homöostase, dadurch her, daß sie äußere Ungleichgewichte nutzen oder erzeugen. Gelangt ihr innerer Zustand zum Ausgleich mit dem äußeren, sind sie tot. Das ist der einfache Ausdruck für Prigogines »dissipative Strukturen« fern vom Gleichgewicht. Jeder Organismus vermehrt mit seiner Lebenstätigkeit die Entropie. Das mag hier genügen, weil im zweiten Teil bereits ausführlich auf diese Aspekte eingegangen worden ist.

Betrachten wir nun die ökologischen Systeme, von denen die meisten, die den Begriff Ökosystem benutzen, annehmen, daß sie sich natürlicherweise im Gleichgewicht befinden müßten. Es läge nur am Menschen, daß sie »gestört« sind. Das trifft nicht zu. Viele Ökosysteme erweisen sich bei vorurteilsfreier Sicht als ausgesprochene »Ungleichgewichtssysteme«, andere dagegen zeigen so ausgeglichene Bilanzen und Verläufe, daß man sie mit Fug und Recht als »im Gleichgewicht befindlich« einstufen kann. Versucht man sie zu ordnen, so ergibt sich ganz von selbst ein Muster, das eine Erklärung des Unterschiedes zwischen Ungleichgewichts- und Gleichgewichtssystemen geradezu anbietet.

Ungleichgewichtig sind ausnahmslos solche Systeme, in denen Überschüsse auftreten. Im Gleichgewicht befinden sich dagegen all jene Systeme, in denen Mangel herrscht. Der Mangel läßt sich noch weiter präzisieren. Es handelt sich zumeist, wenn nicht immer, um Mangel an mineralischen Rohstoffen, genauer, um Mangel an den Mineralstoffen des Lebens wie Phosphor, Stickstoff, Schwefel, Kalium sowie einige andere Elemente. Nicht die Energiezufuhr ist in vielen Ökosystemen der begrenzende Faktor, sondern die Verfügbarkeit von lebenswichtigen Mineralstoffen.

So produziert der Tropische Regenwald trotz der Überfülle an Licht, der er unter günstigsten Wachstumsbedingungen in klimatischer Hinsicht ausgesetzt ist, keinen nennenswert nutzbaren Überschuß. Gleiches gilt für die tropischen Korallenriffe. In den Trockengebieten genügen vielfach schon kurze Regenfälle, um eine beachtliche Produktion hervorzuzaubern. Kulturpflanzen, die heute Schlüsselpositionen in der Welternährung einnehmen, wie Mais und Kartoffel, stammen aus unwirtlichen Hochgebirgen in Mittel- und Südamerika. Sogar das Hochmoor naßkalter Regionen bringt einen Überschuß zustande, der sich Jahr für Jahr in Form von Torf aufbaut. In den Böden der außertropischen Grasländer sammelt sich der Überschuß als Humus an und speichert Nährstoffe für eine lange Zeit vorhaltende Nutzung. Auf der Lagerung und späteren Verwertung von Produktionsüberschüssen beruht der Aufstieg der Menschheit in der neolithischen Revolution. Und so fort. Beispiele ließen sich in beliebiger Zahl zusammentragen. Aus ihnen geht hervor, daß produktive Systeme aus Ungleichgewichten hervorgehen.

Besagen solche Feststellungen nun auch etwas für die dritte Stufe, für den langfristigen Prozeß der Evolution? Auch dazu wurde im Zweiten Teil schon einiges vorgetragen. Aus den Schlußfolgerungen, daß Ungleichgewichte die großen Veränderungen oder Neuerungen in der Evolution verursachten oder zumindest begleiteten, läßt sich aber noch mehr ableiten. Es liegt in der Natur der Organismen selbst, es gehört zum Prozeß des Lebens, Ungleichgewichte zu erzeugen.

Einschläge von Riesenmeteoriten oder berstende Erdkrusten, die Asche- und Lavamassen freisetzen, sind nicht nötig, um große Veränderungen zu erzeugen. Sie kommen zwar vor, aber sie nehmen dennoch gar nicht so sehr Einfluß auf den Gang der Entwicklung, wie es bei zu enger Betrachtung der ausgestorbenen Arten den Anschein erweckt. Die großen Linien sind erhalten geblieben. Sie haben sich, allen Rückschlägen zum Trotz, weiter differenziert. Die Organismen sind im Laufe der vielen Jahrmillionen komplexer und weniger unmittelbar von ihrer Umwelt abhängig geworden. Sie haben ein zunehmend komplexeres Nervensystem und ein dazugehöriges Verarbeitungssystem von Informationen aus der Umwelt ausgebildet, das Gehirn.

Dinosaurier oder andere ausgestorbene Formen waren großartige Lebewesen. Manche Gruppen lebten auch bewundernswert lange – mehr als hundert Millionen Jahre! Aber was die Ausbildung ihres Gehirns und die Fähigkeit, Umweltveränderungen zu bewältigen, anbelangt, liegen sie weit hinter den modernen Säugetieren zurück; ganz zu schweigen vom Menschen.

Vielleicht liegt es an der zu starken Betonung der insgesamt so faszinierenden Einpassung in ihre jeweilige Umwelt, daß von den Entwicklungstendenzen abgelenkt worden ist. Selbst wenn wir aber annehmen, daß jedes Lebewesen, das jemals existiert hat, seiner Umwelt perfekt angepaßt gewesen ist, heißt das nicht, daß andere, später aufgekommene Entwicklungsformen, unabhängig von ihrer spezifischen Umwelt bewertet, nicht »besser« sein können. Die Abstimmung mit der Umwelt, unvollständig wie sie gewesen ist und gewesen sein muß, das sei hier mit Nachdruck betont, ist kein alleiniges und ausschließliches Kriterium für die Beurteilung des evolutionären Entwicklungsstandes einer Art oder einer Stammeslinie.

Die Anpassung kann gar nicht perfekt gewesen sein, da es sonst überhaupt keine Evolution mehr gegeben hätte, als sich größere Katastrophen mit einschneidenden Umweltveränderungen ereigneten! Für kein einziges heute existierendes Lebewesen läßt sich beweisen, daß es seiner Umwelt auf die bestmögliche Weise angepaßt wäre. Im Gegenteil: Die vielen Unzulänglichkeiten, die sich bei gründlicher Untersuchung der Anpassungen zeigen, die Kompromisse, die im Zuge der Evolution offenbar eingegangen werden mußten, weil sich Körperbau und Lebensformen nicht beliebig verändern lassen, und die zahlreichen, raschen »Neuanpassungen« an die vom Menschen umgestaltete Welt machen deutlich, daß es sich im Verhältnis Organismus-Umwelt um ein unausgeglichenes, ein unvollständiges Wechselverhältnis handelt. Optimal angepaßt ist hingegen der erstarrte Kristall, dessen Wachstum aus der Umwelt die benötigten Stoffe aufgenommen und aufgebraucht hat. Er hätte unter den gegebenen Bedingungen nicht besser – aber auch nicht lebendig – werden können.

Das Streben nach Gleichgewichten verursacht, so paradox das klingt, immer neue Ungleichgewichte. Wo sich Gleichgewichte einstellen, liegt das an der Erschöpfung des anfänglichen Überflusses. Nun setzt der Mangel den Rahmen und diktiert die Austauschvorgänge. Wir kennen sie im evolutionären Geschehen als die stabilisierende Selektion. Sie stellt die Feineinstellung her. Das Paradox der Roten Königin in »Alice im Wunderland« drückt diesen Zustand aus: Du mußt laufen, um auf der Stelle zu bleiben, sonst fällst du zurück!

5. Eine integrierte Theorie der Evolution

Die Erkenntnis, daß die Natur, das Leben und auch der Mensch nicht geschaffen wurden, so wie sie sind, sondern etwas Gewordenes sind, das sich in jahrmillionenlanger Entwicklung gebildet hat, gehört zu den größten Leistungen des Geistes. Den Durchbruch erzielte Charles Darwin, weil er – anders als seine Vorgänger, die sich Gedanken über die Evolution machten – einen Mechanismus als Erklärung für die Veränderungen anbieten konnte.

Dieser Mechanismus überzeugte, weil in einer Phase der industriellen Revolution und der beginnenden Beherrschung der Seuchen, welche die Völker Europas jahrhundertelang immer wieder dezimiert hatten, die »Überschußproduktion« an Nachwuchs nur zu offensichtlich geworden war. Daß sich im Wettbewerb um die Lebens- und Entwicklungsmöglichkeiten die Tüchtigsten, die Tauglichsten, durchsetzen sollten, entsprach dem viktorianischen Zeitgeist wie auch der merkantilistischen Einstellung, die sich europaweit auszubreiten begann.

Jean Baptiste Lamarck (1744–1829), der französische Biologe, der als Vorläufer Darwins bereits eine umfassende Erklärung des Werdens der Organismen veröffentlicht hatte, war gescheitert. Seinem Entwurf fehlte der Mechanismus. Die von ihm angenommene Vererbbarkeit erworbener Eigenschaften paßte nicht zum Zeitgeist. Daß sie weniger überzeugend wissenschaftlich zu begründen war als das Darwinsche Modell, wäre von nachrangiger Bedeutung geblieben. Es nützte aber ganz offensichtlich den Menschen seiner Zeit nichts, wenn sie sich abmühten, etwas zu erwerben, wenn sich dieses Erworbene nicht festhalten ließ.

Darwin hingegen forderte, auf den Menschen übertragen, die unablässige Bewährung von Generation zu Generation ein. Der Mechanismus der Vererbung war ihm genausowenig bekannt wie Lamarck. Viel entscheidender war, daß seine Kernvorstellung, wie die Selektion funktioniert, zum Zeitgeist paßte. Trotz heftiger Angriffe und höchst unsachlicher Diskussionen über die Konsequenzen der Darwinschen Sicht der Evolution war also die grundsätzliche Akzeptanz bereits vorgegeben, als die ›Entstehung der Arten‹ 1859 veröffentlicht wurde. Der Mensch als

»Krone der Schöpfung« war nun zwar eingebunden in den allgemeinen Prozeß des Lebens, aber weil sich die Tauglichsten durchsetzen, blieb er im Endeffekt doch der Beste.

Seine äffische Vergangenheit hatte er weit hinter sich gelassen. Gleich einem Phoenix aus der Asche war er aus den Niederungen der Evolution aufgetaucht und zum Beherrscher der Welt geworden. Was kümmerte da die Primatenvergangenheit? Wie draußen in der Wirtschaft das Erreichte zählt und nicht die Herkunft den Beurteilungsmaßstab abgibt, so konnte es auch ziemlich gleichgültig sein, woher der Mensch stammte. Die Zeiten, in denen der Geburtsadel regierte, waren vorüber; die Saat der Aufklärung war herangereift. Darwins Evolutionsmodell paßte dazu vorzüglich.

Was Wunder, daß die Diskussion besonders stark in Amerika geführt wurde. Auch im merkantilistisch eingestellten Europa griff Darwins Evolutionstheorie weit um sich. Aber sie blieb, zum Teil bis in die Gegenwart, ein geistiges Produkt Westeuropas. Schon im Osten Europas stieß die neue Weltsicht der Evolution durch Selektion auf massive Widerstände. Führende sowjetische Biologen, allen voran Trofim Denissowitsch Lyssenko (1898–1976) und Iwan Wladimirowitsch Mitschurin (1855–1935), arbeiteten weiter an der Suche nach direkter Vererbung erworbener Eigenschaften.

Immerhin fand Darwins Evolutionsmodell auch im östlichen Teil des europäischen Kulturkreises Beachtung. Hingegen wurde es, abgesehen von einigen Spezialwissenschaftlern, von der Intelligenz der asiatischen Kulturkreise so gut wie nicht zur Kenntnis genommen. Zum fernöstlichen Denken paßte das Konzept des Überlebens des Tüchtigsten nicht. Bezeichnenderweise zählen heute aber westlich orientierte oder nach Amerika und Europa ausgewanderte Japaner, Chinesen und Inder zur Reihe der herausragenden Evolutionsbiologen. Diese Hinweise mögen genügen, daß nicht nur regional in Europa und Nordamerika, sondern auch weltweit der vorherrschende Zeitgeist eine wesentliche Grundlage für die Ausbreitung der Evolutionstheorie abgegeben hatte. Erst in jüngster Zeit entwickelte sich die Naturwissenschaft zu einem »weltweiten Unternehmen des menschlichen Geistes«.

Eine »Evolution der Evolutionstheorie« setzte nun ein. Der erste weiterführende Schritt war die umfassende Einbeziehung der Genetik in die »Neue Synthese« (Mayr 1984). Im Kern läuft diese verfeinerte Fassung von Darwins Grundkonzept darauf hinaus, daß sich in den Populationen durch Selektion Verschiebungen in der Häufigkeitsstruktur der Gene ergeben. Ohne Selektion befinden sich die Populationen im populationsgenetischen Gleichgewicht. Die langsame Verschiebung von Gleichgewichten bildet den Kernsatz der Darwinschen Sicht. Sie wurde durch die Populationsgenetik gefestigt und experimentell nachvollziehbar gemacht. Die umfassende Annahme der Evolutionstheorie im Kreise der Biologen und darüber hinaus war die Folge dieser »Neuen Synthese«. Sie hatte Darwins Sicht zu einer wissenschaftlich überprüfbaren Theorie gemacht.

Die dadurch gewonnene Überzeugungskraft war der wahre Durchbruch der Evolutionstheorie und der Triumph von Genetik und Populationsdenken (Mayr 1984) über das typologische. Nach wie vor herrscht letzteres im stark vom idealistischen Denken geprägten Mitteleuropa, speziell bei den Deutschen vor. Diese konnten sich bis heute zu keinem eigenständigen Lehrstuhl für Evolutionsbiologie durchringen, geschweige denn einschlägige Forschunginstitute für diese im angelsächsischen Raum hochaktuelle Richtung der Biologie einrichten. Evolution blieb eher ein Randthema, in der Forschung wie in den Lehr- und Schulbüchern der Biologie.

Diese Phase der Entwicklung der Evolutionstheorie währte bis in die siebziger Jahre. Dann bahnte sich Neues an: Im Jahr 1977 publizierten Stephen Jay Gould und Niles Eldredge ihre Theorie der »unterbrochenen Gleichgewichte«. Als Punktualisten wurden sie und ihre Anhänger nun den Gradualisten gegenübergestellt, die auf einer langsamen, mehr oder weniger gleichmäßigen Veränderung von Gleichgewichten beharrten. Doch die in rascher Folge erzielten Forschungsergebnisse zum Aussterben der Dinosaurier und anderer Katastrophen in der Evolution verschoben die Gewichtung immer mehr zugunsten der Punktualisten. Die unterbrochenen Gleichgewichte sind wirklichkeitsnähere Vorstellungen als die allmählichen Verschiebungen von Gleichgewichten, zumindest zu bestimmten Zeiten in der Evolution.

Über all dieses bin ich mit meiner neuen Sicht einer integrierten Theorie der Evolution, wie ich sie hier in diesem Buch dargelegt habe, hinausgegangen. Evolution vollzieht sich in Ungleichgewichten – das ist mein Kernsatz. Die Zwischenphasen relativer Gleichgewichte besorgen nur die Feineinstellungen.

Die Selektion im Sinne Darwins und der Gradualisten stabilisiert mehr, als sie Neues schafft. Sie entspringt dem Mangel, während Fortschritte in der Evolution auf Überschuß oder auch auf neuen Lebensmöglichkeiten aufbauen.

Die Lebewesen selbst brauchen das Ungleichgewicht zwischen innen und außen, um leben zu können. Wären sie in ein Gleichgewicht äußerer Lebensbedingungen auf Dauer eingespannt, müßten sie ihre Lebens- und Entwicklungsfähigkeit verlieren. Ihr inneres Gleichgewicht, die Homöostase, braucht das äußere Ungleichgewicht für die beiden grundlegenden Lebensfunktionen: den Stoffwechsel und den Energieumsatz. Beide sind im wesentlichen Leistungen des Organismus. Die Gene, die er in sich trägt, und die Synthesenanweisungen für die Herstellung bestimmter Enzyme geben oder in andere funktionelle Abläufe im Organismus eingreifen, brauchen den Stoffwechsel und den Energieumsatz nicht für ihre Existenz. Sie nutzen ihn dazu, Kopien von sich selbst herzustellen, also für die Vermehrung der Gene.

Der Gewinn neuer Informationen, die über die Generationen weitergegeben werden können, und die Bewahrung der vorhandenen macht das Wesen der Gene in der Evolution aus. Die Rolle des Organismus spielt sich auf der Ebene des Stoffwechsels und der Energienutzung ab.

Ohne die Verknüpfung beider Funktionsbereiche, ohne die Zusammenführung von organismischem Funktionieren und genetischer Informationsspeicherung, wären die Vorläufer der Organismen so etwas wie Miniatur-Ökosysteme geblieben. Sie können sich mit Hilfe ihrer Stoffwechselvorgänge und unter Ausnutzung der aufgenommenen Energie zwar allen möglichen Zuständen der Umwelt anpassen, aber diese Anpassung nicht weiterreichen. Ökosysteme enthalten Mengen an Information über Zustand und Veränderung der Umweltbedingungen. Wenn sich diese Systeme darauf einstellen, nehmen sie immer neue Zustände an. Doch sie können diese »erworbenen Eigenschaften« nicht speichern. Es fehlt die zentrale Funktionssteuerung, wie sie im Organismus vorhanden ist.

In den Organismen besorgt das Genom diese Informationsspeicherung und Funktionssteuerung. Es leistet damit den ersten Schritt für das Unabhängigerwerden von den Außenbedingungen: Der Prozeß der Emanzipation von den Umweltbedingungen konnte mit der Vereinigung von urtümlichem Organismus und Informationsträgern beginnen.

Das war, wie gezeigt worden ist, der Übergang zum Leben. Leben ist beides, Stoffwechsel und Informationsspeicherung, aber keines von beiden allein macht das Leben aus.

Diese gleichberechtigte Rolle des Stoffwechsels beim Zustandekommen und bei der Weiterentwicklung der Organismen ist es, die bisher nur höchst unzureichend berücksichtigt worden ist. Der Stoffwechsel ist der

»blinde Bereich« der bisherigen Evolutionstheorien. Seinen Leistungen verdanken die Organismen die großen Fortschritte, die Durchbrüche, in der Evolution, während Feinheiten der äußeren Form und Anpassung von Mutation und Selektion modelliert worden sind.

Die Punktualisten haben die Entwicklung der Evolutionstheorie zu dieser neuen Sicht vorbereitet. Ohne die unterbrochenen Gleichgewichte kein Fortschritt, ohne die Ungleichgewichte, so die nächste Stufe der Hierarchie im Prozeß der Evolution, nichts wirklich Neues.

Bleibt man auf der Ausgangsbasis der Gradualisten, wird auch verständlich, warum die neuen physikalischen Theorien zur Entstehung von Ordnung aus dem Chaos und zur Bildung von Fraktalen (Gleick 1988) so begeisterte Aufnahme in der Biologie gefunden haben. Scheinen sie doch das Auftauchen von Neuem aus kleinsten, nicht voraussagbaren Veränderungen zu erklären und Licht in den Prozeß der Selbstorganisation zu bringen (Probst 1987).

Synergistische, auf Selbstorganisation ausgerichtete Modellvorstellungen lösten die offenbar allzu einfachen populationsgenetischen Modelle wieder ab. Fraktale Musterbildungen zeigen so verblüffende Übereinstimmungen mit biologischen Mustern, daß dies kein Zufall sein kann.

Doch es gibt gewichtige Einwände dagegen: Fraktale Prozesse beziehen sich auf Veränderungen und Musterbildungen von Formen. Sie sind formaler und nicht funktionaler Natur. Eine fraktale Spirale von bestechender Schönheit hat nichts mit irgendeiner möglichen Funktion dieses Gebildes zu tun. Sie entspricht der Bildung von Eisblumen am Fenster. Veränderungen in den Organismen müssen dagegen im Rahmen des funktional Möglichen bleiben. Jede Veränderung der Form betrifft auch die Funktion! Wachstumsprozesse von Lebewesen sind mit Veränderungen von Massen und Massenverhältnissen verbunden (Calder III 1984, Peters 1983, Thompson 1973). Die Formentwicklung folgt den Rahmenbedingungen des Stoffwechselgeschehens; Wachstum und Entwicklung der Organismen den Formen der sogenannten Allometrie: Die möglichen späteren Entwicklungszustände reichen in Form und Funktion auf die früheren zurück, aus denen sie hervorgegangen sind. Formgebende Prozesse werden von den Rahmenbedingungen des funktionierenden Organismus auf bestimmte und bestimmbare Bahnen gelenkt. Die Umsetzung von Stoffen und Energien ist und bleibt der Grundvorgang des Lebens. Musterbildende, formverändernde Entwicklungen können ihn nur im Rahmen der vom Stoffwechsel gestatteten Abweichungen überlagern. Die schönste Form ist belanglos, wenn sie nicht leben kann.

Aus diesen Gründen nähern sich manche der modernen theoretischen Erklärungsmodelle der Evolution formaler Spielerei, weil sie die Funktionsfähigkeit nicht beachten und auch gar nicht beachten können. Sie bieten vielleicht schöne Erklärungen, aber diese erweisen sich bei näherer Betrachtung als inhaltsleer. Fraktale Evolution ist ein anderer Aspekt allgemeiner Entwicklungsprozesse, aber kein überzeugendes Modell für organismische Evolution. Sie kann für die isolierte Betrachtungsweise einer rein gengebundenen Evolution stehen, weil sie wie diese mit Information und Informationsträgern zu tun hat. Nackte Gene sind jedoch, wie festgestellt, für sich nicht lebensfähig.

Deswegen sind auch Zweifel angebracht, ob Computersimulationen, die im wesentlichen nur Veränderungen von Information nachspielen, brauchbare Ergebnisse liefern können. Daß der Organismus bei allen Veränderungen funktionsfähig bleiben muß, läßt sich zwar formal einprogrammieren, aber mangels eines beteiligten Organismus dann doch nicht wirklich überprüfen. In einem System, das wie der lebende Organismus fern vom Gleichgewicht auf dem schmalen Grat zwischen Hitzetod und zu geringer Energiezufuhr innere Eigenstabilität aufrechterhalten muß, dürfen selbst geringfügige Veränderungen nicht geringgeschätzt werden. Jeder erfährt dies am eigenen Leib: Wie schnell kann eine – weil unbedeutend erscheinende – Störung eine Krankheit auslösen; wie leicht kippt das System aus dem Gleichmaß des schlagenden Herzens in den Infarkt!

Mit der äußeren Umwelt, die sich in Wärme und Kälte, in Helligkeit und Dunkelheit und in zahlreichen anderen physikalischen und chemischen Größen bemessen läßt, hat das innere Gleichgewicht kaum zu tun. Hier genügen verhältnismäßig grobe Einstellungen; die Feineinstellung besorgt der Organismus selbst, indem er schwitzt oder verstärkt heizt und Hunger oder Durst vermeldet und sich dennoch so weit wie möglich von den Außenbedingungen abgeschottet hält.

Das zentrale Problem der herkömmlichen Erklärungsmodelle zu den Vorgängen in der Evolution steckt in der Unfähigkeit, den inneren Zustand umfassend erforschen zu können. Das Experiment liefert Antworten darüber, was ein Organismus macht, wenn er veränderten Außenbedingungen ausgesetzt ist. Diese und praktisch nur diese Seite läßt sich mit den Methoden der Physik und Chemie untersuchen. Den Veränderungen der inneren Bedingungen sind im Experiment enge Grenzen gesetzt: Wird der Eingriff nur ein bißchen zu groß, quittiert dies der Organismus mit dem Tod.

Mit der Erbinformation hingegen läßt sich experimentieren. Ihr können Teile entnommen, neue Gene hinzugefügt oder andere Kombinationen eingebracht werden. Die großartigen Fortschritte der Genetik beruhen auf dieser experimentellen Zugänglichkeit des Genoms. Die Gentechnik ist der jüngste, umstrittenste und in der Anwendung erfolgversprechendste Sproß dieser Entwicklung. Es gibt überhaupt nichts Entsprechendes im Organismischen. Aus manipuliertem Erbgut ensteht noch längst kein künstlicher Mensch.

Das Übergewicht der Genetik in der Weiterentwicklung der Evolutionstheorie bis hin zur absoluten Dominanz entspringt in hohem Maß dem Forschungsstand und den Forschungsmöglichkeiten. Zwischen den Genen und der Umwelt befindet sich aber der Organismus. Um diese Position geht es. Ist sie nur eine Zwischeninstanz, die von den Genen voll gesteuert wird, oder ein eigenständiger Partner? Diese Frage haben wir zugunsten der Eigenständigkeit des Organismus entschieden und eine Reihe von Gründen hierfür dargelegt.

Die neue Position hat Konsequenzen. Diese reichen weit über die Evolutionstheorie selbst hinaus. Organismen sind keine Marionetten der Gene wofür Dawkins (1978) sie hält. Zumindest im Menschen hat die organismische Organisation ein Ausmaß erreicht, das es ihm gestattet, direkten Einfluß auf die Gene zu nehmen. Wenn wir uns derzeit anschicken, die Gene anderer Organismen oder gar unsere eigenen zu manipulieren, so bedeutet dies genau die Umkehrung der Verhältnisse, wie sie von Soziobiologen wie Richard Dawkins geschildert werden.

Eine Partnerrolle des Organismus bedarf auch keiner Begründung von »Freiheit« durch Zufälligkeiten der Mutationen und der Erbgutzusammensetzung. Freiheit, die darauf aufbauen sollte, um den Zwängen genetischer (Vor-)Programmiertheit zu entgehen, könnte keine wirkliche Freiheit sein. Die bloße Einmaligkeit einer Merkmalskombination im Erbgut ist eine wenig überzeugende Alternative zu wirklicher Freiheit des Menschen, weil sie die biologische Vorprogrammiertheit und das Diktat der Gene nicht ausschalten kann.

Die Freiheit des Denkens und Wollens entspringt der Evolution des Geistes. Diese geistige Evolution hat das Diktat der Gene grundsätzlich gebrochen. In den Milliarden von Gehirnzellen stecken die grenzenlosen Möglichkeiten, Informationen zu verwerten und Neues zusammenzustellen, das sich nicht erst an der Funktionsfähigkeit des Trägerorganismus bewähren und in der Erbinformation einprogrammieren muß.

Damit kann der Mensch als vermutlich einziges Lebewesen seine Evolution selbst bestimmen. Er hat Macht über die Gene gewonnen. Im Rahmen des Evolutionsprozesses betrachtet, stellt sich die Entwicklung als fortschreitende Verselbständigung der Lebewesen von ihrer Umwelt dar. Die Evolution hat eine Richtung: die Emanzipation von der Umwelt.

Diese Richtung hat nichts mit einem vorausbestimmten Weg zu tun. Der Weg war offen. Das geht aus den vielen unterschiedlichen »Anläufen« hervor. Der Mensch läßt sich daraus gewiß nicht als Ziel der Evolution ableiten. Aber seine Entstehung ist auch nicht reiner Zufall, ja nicht einmal mit jener Form von Zufall gleichzusetzen, die Gould (1991) mit Kontingenz umschrieben hat. Es haben stets jene Formen im Verlauf der Evolution überlebt, die im Hinblick auf ihre Stoffwechselleistungen und auf das jeweilige Ausmaß der Emanzipation von den Umweltbedingungen am weitesten gediehen waren. Die Leistungsfähigkeit der Bakterien ist hierzu kein »Gegenbeweis«. Sehr viele brauchen die von »höheren« Organismen hergestellten Stoffe für ihr Überleben. Sie sind »abhängig« (heterotroph).

Die Gefahr eines Zirkelschlusses läßt sich in solchen Feststellungen durchaus vermeiden, wenn man das Überleben nicht durch die Überlebenden feststellt, sondern die überlebenden Formen mit den ausgestorbenen vergleicht. Die großen Linien, die von den Klassen und Stämmen repräsentiert werden, sind erhalten geblieben. Die ausgestorbenen Begleiter der Entwicklungen waren Variationen zum Thema, keine gleichberechtigt zu wertenden Alternativen. Was für das Überleben zählte, waren nicht Größen oder Einzelleistungen, nicht die stärksten Gebisse oder die größten Sprungweiten, sondern die Bandbreite der Möglichkeiten in der Auseinandersetzung mit der Umwelt. Sie spiegelt am besten die Entwicklung des Gehirns wider. Die phantastischen Formen der Dinosaurier, das weiß man seit langem, hatten vergleichsweise winzige Gehirne. Die unauffälligeren Säugetiere, die sich in ihrem »Schatten« entwickelten, waren weit fortschrittlicher, was Bau und Kapazitäten des Gehirns betrifft.

Mit der Entwicklung des Geistes tauchte daher eine neue, nein, eine gänzlich neuartige Größe in der Evolution auf. Sie ist zum Träger der sich überstürzenden kulturellen Evolution geworden, bei der Veränderungszeiten nicht mehr nach Jahrmillionen bemessen werden, sondern nach Jahrhunderten, Jahren und Tagen. Die gegenwärtigen Entwicklungen sind so weit gediehen, daß neue Informationen in Sekundenschnelle weltweit zur Verfügung stehen und verwertet werden können.

Diese Informationen sind jedoch von gänzlich anderer Qualität als die überkommene Form der Speicherung im Erbgut. Deshalb ist unser derzeitiger Umgang mit dem Artenschatz der Erde, der als evolutives Erbe zur Verfügung steht, so folgenschwer. Was im Verlauf der Evolution in Jahrmillionen bis Jahrmilliarden entstanden ist, vernichten wir bedenkenlos wie Papier voller Informationen, das verheizt wird. Wir haben genügend Kopien von dem, was auf dem Papier steht. Und wir können nach Belieben nachdrucken. Einmal vernichtete genetische Information steht uns nie mehr zur Verfügung. Sie läßt sich nicht wiederherstellen.

Mit diesem Punkt berühren wir auch das generelle Dilemma unserer Existenz, die zur lebenbedrohenden Umweltbelastung geworden ist. Teilweise befreit vom Diktat der Umwelt, aber doch nicht vollends frei geworden, bleiben wir dem Geschehen in der Biosphäre verhaftet. Wir müssen Ungleichgewichte auch künftig weiter erzeugen, um als Art Mensch mit Milliarden von Angehörigen dieser Art überleben zu können. Ein »Gleichgewicht mit dem Naturhaushalt« im Sinne einer Wiedereinbindung in die natürlichen Kreisläufe hat keine Chance mehr. Die Menschheit müßte auf einen Bruchteil ihrer heutigen Zahl schrumpfen, um diesen angestrebten Gleichgewichtszustand zu erlangen. Sein Preis wäre anhaltender Mangel.

Die Alternative steckt in der kontrollierten Erzeugung von Ungleichgewichten, die uns mit den nötigen Rohstoffen und Energien versorgen, ohne dadurch aber eine praktisch vollständige Vernichtung der Natur herbeizuführen. Diese Gefahr droht, wenn die explosive Entwicklung der Menschheit ungebremst weiterläuft, nicht erst in ferner Zukunft. Sie zu vermeiden würde einen weisen Umgang mit den Ressourcen der Natur voraussetzen. Ob uns das gelingt? Der Mensch wäre dann in der Tat das erste Produkt der Evolution, dem dies gelungen wäre. Die Organismen waren nie auf ein Gleichgewicht mit der Natur eingestellt; es ist ihnen durch den Mangel zeitweise aufgezwungen worden, der sich zwangsläufig einstellte, als die Überschüsse aufgebraucht waren. Überwindet der Geist dieses äonenalte Wechselspiel von Überschuß und Mangel?

Dann hätte sich das Leben wirklich unabhängig gemacht. Was bleibt, ist das Staunen darüber, daß es sich mehr als dreieinhalb Milliarden Jahre lang bewährt und immer wieder durchgesetzt hat. Darin sind wir, als Spitze einer Stammeslinie, nicht einzigartig. Millionen anderer Lebewesen haben den Weg mit uns gemacht und auch Erfolg gehabt. Vielleicht sind wir Menschen aber die einzigen Lebewesen, die darüber nachdenken können. Sicher wissen wir es jedoch nicht.

Widmung und Dank

In dankbarer und freundschaftlicher Verbundenheit widme ich dieses Werk Professor Dr. Ernst Josef Fittkau zum 65. Geburtstag. Ihm verdanke ich es, daß ich dieses Buch über die Evolution schreiben konnte.

Zu großem Dank bin ich auch meiner Lektorin Frau Ulrike Buergel-Goodwin sowie Herrn Dr. Klaus Rehfeld für ihre Bemühungen um das Manuskript verpflichtet.

Zahlreiche Freunde und Kollegen wissen, daß ich auch ihnen Dank schulde, der sich nicht mit ein paar anerkennenden Worten abstatten läßt.

München, im Januar 1992 — Josef H. Reichholf

Kommentiertes Literaturverzeichnis

Die Literaturübersicht stellt eine persönliche Auswahl aus der Fülle von Veröffentlichungen zum Thema der Evolution zusammen und ist deshalb nur zum Teil als repräsentative Übersicht zu werten: Kein einzelner kann heute noch das Gesamtgebiet überblicken, geschweige denn alle Veröffentlichungen auswerten, die evolutionsbiologische Themen behandeln. Allein die hier aufgeführte Literatur dürfte ausreichen, die Spannweite der Forschung zu Entstehung und Weg des Lebens zu beleuchten. Nur wenige der Werke sind im Text direkt zitiert worden, um zu verhindern, daß er durch zahllose Zitate bis zur Unlesbarkeit zerlegt wird. Im Literaturverzeichnis sind die Schwerpunkte der verschiedenen Publikationen kurz angedeutet, soweit sie nicht aus dem Titel unmittelbar hervorgehen.

Buchveröffentlichungen nehmen den Hauptteil der hier zusammengestellten Literatur ein. Sie ersparen gewissermaßen die ungleich zahlreicheren Veröffentlichungen, die in Fachzeitschriften erschienen sind. Die Kollegen kennen den Zugang zu dieser Literatur; für den nicht in der Forschung Tätigen wäre der Versuch, an die Originalliteratur heranzukommen, zu häufig mit zu großen Schwierigkeiten und zu langen Wartezeiten verbunden. Deshalb wurden nur einige wenige, für die Argumentation besonders wichtige Neuerscheinungen aus Fachzeitschriften aufgeführt. Selbstverständlich lieferten die internationalen wissenschaftlichen Zeitschriften den Hauptteil der neuen und neuesten Informationen, die in diesem Buch verarbeitet worden sind. An dieser Stelle ist es mir ein Bedürfnis zu betonen, daß es sich bei solchen Publikationen um einen Akt der wissenschaftlichen Kollegialität handelt, denn so wird Forschung frei zugänglich gemacht und zur Weiterverwertung zur Verfügung gestellt! Vielleicht steckt hinter diesem »selbstlosen Verhalten« der Eigennutz der »Meme«, wie Richard Dawkins meint, die sich wie Gene ausbreiten »wollen«. Vielleicht symbolisiert aber die freie Verfügbarkeit der wissenschaftlichen Information mehr als jede andere Lebensäußerung die Freiheit des Geistes vom Diktat der Gene.

Abe, T./M. Higashi: Cellusose centered perspective on terrestrial community structure. Oikos 60 (1991) 127–133.

Alvarez, W./E. G. Kauffman/F. Surlyle/L. W. Alvarez/F. Asaro/H. V. Michael: Impact Theory of Mass Extinctions and the Invertebrate Fossil Record. Science 223 (1984) 1135–1141.

Attenborough, D.: Das Leben auf unserer Erde. Parey, Hamburg 1979.

Bakker, R.: The Dinosaur Heresis – a revolutionary view of dinosaurs. Longman, Harlow/England 1987.

Stellt die bisher vorherrschende Sicht in Frage, daß Dinosaurier träge, dumme Riesen gewesen seien; erfrischend neue, wohl aber auch teilweise übertriebene und nicht entsprechend abgesicherte Betrachtungsweisen, die ein »lebendigeres« Bild dieser Echsen und ihrer Welt zu zeichnen versuchen.

Barnes, R. D.: Invertebrate Zoology. Saunders, Philadelphia 1980.
Umfangreiches Handbuch zu Bau und Lebensweise der wirbellosen Tiere.

Cairns-Smith, A. G.: Seven clues to the origin of life. Cambridge University Press, Cambridge 1985.
Eine Detektivgeschichte der Forschung, nennt der Autor im Untertitel sein spannendes Buch über die sieben »Schlüssel« zum Ursprung des Lebens.

Calder III, W. A.: Size, Function, and Life History. Harvard University Press, Cambridge/Massachussetts 1984.
Grundlegendes Werk zum Zusammenhang von Körpergröße und Lebensweise mit besonderer Berücksichtigung der Energetik der inneren Funktionen; vieles, was als Anpassung an Außenbedingungen interpretiert worden ist, läßt sich ganz einfach auf Größenveränderungen im Organismus zurückführen.

Carroll, R. L.: Vertebrate Paleontology and Evolution. W. H. Freeman, New York 1988.
Zusammenstellung der Fossilbelege zur Entwicklungsgeschichte der Wirbeltiere und Grundzüge der Evolution dieses Tierstammes; modernes Handbuch.

Cherrett, J. M. (Hrsg.): Ecological Concepts. Blackwell, Oxford 1989.
Beiträge verschiedener Autoren zu den Grundkonzepten der Ökologie; die Abkehr von der zu idealistischen Sichtweise der früheren Jahrzehnte wird sichtbar. Die ökologischen Grundkonzepte werden auf ihre Widerlegbarkeit und auf ihre Begründbarkeit kritisch untersucht.

Clutton-Brock, T. H./S. D. Albon: Red Deer in the Highlands. BSP Professional Books, Oxford 1989.

Coates, M. I./J. A. Clack: Fish-like gills and breathing in the earliest known tetrapod. Nature 352 (1991) 234–236.
Die frühesten bisher bekannten Formen von Landwirbeltieren hatten noch Kiemen, ähnlich wie die Fische.

Cody, M. L.: Competition and the Structure of Bird Communities. Princeton University Press, Princeton/New Jersey 1974.
Nischentrennung und -überschneidung, beispielhaft dargelegt an Vögeln.

Colinvaux, P.: Why Big Fierce Animals Are Rare? Princeton University Press, Princeton/New Jersey 1978.
Ökologische Begründung der Seltenheit großer Tiere mit interessanten evolutionsbiologischen Perspektiven.

Collier, B. D./G. W. Cox/A. W. Johnson/P. C. Miller: Dynamic Ecology. Prentice-Hall, Englewood Cliffs/New Jersey 1973.
Ausführliches Ökologie-Lehrbuch der frühen siebziger Jahre.

Cramer, F.: Chaos und Ordnung. Die komplexe Struktur des Lebendigen. Deutsche Verlags-Anstalt, Stuttgart 1988.

Crawford, M./D. Marsh: The Driving Force. Heinemann, London 1989.
Greift erstmals systematisch die Rolle der Nahrung und der Versorgung mit Existenzgrundstoffen als Evolutionsfaktor auf; ein sehr wichtiges Werk zu meinem integrierten Ansatz der Evolutionstheorie.

Darwin, C.: Die Entstehung der Arten durch natürliche Zuchtwahl. Reclam, Stuttgart 1967.
Deutsche Ausgabe von Darwins epochalem Werk, das 1859 unter dem Titel »On the Origin of Species by Means of Natural Selection or the preservation of Favored Races in the Struggle for Life« bei Murray in London erschienen ist.

Dawkins, R.: Das egoistische Gen. Springer, Berlin 1978.

Dawkins, R.: Der blinde Uhrmacher. Kindler, München 1987.

Populärwissenschaftliche Begründung und Anwendung der Soziobiologie auf die Sicht der Evolution und auf den Menschen. Vertritt das Primat der Gene und entwickelt das Konzept der genähnlichen, geistigen »Meme«.

Ditfurth, H. v.: Evolution II. Hoffmann und Campe, Hamburg 1978.

Beiträge führender Evolutionsbiologen zu Kernfragen der Evolution; Stand der siebziger Jahre.

Dessauer, F.: Quantenbiologie. Springer, Berlin 1954.

Übertragung quantenphysikalischer Ansätze auf die Biologie; im Zusammenhang mit Schrödingers »Was ist Leben?« zu sehen.

Dobzhansky, T.: Genetics and the Origin of Species. Columbia University Press, New York 1951.

Dobzhansky, T.: Dynamik der menschlichen Evolution. S. Fischer, Frankfurt 1965.

Grundlegende Werke zur »neuen Synthese« der Evolutionsbiologie aus der Mitte des 20. Jahrhunderts. Die Synthese schließt insbesondere die Genetik ein.

Driesch, H.: Der Vitalismus als Geschichte und Lehre. Barth, Leipzig 1905.

Dyck, J.: The Evolution of Feathers. Zoologica Scripta 14 (1985) 137–154.

Begründung der ursprünglichen Bedeutung und Entwicklung der Vogelfeder als Nässeschutz.

Dyson, F.: Die zwei Ursprünge des Lebens. Rasch und Röhring, Hamburg 1988.

Kurze Zusammenfassung der Theorie vom doppelten Ursprung des Lebens.

Eigen, M.: Stufen zum Leben. Piper, München 1987.

Eigen, M./R. Winkler: Das Spiel. Piper, München 1976.

Anspruchsvolle Darstellungen der Theorie des Hyperzyklus und der oft mißverstandenen Zufallsgesetze und ihrer Wirkungen auf den Prozeß der Evolution. Die Forschungen des Nobelpreisträgers Manfred Eigen konnten in meinem Buch nur ganz unzureichend berücksichtigt werden.

Eisenberg, J. F.: The Mammalian Radiations. An Analysis of Trends in Evolution, Adaptation, and Behavior. University of Chicago Press, Chicago 1981.

Hervorragendes, umfangreiches Werk über die Anpassungstrends und Leistungen der Säugetiere.

Eldredge, N.: Life Pulses. Episodes from the Story of the Fossil Record. Facts on File Publications, New York 1987.

Kurz gefaßte, moderne Übersicht zum Ablauf der Evolution, wie er den Fossilfunden zu entnehmen ist.

Eldredge, N./S. M. Stanley (Hrsg.): Living Fossils. Springer, New York, Berlin 1984.

Über die zumeist mißverstandene Biologie der »lebenden Fossilien«.

Endler, J. A.: Natural Selection in the Wild. Princeton University Press, Princeton/New Jersey 1986.

Zusammenfassung der Befunde zum Ablauf natürlicher Selektionsprozesse unter Freilandbedingungen; die Mehrzahl der populationsgenetischen Untersuchungen zur Wirkung von Selektion stammt aus Laborexperimenten.

Emlen, J. M.: Ecology. An Evolutionary Approach. Addison-Wesley, Reading/Massachussetts 1973.

Ökologie-Lehrbuch, das evolutionsbiologisch ausgerichtet ist, aber noch zu sehr dem Formalistischen verhaftet blieb.

Erben, H. K.: Die Entwicklung der Lebewesen. Piper, München 1975.
Klassisch-paläontologische Behandlung der Evolution.

Feduccia, A.: The Age of Birds. Harvard University Press, Cambridge/Massachussetts 1980.
Evolution der Vögel in übersichtlicher Zusammenfassung, mit arborealer und cursorialer Theorie der Entstehung des Fluges der Vögel.

Fischer, D. E.: The Birth of the Earth. A Wanderlied through Space, Time and Human Imagination. Columbia University Press, New York 1987.
Entwicklungsgeschichte der Erde.

Ford, E. B.: Ecological Genetics. Methuen, London 1964.
Klassisches Werk über Populationsgenetik im Freiland mit Fallstudien über den Melanismus beim Birkenspanner.

Forey, P. L. (Hrsg.): The Evolving Biosphere. British Museum (Natural History), London 1981.
Umfassend angelegte, illustrierte Behandlung des Evolutionsprozesses unter Einbeziehung der Biosphäre; mit diesem Werk zeichnet sich ein Wandel in der Ausrichtung evolutionsbiologischer Forschung auf die Einflüsse ab, die von den Umweltveränderungen ausgehen.

Fox, R.: Energy and the Evolution of Life. W. H. Freeman, New York 1988.
Bedeutung der Energieversorgung und -nutzung im Evolutionsprozeß.

Frazzetta, T. H.: Complex Adaptations in Evolving Populations. Sinauer, Sunderland/Massachussetts 1975.

Frese, W.: Wie Licht zum Leben kommt. MPG Spiegel 3/86 (1986) 1–4.
Bericht über die bahnbrechenden Forschungen zur Aufklärung der Struktur der photosynthetisch aktiven Farbstoffe im Max-Planck-Institut für Biochemie in Martinsried bei München.

Friis, E. M./W. G. Chaloner/P. R. Crome (Hrsg.): The origin of angiosperms and their biological consequences. Cambridge University Press, Cambridge/Massachussets 1987.
Zusammenstellung neuer Forschungsergebnisse zum Ursprung der Blütenpflanzen und ihre Auswirkungen auf den Verlauf der Evolution.

Futuyma, D. J.: Science on Trial. The case for Evolution. Pantheon Books, New York 1983.
Durch exemplarische Kürze und Prägnanz bestechende Beweisführung zur Realität der Evolution im Rahmen der Auseinandersetzung mit den Kreationisten Anfang der achtziger Jahre in den Vereinigten Staaten. Damals versuchten die sogenannten Kreationisten eine Gleichbehandlung von biologischer Evolutionslehre und biblischer Schöpfungsgeschichte für den Unterricht in den USA zu erzwingen.

Futuyma, D. J.: Evolutionsbiologie. Birkhäuser, Basel 1990.
Umfassendes Lehrbuch der Evolutionsbiologie; Hochschulniveau.

Gamlin, L./G. Vines (Hrsg.): The Evolution of Life. Collins, London 1986.
Reich bebildertes, populärwissenschaftliches Werk über die Biologie mit Ausrichtung auf die Evolution der Organismen.

Geist, V.: On speciation in Ice Age mammals, with special reference to cervids and caprids. Canadian Journal of Zoology 65 (1987) 1067–1084.

Ghiold, J.: The Sponges that spanned Europe. New Scientist 129 (1991) 58–62.

Kalkschwammriffe aus der Frühzeit des Lebens ziehen sich quer über Europa hinweg und formen eine der größten zusammenhängenden Strukturen, die jemals von Lebewesen gebildet worden sind.
Gleick, J.: Chaos – die Ordnung des Universums. Droemer Knaur, München 1988.
Gould, St. J.: Ontogeny and Phylogeny. Belknap Press of Harvard University Press, Cambridge/Massachussetts 1977.
Gould, St. J.: Wie das Zebra zu seinen Streifen kommt. Birkhäuser, Basel 1986.
Gould, St. J.: Der Daumen des Panda. Birkhäuser, Basel 1987.
Gould, St. J.: Die Entdeckung der Tiefenzeit. Hauser, München 1990.
Gould, St. J.: Zufall Mensch. Hanser, München 1991.
Wie kaum ein anderer zeitgenössischer Biologe und Paläontologe hat Stephen Jay Gould mit seinem Werk Einfluß auf die neue Sicht der Evolution genommen. Die Auseinandersetzung mit seinem Grundmodell von Kontingenz – einer bestimmten Art von Zufall – in der Evolution und die Sicht, daß es sich beim Evolutionsprozeß um etwas einer Lotterie Vergleichbares handelt, zieht sich durch dieses Buch wie ein roter Faden. Seine brillant geschriebenen Bücher fanden Eingang in breite Kreise der interessierten Öffentlichkeit, und sie bestimmen damit die derzeitgen Vorstellungen von der Evolution in starkem Maße.
Gould, St. J./N. Eldredge: Punctual equilibria. The tempo and mode of evolution reconsidered. Paleobiology 3 (1977) 115–151.
Einflußreiche Originalveröffentlichung der beiden Begründer der neuen Sicht der Evolution als »unterbrochener Gleichgewichte« mit sehr unterschiedlichen Selektions- und Evolutionsraten. Formal entspricht dieses »neue« Konzept weitgehend den von Schindewolf ein Vierteljahrhundert früher entwickelten Evolutionsphasen.
Grant, P. R.: Ecology and Evolution of Darwin's Finches. Princeton University Press, Princeton/New Jersey 1986.
Grant, V.: The Origin of Adaptations. Columbia University Press, New York 1963.
Grant, V.: The Evolutionary Process. A Critical Review of Evolutionary Theory. Columbia University Press, New York 1985.
Greenwood, P. J./P. H. Harvey/M. Slatkin: Evolution. Essays in Honour of John Maynard Smith. Cambridge University Press, Cambridge 1985.
Hommage auf den theoretischen Begründer der Soziobiologie.
Gutmann, W. F./K. Bonik: Kritische Evolutionstheorie. Ein Beitrag zur Überwindung altdarwinistischer Dogmen. Gerstenberg, Hildesheim 1981.
Kritik an der adaptionistischen Sichtweise; Organismen sind hydraulische Konstruktionen und Energiewandler. Ohne Kenntnis der inneren Bedingungen kann es keine überzeugenden Modelle der Evolution geben. Diesem theoretisch wohl durchdachten, kritischen Ansatz steht die traditionelle Evolutionsbiologie sehr reserviert gegenüber.
Hartman, H./J. G. Lawless/P. Morrison: Search for the Universal Ancestors. The Origin of Life. Blackwell, Oxford 1987. *Über den Ursprung des Lebens*
Hassenstein, B.: Biologische Kybernetik. Quelle & Meyer, Heidelberg 1965.
Eine der ersten konsequenten Übertragungen kybernetischer Prinzipien auf die Biologie.
Hawking, St. W.: Eine kurze Geschichte der Zeit. Die Suche nach der Urkraft des Universums. Rowohlt, Reinbek 1988.

Hecht, M. K./J. H. Ostrom/G. Viohl/P. Wellnhofer (Hrsg.): The Beginnings of Birds. Jura-Museum, Eichstätt 1984.
Beiträge zur Evolution der Vögel und des Vogelfluges.
Hochachka, P. W./G. N. Somero: Biochemical Adaptations. Princeton University Press, Princeton/New Jersey 1984.
Umfassendes Handbuch über die biochemischen Anpassungen und das Funktionieren des Stoffwechsels der Organismen.
Holland, H. D.: The Chemical Evolution of the Atmosphere and Oceans. Princeton University Press, Princeton/New Jersey 1984.
Holland, H. D.: Origins of breathable air. Nature 347 (1990) 17.
Grundlegende Ausführungen zur Entstehung der Atmosphäre und der Ozeane.
Horgan, J.: Schritte ins Leben. Spektrum der Wissenschaft 4 (1991) 78–87.
Kurze Zusammenfassung der modernen Sicht zur Entstehung des Lebens.
Humphries, C. J. (Hrsg.): Ontogeny and systematics. British Museum (Natural History), London 1988.
Bedeutung der Entwicklungsvorgänge von der befruchteten Eizelle bis zum fortpflanzungsfähigen Organismus für die Klärung stammesgeschichtlicher Zusammenhänge.
Hutchinson, G. E.: The Ecological Theater and the Evolutionary Play. Yale University Press, New Haven 1965.
Klassisches Werk über das Zusammenwirken und Ineinandergreifen von ökologischen Rahmenbedingungen und Evolutionsprozessen in brillanter Kürze.
Illies, J.: Biologie und Menschenbild. Herder, Freiburg 1975.
Idealistische Biologie mit starker Ausrichtung auf die Sicht von Adolf Portmann und Absage an die mechanistisch angelegte Evolutionsbiologie.
Jablonski, D./D. J. Bottjer: Environmental Patterns in the Origin of Higher Taxa. The Post-Paleozoic Fossil Record. Science 252 (1991) 1831–1833.
Kontinenalschelf als Hauptentwicklungszentrum.
Jacob, F.: Das Spiel der Möglichkeiten. Von der offenen Geschichte des Lebens. Piper, München 1983.
Jeram, A./P. A. Selden/D. Edwards: Land Animals in the Silurian. Arachnids and Myriapods from Shropshire, England. Science 250 (1990) 658–661.
Besiedlung des Landes durch Arthropoden.
Johansson, I.: Meilensteine der Genetik. Parey, Hamburg 1979.
Jüdes, U./G. Eulefeld/T. Kapune (Hrsg.): Evolution der Biosphäre. Edition Universitas, Hirzel, Stuttgart 1990.
Kämpfe, L.: Evolution und Stammesgeschichte der Organismen. VEB Fischer, Jena 1980.
Kimura, M.: Die Neutralitätstheorie der molekularen Evolution. Parey, Hamburg 1987.
Exponent der »Neutralisten«: Die meisten Mutationen sammeln sich unbeeinflußt von Selektionsprozessen im Genom an und erzeugen evolutionäre Veränderungen ohne Selektionsdruck; extremste Form der Dominanz der Genetik in den verschiedenen Modellen zur Evolution.
Kleiber, M.: The Fire of Life. J. Wiley, New York 1961.
Klassisches Werk zur Energetik des Lebens.
Krueger, F. R.: Physik und Evolution. Parey, Hamburg 1984.

Levins, R.: Evolution in Changing Environments. Princeton University Press, Princeton/New Jersey 1968.
Modellstudie zu Evolutionsprozessen in sich verändernden Umwelten; Konzept der »adaptiven Landschaft«.

Li, C. C.: Population Genetics. University of Chicago Press, Chicago 1955.
Klassisches Werk zur Populationsgenetik.

Lorenz, K.: Die Rückseite des Spiegels. Piper, München 1975.
Erkenntnistheoretisches Hauptwerk des Nobelpreisträgers; Mutation und Selektion, so Konrad Lorenz, sind die beiden großen Baumeister der Evolution.

Lotka, A. J.: Elements of Mathematical Biology. Dover Edition, New York 1956.
Klassisches Werk zur Populationsökologie und mathematischen Biologie; Reprint der Originalausgabe von 1924, die unter dem Titel »Elements of Physical Biology« erschienen ist. Von Lotka und Volterra stammen die mathematischen Gleichungen zum Konkurrenz-Ausschluß-Prinzip der Ökologie.

Lucas, S.: The rise of the dinosaur dynasty. New Scientist vom 6. Oktober 1990.
Ursprung und anfängliche Entwicklungen der Dinosaurier.

Luria, S. E.: Leben – das unvollendete Experiment. Piper, München 1986.
Grundgegebenheiten der Biologie aus der Sichtweise des Nobelpreisträgers Salvadore Luria.

Luria, S. E./St. J. Gould/S. Singer: A View of Life. Benjamin/Cummings, Menlo Park/California 1981.
Modernes Biologie-Lehrbuch; Grundlagenwissen.

Maddox, J.: Is Darwinism a thermodynamic necessity? Nature 350 (1991) 653.
Kurzer Essay zur Frage, ob Selektion im Sinne Darwins die unvermeidliche Folge der thermodynamischen Gesetze ist.

Margulis, L.: Origin of Eucaryotic Cells. Yale University Press, New Haven 1970.

Margulis, L.: Symbiosis in Cell Evolution. Life and its environment on the early earth. W. H. Freeman, San Francisco 1981.
Ausführliche Darlegung der Theorie vom symbiontischen Zustandekommen der komplexen Zelle; siehe auch Schwemmler: Mechanismen der Zellevolution.

Martin, P. S./R. G. Klein (Hrsg.): Quaternary Extinctions. University of Arizona Press, Tuscon 1984.
Umfassendes Werk mit Beiträgen zahlreicher Fachwissenschaftler zum Aussterben der Megafauna gegen Ende der Eiszeit; ökologische Aspekte des Aussterbens.

Mason, S. F.: Chemical Evolution. Origin of Elements, Molecules and Living Systems. Oxford University Press, Oxford 1991.
Neue Zusammenfassung des Kenntnisstandes zur Entstehung der Elemente und zur Entwicklung lebender Organismen. Dieses wichtige Werk erschien nach Abschluß des Manuskripts und konnte nicht mehr näher berücksichtigt werden.

May, R. M. (Hrsg.): Theoretical Ecology, Principles and Applications. W. B. Saunders, Philadelphia 1976.
Theoretische Ökologie der siebziger Jahre.

Mayr, E.: Artbegriff und Evolution. Parey, Hamburg 1967.

Mayr, E.: Grundlagen der Zoologischen Systematik. Parey, Hamburg 1975.

Mayr, E.: Evolution und die Vielfalt des Lebens. Springer, Berlin 1979.

Mayr, E.: Die Entwicklung der biologischen Gedankenwelt. Springer, Berlin 1984.

Mayr, E. (Hrsg.): Evolution. Spektrum der Wissenschaft, Heidelberg 1983.
Ernst Mayr ist die zentrale Figur der »neuen Synthese« der Evolutionsbiologie und der Dean dieser Wissenschaft. Sein Werk prägt die Ära der Biologie der zweiten Hälfte des 20. Jahrhunderts. Es stellt den größten und bedeutendsten Einzelbeitrag seit Darwins Veröffentlichung zum Ursprung der Arten dar. Mayr ist »Selektionist« und konsequentester Vertreter der Linie Darwins. Die moderne Evolutionsbiologie ruht auf seinen Schultern. Es ist das besondere Verdienst von Ernst Mayr, in der idealistisch beeinflußten und geprägten Geisteswelt der Deutschen, vor allem der deutschsprachigen Biologen mit ihrem typologischen Vorgehen, das angelsächsische »Populationsdenken« eingeführt zu haben.

McMahon, T. A./J. T. Bonner: Form und Leben. Spektrum der Wissenschaft, Heidelberg 1985.
Populärwissenschaftliche Darstellung der Zusammenhänge zwischen Form und Funktionsweise von Organismen.

McNeill, A. R.: Wie Dinosaurier sich fortbewegten. Spektrum der Wissenschaft 6 (1991) 82–89.

Meier, H. (Hrsg.): Die Herausforderung der Evolutionsbiologie. Piper, München 1988.
Vortragsserie zum Thema an der Siemensstiftung in München.

Monod, J.: Zufall und Notwendigkeit. Piper, München 1973.
Populärwissenschaftliches Werk des bekannten französischen Nobelpreisträgers; umstritten wegen seiner Betonung des Zufalls. Wir Menschen, so Monod, sind verlorene Wanderer am Rand des Universums.

Müller, H. M.: Evolution, Kognition und Sprache. Parey, Hamburg 1987.
Erkenntnisfähigkeit und Sprache und ihre Rolle in der Evolution des Menschen.

Padian, K. (Hrsg.): The Origin of Birds and the Evolution of Flight. Memoirs of the California Academy of Sciences no. 8, San Francisco 1986.

Parker, G. A./J. M. Smith: Optimality theory in evolutionary biology. Nature 348 (1990) 27–33.
Kernthese: Der Evolutionsprozeß optimiert.

Penny, D./C. J. O'Kelly: Eukaryote Origins. Seeds of a universal tree. Nature 350 (1991) 106–107.
Kommentar zu neuen Belegen zur Entwicklung eukaryotischer Zellen.

Peters, R. H.: The ecological implications of body-size. Cambrigde University Press, Cambridge 1983.

Pianka, E. R.: Evolutionary Ecology. Harper and Row, New York 1974.
Verbreitetes Ökologie-Lehrbuch mit Ansätzen einer evolutionsbiologischen Sicht ökologischer Prozesse.

Pontin, A. J.: Competition and coexistence of species. Pitman, London 1982.
Über Konkurrenz und Koexistenz von Arten.

Pope, K. O./A. C. Ocampo/C. E. Duller: Mexican site for K/T impact crater? Nature 351 (1991) 105.
Am Rande von Yucatan wird der Einschlagkrater vermutet, dessen Einschlag an der Wende von der Kreidezeit zum Tertiär die Dinosaurier und zahlreiche andere Organismengruppen auslöschte.

Popp, F.-A.: Biologie des Lichts. Parey, Hamburg 1984.
Untersuchung der ultraschwachen Zellstrahlung und Begründung der allgemeinen Lichtsensibilität von organischen Stoffen und lebenden Geweben.

Portmann, A.: Neue Wege der Biologie. Piper, München 1960.
Portmann, A.: Biologie und Geist. Herder, Freiburg 1963.
Portmann, A.: Die Tiergestalt. Herder, Freiburg 1965.
Der Biologe und vergleichende Anatom Adolf Portmann wich von der Schulmeinung der Evolutionsbiologie wie kaum ein anderer Biologe des 20. Jahrhunderts ab. Er sah in einer inneren Tendenz der Organismen, die er »Selbstdarstellung des Lebendigen« nannte, die Triebkraft für die Evolution, während er Mutation und Selektion wenig Bedeutung beimaß. Seine Thesen zur Entfaltung des Lebens fanden insbesondere in kirchliche Kreise Eingang.
Prigogine, I.: Vom Sein zum Werden. Piper, München 1979.
Grundlegende Ausführungen zur Thermodynamik »dissipativer Strukturen« fern vom Gleichgewicht.
Probst, G. J. B.: Selbstorganisation. Parey, Hamburg 1987.
Prusiner, S. B.: Molecular Biology of Prion Diseases. Science 252 (1991) 1515–1522.
Kenntnisstand Frühjahr 1991 zu den rätselhaften, von »wildgewordenem Eiweiß«, den Prionen, ausgelösten Erkrankungen. Auch wenn das Eiweiß, welches die Prionen enthalten, von Genen codiert zu werden scheint, ist hier offenbar ein Grenzfall zwischen Verselbständigung von Eiweiß und Kontrolle durch das Genom gegeben, dessen Natur noch nicht ausreichend entschlüsselt ist.
Ramsköld, L./H. Xianguang: New early Cambrian animal and onychophoran affinities of enigmatic metazoans. Nature 351 (1991) 225–228.
Die neuerliche Untersuchung der frühkambrischen Fossilien, die nicht zu den bekannten Tierstämmen zu passen schienen, ergab doch größere und bessere Übereinstimmungen als sie St. J. Gould angenommen hatte. Diese Fossilien können nicht länger als Paradebeispiele für eine Lotterie-Evolution gelten.
Raup, D. M.: The Nemesis Affair. A story of the Death of Dinosaurs and the Ways of Science. W. W: Norton, New York 1986.
Spannendes Werk zum – höchstwahrscheinlich durch einen Riesenmeteoriten verursachten – Aussterben der Dinosaurier und dem Zusammenwirken der verschiedensten Richtungen der modernen naturwissenschaftlichen Forschung. Die Annahme eines Todessterns, »Nemesis« genannt, wird diskutiert, von dem die Vernichtung bringenden Meteoriteneinschläge kommen.
Reader, J./J. Gurche: Aufstieg des Lebens. Die ersten 3,5 Milliarden Jahre. InterBook, Hamburg 1986.
Hervorragend illustriertes Buch zur Evolution. Es enthält mit die besten zeichnerischen Rekonstruktionen ausgestorbener Organismen und evolutionärer Vorgänge.
Reichholf, J. H.: Die Evolution des Brutparasitismus beim Kuckuck Cuculus canorus. Verhandlungen der Ornithologischen Gesellschaft in Bayern 23 (1983) 479–492.
Reichholf, J. H.: Das Rätsel der Menschwerdung. Die Entstehung des Menschen im Wechselspiel mit der Natur. Deutsche Verlags-Anstalt, Stuttgart 1990.
Neues Szenario zur Evolution des Menschen als Spezialfall der allgemeinen Evolution.
Reichholf, J. H.: Der Tropische Regenwald. Ökobiologie des artenreichsten Naturraums der Erde. Deutscher Taschenbuch Verlag, München 1990.
Kernthese: Die außerordentlich große Artenvielfalt im Tropischen Regenwald entspringt dem Mangel an lebenswichtigen Mineralstoffen. Energetisch aufwen-

dige, anspruchsvolle Organismen, wie höhere Säugetiere, sind aufgrund des Mangels selten.

Remmert, H.: Ökologie. Springer, Berlin 1989.

Unkonventionelles Ökologie-Lehrbuch mit kritischer Haltung zu verbreiteten ökologischen Konzepten.

Ricklefs, R. E.: Ecology. Chiron Press, New York 1979.

Umfassendes Ökologie-Lehrbuch mit umfangreicher Berücksichtigung energetischer Aspekte.

Riedl, R.: Die Ordnung des Lebendigen. Parey, Hamburg 1975.

Riedl, R.: Die Strategie der Genesis. Piper, München 1976.

Riedl, R.: Die Spaltung des Weltbildes. Parey, Hamburg 1985.

Den Zuwachs an Ordnung konstatiert der Wiener Biologe Rupert Riedl in seinem Werk und definiert Ordnung als Gesetz mal Anwendung. Da die vielfache Wiederholung, die Anwendung, zugunsten des zunehmenden Gesetzesgehalts der Organismen und der Biosphäre zurückgeht, kommt als Ergebnis die Lorenzsche Sicht von der Evolution als erkenntnisgewinnender Prozeß zustande. Sie bleibt nicht auf die Evolution der Organismen beschränkt. Vielmehr handelt es sich um einen viel umfassenderen Prozeß, der schon mit der Bildung der Materie und der Galaxien eingesetzt hat. Riedl vertritt mit Nachdruck, daß auch unser erkenntnisgewinnender Apparat und mit ihm die Erkenntnis selbst diesem Evolutionsprozeß unterworfen sei. Daraus folgt die »evolutionäre Erkenntnistheorie«. Rupert Riedl ist die zentrale Figur im neuen Wiener Kreis von Natur- und Geisteswissenschaftlern, die sich mit Fragen der Evolution auseinandersetzen.

Rieppel, O.: Unterwegs zum Anfang. Geschichte und Konsequenzen der Evolutionstheorie. Artemis, Zürich 1989.

Neue Zusammenschau zur Geschichte der Evolutionsforschung.

Roughgarden, J./R. M. May/S. A. Levin (Hrsg.): Perspectives in Ecological Theory. Princeton University Press, Princeton/New Jersey 1989. (Darin speziell: S. M. Stanley: Fossils, Macroevolution, and Theoretical Ecology.)

Rudolph, A. S./B. R. Ratna/B. Kahn: Self-assembling phospholipid filaments. Nature 352 (1991) 52–55.

Neue Ergebnisse zur Selbstorganisation von Phospholipiden; von Bedeutung für die Modelle zur Entstehung des Lebens.

Salthe, S. N.: Evolving Hierarchial Systems. Columbia University Press, New York 1985.

Zusammenfassung zum Kenntnisstand: Evolution in hierarchisch gegliederten Systemen, die aufeinander einwirken.

Schaefer, G.: Kybernetik und Biologie. J. B. Metzlersche Verlagsbuchhandlung, Stuttgart 1972.

Schindewolf, O. H.: Grundfragen der Paläontologie. Schweizerbart, Stuttgart 1950.

Hinter diesem Titel verbirgt sich die Phasengliederung der Evolution in Typogenese, Typostase und Typolyse, die von St. J. Gould als »unterbrochenes Gleichgewicht« weiter entwickelt worden ist.

Schmalhausen, I. I.: The Origin of Terrestrial Vertebrates. Academic Press, London 1968.

Übertragung des Werkes des russischen Paläontologen ins Englische.

Schmidt, F. (Hrsg.): Neodarwinistische oder kybernetische Evolution? Universitätsdruckerei Heidelberg 1988.
Der Herausgeber vertritt nachdrücklich die kybernetischen Aspekte in Biologie und Evolution: »Organismen sind Computer«.

Schrödinger, E.: Was ist Leben? A. Francke, Bern 1946.

Schwemmler, W.: Mechanismen der Zellevolution. W. de Gruyter, Berlin 1978.
Grundriß einer modernen Theorie der Zellevolution.

Shapiro, R.: Schöpfung und Zufall. C. Bertelsmann, München 1987.
»Am Anfang war das Protein« schreibt Robert Shapiro und weist damit auf die Bedeutung des Organismus in der evolutionären Wechselwirkung mit der Erbinformation hin, ohne aber diesen Ansatz weiterzuführen.

Siewing, R. (Hrsg.): Evolution. UTB G. Fischer, Stuttgart 1978.
Faktensammlung zum Thema Evolution.

Solbrig, O. T./D. J. Solbrig: Introduction to Population Biology and Evolution. Addison Wesley, Reading/Massachussetts 1979.
Modernes Lehrbuch der Populationsbiologie.

Stanley, S. M.: Earth and Life Through Time. W. H. Freeman, New York 1986.
Umfassendes Lehrbuch zur Geologie und zur Erdgeschichte mit Behandlung der paläontologischen Aspekte der Evolution.

Stanley, S. M.: Krisen der Evolution. Artensterben in der Erdgeschichte. Spektrum der Wissenschaft, Heidelberg 1988.

Stearns, S. C. (Hrsg.): The Evolution of Sex and its Consequences. Birkhäuser, Basel 1987.
Die Entwicklung der sexuellen Fortpflanzung bewirkte eine starke Beschleunigung der Evolutionsprozesse. Ihre Rolle wird in diesem Band von verschiedenen Seiten beleuchtet. Die Grundlagen erarbeitete John Maynard Smith 1958 in Barnett, S. A.: »A Century of Darwin«, mit dem Beitrag »Sexual selection«.

Storch, V./U. Welsch: Evolution. Tatsachen und Probleme der Abstammungslehre. Deutscher Taschenbuch Verlag, München 1989.
Kurze Übersicht über die Evolutionsbiologie.

Sutcliffe, A. J.: On the track of Ice Age mammals. British Museum (Natural History), London 1985.
Evolution in der Eiszeit; Aussterben als Prozeß und die Methoden der paläontologischen Forschung, reich illustriert.

Thompson, D'Arcy W.: Über Wachstum und Form. Birkhäuser, Basel 1973.

Thompson, J. N.: Interaction and Coevolution. J. Wiley, New York 1982.
Ausführliche Behandlung von wechselseitig abgestimmten Evolutionsprozesse, die als Co-Evolution interpretiert werden.

Tiffny, B. H. (Hrsg.): Geological Factors and the Evolution of Plants. Yale University Press, New Haven 1985.

Towe, K. M.: Aerobic respiration in the Archaean? Nature 348 (1990) 54–56.
Trat die Nutzung von Sauerstoff, die Atmung, schon früher als bislang angenommen auf? Die rein pflanzliche Freisetzung von Sauerstoff ist nicht mehr unumstritten.

Trivers, R.: Social Evolution. Benjamin/Cummings, Menlo Park/California 1985.
Ausführliche Darstellung der Mechanismen und der Konsequenzen der Entwicklung sozialer Verhaltensweisen.

T-W-Fiennes, R. N.: Ecology and Earth History. Croom Helm, London 1976.
Kurz gefaßte, ideenreiche und informative Zusammenschau von Erdgeschichte, Ökologie und Evolution.

Unsöld, A.: Evolution kosmischer, biologischer und geistiger Strukturen. Wissenschaftliche Verlagsgesellschaft, Stuttgart 1981.
Ausweitung der evolutionären Denk- und Erklärungsweise auf alle Ebenen des Seins.

Vermeij, G. J.: Evolution and Escalation. An Ecological History of Life. Princeton University Press, Princeton/New Jersey 1987.
Feinddruck und Nahrungsversorgung wirken massiv auf den Gang der Evolution mariner Organismen ein. Eskalation ist eine Strategie des Überlebens in der Evolution. Das Buch enthält zahlreiche, gut analysierte Beispiele, ganz besonders für wirbellose Meerestiere, wie sich ihre Entwicklungsgeschichte vollzogen hat. Den Wechselwirkungen zwischen den Organismen mißt Vermeij eine besondere Bedeutung bei.

Vollmer, G.: Evolutionäre Erkenntnistheorie. S. Hirzel, Stuttgart 1975.

Wahlert, G. v.: Latimeria und die Geschichte der Wirbeltiere. G. Fischer, Stuttgart 1968.
Der Quastenflosser Latimeria als Modell zur vergleichend anatomischen Behandlung evolutionsbiologischer Fragen.

Waldrop, M. M.: Goodbye to the Warm Little Pond? Science 250 (1990) 1078–1080.
Diskussion der neuen Vorstellung zur Entstehung des Lebens in heißen Mineralquellen; die warmen, durchlichteten Randtümpel am Meer als Entstehungsorte der ersten Lebensformen bieten doch keine so günstigen Ausgangsbedingungen.

Wickler, W./U. Seibt: Das Prinzip Eigennutz. Hoffmann und Campe, Hamburg 1977.
Selbstloses, selbstsüchtiges und scheinbar selbstloses Verhalten in der Evolutionsbiologie; differenzierte Behandlung soziobiologischer Konzepte.

Wiens, J. A. (Hrsg.): Ecosystem Structure and Function. Oregon State University 1972.

Wieser, W.: Vom Werden zum Sein. Energetische und soziale Aspekte der Evolution. Parey, Hamburg 1989.
Umkehrung des Titels von Prigogine; klare funktionell-biologische Ableitungen zentraler Vorgänge in Organismen und ihres Zustandekommens.)

Williams, C. B.: Patterns in the Balance of Nature and Related Problems in Quantitative Ecology. Academic Press, London 1964.
Die Schule von C. B. Williams prägte nachhaltig die Vorstellungen vom Gleichgewicht des Naturhaushaltes, obwohl gerade sein Hauptwerk von Nachweis solcher Gleichgewichte schuldig bleibt. Daraus geht hervor, wie sehr das Streben nach Gleichgewichten menschlichen Wunsch- und Idealvorstellungen entsprungen ist und wie wenig die ermittelten Verhältnisse in der Realität diesen Gleichgewichtsvorstellungen entsprechen.

Ziegler, W. (Serienherausgeber): Organismus und Selektion. Probleme der Evolutionsbiologie. Aufsätze und Reden der Senckenbergischen Naturforschenden Gesellschaft Band 35, Frankfurt am Main 1985.

Register